GNSS 精密时间传递关键技术与方法

张鹏飞 王 进 涂 锐 李芳馨 洪 菊 著

科学出版社
北京

内 容 简 介

本书根据 GNSS 时间传递理论与方法的发展现状，结合当前高精度时间频率用户的应用需求，讨论和总结了 GNSS 精密时间传递技术的关键问题及其解决方法，提出了多项新的或改进的算法和模型，并进行了大量实际验证。本书结合作者团队近年来的科研实践，总结和归纳了当前卫星时间传递技术手段，并详细给出了各种时间传递技术的原理、实现方法、性能分析和典型应用。

本书内容深入浅出，专业性强，可供从事时间频率领域的科研人员阅读，同时也可供卫星导航的工程技术人员及研究生参阅。

图书在版编目（CIP）数据

GNSS 精密时间传递关键技术与方法 / 张鹏飞等著. -- 北京：科学出版社, 2025.3. -- ISBN 978-7-03-081354-1

Ⅰ. P228.4

中国国家版本馆 CIP 数据核字第 2025LQ0380 号

责任编辑：周　涵 / 责任校对：彭珍珍
责任印制：张　伟 / 封面设计：无极书装

科学出版社 出版
北京东黄城根北街 16 号
邮政编码：100717
http://www.sciencep.com

北京中科印刷有限公司印刷
科学出版社发行　各地新华书店经销

*

2025 年 3 月第 一 版　　开本：720×1000　1/16
2025 年 3 月第一次印刷　　印张：11 3/4
字数：237 000

定价：98.00 元
（如有印装质量问题，我社负责调换）

前　言

时间是表征物质运动的最基本物理量,是目前七个国际单位制中测量精度最高的物理量。随着全球经济的快速发展和各行业科学技术的不断进步,精密时间频率技术已经成为一个国家科技、经济、军事和社会生活中至关重要的基础资源。国际计量局(BIPM)建立和维持着统一的"国际时间标准"——协调世界时(UTC)和国际原子时(TAI)。各个国家也必须有自己统一的标准时间,用以规范和制约各类社会活动,保证国家和社会运转的有序性和安全性。高精度时间传递技术作为建立和保持国家标准时间的三大要素(高性能原子钟技术、时间传递技术、时间尺度算法)之一,是获取主钟时间频率驾驭量、维持高性能地方原子时 TA(NTSC)、实现 UTC 溯源的重要手段和支撑,直接影响着国家标准时间的性能。

在众多诸如卫星双向、长短波、专用光纤等时间传递技术中,GNSS 精密时间传递技术以其测量精度高、应用成本低、设备体积小、维护简单等特点,已逐渐成为各个国家时间实验室最重要的时间传递手段。随着国际 GNSS 服务组织(IGS)与国际时频机构 BIPM 的合作不断深入,特别是近年来,美国 GPS 的现代化、俄罗斯 GLONASS 系统的恢复、我国北斗导航系统的快速发展以及欧盟 Galileo 计划实施,使得卫星导航星空群星璀璨,GNSS 精密时间传递技术已经成为时间频率领域中最重要的研究热点之一。

本书根据当前 GNSS 时间传递理论与方法的发展现状,结合当前高精度时间频率用户的应用需求,讨论和总结了当前 GNSS 精密时间传递技术的关键问题及其解决方法,提出了多项新的或改进的算法和模型,并进行了大量实际验证。全书共 12 章:第 1 章介绍精密时间传递的发展,总结了时间传递的背景及其在国内外发展现状,列出了本书的主要研究内容和组织架构;第 2 章首先描述了当前主要

GNSS时间系统的构建方法，然后简要介绍了 GNSS 时间传递中的主要观测误差，给出了 GNSS 传统载波相位时间传递的函数模型、随机模型及其参数估计方法，最后总结和梳理了 GNSS 载波相位时间传递数据的处理流程；第 3 章提出了非差非组合 GNSS 载波相位时间传递方法，给出了其函数模型及电离层处理策略，最后利用实测数据进行了性能验证；第 4 章对 BDS 载波相位时间传递中的卫星伪距偏差进行系统分析，建立了 BDS-2 和 BDS-3e 卫星伪距偏差改正模型，提出了顾及卫星伪距偏差改正的 BDS 载波相位时间传递方法；第 5 章针对 GNSS 载波相位时间传递的连续性问题进行系统研究，从卫星产品内插的端部效应及模糊度参数的连续性两个角度提出了 GNSS 时间传递策略，并利用国际时间实验室的实测数据进行了验证；第 6 章首先对 GNSS 时间传递过程中的非钟差参数及钟差参数建模方法进行了讨论，提出了附加先验信息约束的 GNSS 载波相位时间传递方法，进一步提升了传统时间传递的性能；第 7 章提出了基于增强信息约束的 GNSS 精密时间传递方法，给出了增强改正信息的获取方法和时间传递的数学模型；第 8 章提出了融合多模 GNSS 时间传递方法，系统性地讨论了其数学模型，并总结了算法实施流程；第 9 章构建了 GNSS 双频、三频、四频载波相位时间传递数学模型，并从原理角度讨论和归纳了采用不同方式构建的多频 GNSS 时间传递模型的特征；第 10 章提出了基于单站多站统一的时间传递方法，通过模型的构建和推导，实现了单站解和多站解时间传递模型的统一，并从理论上证明了两者的等价性；第 11 章提出一种基于伪距单差单点定位法的 GNSS 系统间时差监测方法，并对 GNSS 系统间时差特征进行了分析；第 12 章简要介绍了中国科学院国家授时中心初步建立的基于 GNSS 的实时 UTC(NTSC) 传递服务系统，并对其性能进行了分析。

本书可供从事时间频率、卫星导航、天文学及大地测量等领域的工程技术人员、科研人员及研究生阅读。考虑 GNSS 精密时间传递研究是由多学科相关渗透而形成的一个研究方向，涉及电子、通信、数学、天文学、时间频率及现代数据处理技术和测绘科学等诸多学科的相关知识，加之作者水平有限，书中难免有疏漏之处，恳请读者不吝指正。

作　者

2025 年 2 月

目录

第1章 精密时间传递发展概论 ··· 1

1.1 综述 ··· 1
1.2 时间传递的背景 ·· 1
1.3 国内外发展现状 ·· 3
1.4 主要内容 ·· 6

第2章 GNSS载波相位时间传递数据处理基本理论 ············· 7

2.1 GNSS系统时间 ··· 7
  2.1.1 GPS系统时间 ·· 7
  2.1.2 GLONASS系统时间 ··· 8
  2.1.3 Galileo系统时间 ·· 8
  2.1.4 BDS系统时间 ·· 9
2.2 GNSS时间传递中的主要观测误差 ···························· 9
  2.2.1 与空间卫星有关的误差 ······································ 10
  2.2.2 卫星信号传播过程有关的误差 ····························· 12

2.2.3　与测站有关的误差 ………………………………………………… 13
2.3　GNSS 载波相位时间传递数学模型 ………………………………………… 14
2.3.1　函数模型 ……………………………………………………………… 14
2.3.2　随机模型 ……………………………………………………………… 15
2.3.3　参数估计方法 ………………………………………………………… 17
2.4　GNSS 载波相位时间传递数据处理流程 …………………………………… 18
2.5　本章小结 ………………………………………………………………………… 19

第 3 章　非差非组合 GNSS 载波相位时间传递方法 ……………… 20

3.1　引言 ……………………………………………………………………………… 20
3.2　BDS 非差非组合 GNSS 时间传递模型 ……………………………………… 21
3.2.1　函数模型 ……………………………………………………………… 21
3.2.2　电离层约束信息设定 ………………………………………………… 22
3.3　非差非组合 GNSS 时间传递性能验证 ……………………………………… 23
3.4　本章小结 ………………………………………………………………………… 26

第 4 章　BDS 载波相位时间传递中卫星伪距偏差影响 …………… 27

4.1　BDS-2 卫星伪距偏差 ………………………………………………………… 27
4.1.1　引言 …………………………………………………………………… 27
4.1.2　BDS-2 卫星伪距偏差特征 …………………………………………… 28
4.1.3　BDS-2 卫星伪距偏差改正模型 ……………………………………… 30
4.1.4　顾及 BDS-2 卫星伪距偏差改正的载波相位时间传递 …… 33

4.1.5 实验小结	38
4.2 联合 BDS-2 与 BDS-3e 时间传递性能分析	38
4.2.1 引言	38
4.2.2 BDS-3e 卫星伪距偏差特征	39
4.2.3 联合 BDS-2 和 BDS-3e 进行时间传递	40
4.2.4 算例分析	42
4.2.5 实验小结	45
4.3 本章小结	46

第 5 章　GNSS 载波相位时间传递的连续性 ··· 47

5.1 引言	47
5.2 IGS 的卫星产品连续性特征	48
5.3 GPS 载波相位时间传递数据处理中的影响因素分析	49
5.3.1 卫星产品内插的端部效应	49
5.3.2 模糊度参数的连续性	51
5.4 顾及数据处理策略的 GPS 载波相位时间传递实验	54
5.4.1 算例分析	54
5.4.2 结论与建议	59
5.5 本章小结	60

第 6 章　附加先验信息约束的 GNSS 时间传递方法 ··· 61

6.1 附加钟差相关参数约束的 Galileo 时间传递	61
6.1.1 引言	61

6.1.2　附加钟差相关参数约束的 Galileo 时间传递数学模型 …… 63
　　6.1.3　算例分析 …………………………………………………… 64
　　6.1.4　实验小结 …………………………………………………… 68
　6.2　附加钟差模型增强的 GNSS 时间传递方法 ………………………… 69
　　6.2.1　引言 …………………………………………………………… 69
　　6.2.2　常用的钟差模型 ……………………………………………… 70
　　6.2.3　附加钟差模型增强的时间传递方法 ………………………… 71
　　6.2.4　算例分析 ……………………………………………………… 72
　　6.2.5　实验小结 ……………………………………………………… 78
　6.3　本章小结 ……………………………………………………………… 79

第 7 章　增强信息约束的 GNSS 精密时间传递方法 ……………… 80

　7.1　引言 …………………………………………………………………… 80
　7.2　GNSS 增强信息获取 ………………………………………………… 80
　7.3　基于增强信息约束的 GNSS 时间传递方法 ………………………… 81
　7.4　基于增强信息约束的 GNSS 时间传递实验 ………………………… 83
　7.5　本章小结 ……………………………………………………………… 90

第 8 章　多模 GNSS 的载波相位时间传递方法 …………………… 91

　8.1　引言 …………………………………………………………………… 91
　8.2　融合多模 GNSS 载波相位时间传递原理 …………………………… 92
　　8.2.1　数学模型构建 ………………………………………………… 92
　　8.2.2　算法流程 ……………………………………………………… 93

| 8.2.3 算例与分析 ………………………………………………… 94
| 8.2.4 实验小结 ………………………………………………… 99
| 8.3 基于抗差—方差分量的多模 GNSS 时间传递 ……………………… 100
| 8.3.1 多模 GNSS 时间传递的权比分配中存在的问题 ………… 100
| 8.3.2 基于抗差—方差分量的多模 GNSS 时间传递方法 …… 101
| 8.3.3 基于抗差—方差分量的多模 GNSS 时间传递实施流程 …… 103
| 8.3.4 算例与分析 ………………………………………………… 103
| 8.3.5 实验小结 ………………………………………………… 108
| 8.4 多模 GNSS 时间传递中 ISB 特征及其影响 ……………………… 109
| 8.4.1 ISB 随机模型 ……………………………………………… 109
| 8.4.2 ISB 时空特征分析 ………………………………………… 109
| 8.4.3 多模 GNSS 时间传递 ISB 影响分析 …………………… 114
| 8.5 本章小结 ……………………………………………………………… 117

第 9 章　多频 GNSS 载波相位时间传递方法 ……………………………… 119

| 9.1 引言 …………………………………………………………………… 119
| 9.2 多频 GNSS 时间传递模型构建 …………………………………… 120
| 9.2.1 双频 GNSS 时间传递模型 ………………………………… 120
| 9.2.2 三频 GNSS 时间传递模型 ………………………………… 121
| 9.2.3 四频 GNSS 时间传递模型 ………………………………… 121
| 9.3 实验分析 ……………………………………………………………… 124
| 9.3.1 双频模型 …………………………………………………… 124

9.3.2 三频模型 ………………………………………………………… 126

9.3.3 四频模型 ………………………………………………………… 128

9.3.4 频间偏差特征 …………………………………………………… 130

9.3.5 实验小结 ………………………………………………………… 132

9.4 本章小结 ……………………………………………………………… 132

第10章 单站多站统一的 GNSS 时间传递方法 ………………………… 134

10.1 引言 …………………………………………………………………… 134

10.2 基于单站解的时间传递模型 ………………………………………… 134

10.3 基于多站解的时间传递模型 ………………………………………… 135

10.3.1 基于站间单差的多站解时间传递模型 ……………………… 135

10.3.2 基于站间非差的多站解时间传递模型 ……………………… 136

10.4 基于单站、多站解的统一时间传递模型 …………………………… 137

10.5 基于单站、多站统一解的 GNSS 时间传递实验 …………………… 138

10.6 本章小结 ……………………………………………………………… 142

第11章 GNSS 系统间时差监测技术 ……………………………………… 143

11.1 引言 …………………………………………………………………… 143

11.2 GNSS 系统间时差监测方法 ………………………………………… 144

11.2.1 伪距单点定位法 SPP ………………………………………… 144

11.2.2 伪距单差单点定位法 SDPP ………………………………… 144

11.3　GNSS 系统间时差特征 …………………………………………… 145

11.4　本章小结 …………………………………………………………… 149

第 12 章　基于 GNSS 的实时 UTC(NTSC)传递技术 ……………… 150

12.1　引言 ………………………………………………………………… 150

12.2　GNSS 实时 SSR 产品 ……………………………………………… 151

12.3　基于 GNSS 的实时 UTC(NTSC)传递系统 ……………………… 155

12.4　实时 UTC(NTSC)传递性能评估 ………………………………… 156

12.5　本章小结 …………………………………………………………… 163

参考文献 …………………………………………………………………… 164

附录　英文缩略词 ……………………………………………………… 172

第 1 章

精密时间传递发展概论

1.1 综 述

时间作为一个基本物理量,它的测量依靠物质的连续运动。在人类历史发展的漫漫长河中,天文时间系统为推动人类社会进步和科学发展发挥了巨大的作用。1955 年,英国皇家物理实验室研制成功了世界上第一套铯原子频率标准,开创了原子频率标准的新纪元,随后出现了世界范围的原子时系统。原子时系统的出现将时间测量系统从宏观世界发展到了原子物理学的微观世界,其准确度也由天文系统的 10^{-9} 量级跃升到了原子频标的 10^{-13} 量级。1971 年的国际计量大会正式指定由国际计量局(Bureau International des Poids et Mesures,BIPM)建立的原子时作为国际原子时(International Atomic Time,TAI)。截至 2018 年,全世界约有 85 个实验室的近五百台原子钟参与了 TAI 的计算。

对于 TAI 而言,如何使这些分布于世界各地的原子钟建立联系是实现 TAI 计算的基础,而高精度的远程时间传递技术为其提供了重要支撑。同时,随着现代社会信息化、智能化的不断发展,高精度的时间频率已经成为关乎国计民生、国防军工、科学研究等领域重要的基础设施和战略资源。对于这些高精度时间用户而言,远程时间传递技术也是与国家标准时间频率系统建立联系的重要手段。因此,开展高精度远程时间传递方面的研究意义重大。

1.2 时间传递的背景

远程时间传递技术伴随着人们对时间准确度及时间同步的精度需求而不断发展。事实上,就分布于不同地点的原子钟而言,最简单、最直接的时间传递的方法就是利用便携式原子钟在一个参考点与参考钟同步好,将其作为媒介,搬运到其他需要同步和测试的原子钟处,用时间间隔计数器在各点进行测试比对,最后返回参考点后再和参考钟比对。但是,这种搬运钟的方法要求便携式原子钟在搬运期间必须自备电池维持供电以便其能够连续不间断地运转。同时,在搬运期间原子钟易受外界环境影响,特别是在世界范围内的洲际搬运钟存在着时间传递效率低、成本高、周期长等缺点,导致该技术难以在实际工作中得到广泛应用。

  1957年10月4日,随着世界上第一颗人造地球卫星的成功发射,空间科学技术的发展也步入了一个新的时代。人们在选择远程时间传递中的媒介时将目光投向了卫星。1962年,横跨大西洋的美国和英国之间使用Telstar卫星进行第一次卫星双向时间频率传递(Two-Way Satellite Time and Frequency Transfer,TWSTFT)实验。TWSTFT技术主要是将位于两地的原子钟频率标准通过地面专用设备同时向卫星发射调制时间信号,经卫星转发后两站分别接收来自对方站的信号,两地面站将接收的信号资料互换后相减,得到两站之间高精度的时间频率差。由于在卫星双向时间比对的过程中信号是对称的,原则上传播路径引起的误差在很大程度上可以得到抵消,其时间传递精度和效率明显优于传统的搬运钟的方法。因此,自1999年起,BIPM已将其应用到了TAI计算中。但是,从TWSTFT技术的传递过程中可以看出,其要求链路两端的站点必须能够同时向卫星发射和接收时间信息。为此,用户需要付出高昂的专业设备成本,并制订严格的时间传递方案。因此,TWSTFT技术大多应用于国际时间实验室之间的事务性时间传递,对于普通的高精度时间用户而言显得难以触及。

  1979年,随着美国第一颗Block I实验卫星的发射,全球定位系统(Global Positioning System,GPS)的建设正式开始,该项目的最初目的主要是为用户提供高精度的导航和定位服务。事实上,GPS的工作原理主要是测量卫星无线电信号到达时间。即不论是在地面控制端,还是在空间的卫星端,没有高精度的时间频率,GPS就不可能实现高精度的导航与定位。换句话说,GPS本质上就是一个空地一体的时间测量系统。随着GPS时间系统的建立,人们发现还可以将其作为一种新的媒介应用到远程时间传递领域中。目前,GPS不仅能够提供定位、导航的服务,还能提供授时服务,成为综合定位导航与授时(Positioning Navigation and Timing,PNT)体系中重要的技术手段。相对于其他时间传递技术,GPS具有应用效率高、成本低、设备体积小、机动灵活、维护简单等特点,已逐渐成为BIPM最重要的时间传递技术。近年来,随着全球导航卫星定位系统(Global Navigation Satellite System,GNSS)的不断建设完善,特别是俄罗斯格洛纳斯导航卫星系统(GLObal NAvigation Satellite System,GLONASS)的逐渐恢复,以及我国的北斗导航卫星系统(BeiDou Navigation Satellite System,BDS)的快速发展,形成了覆盖亚太地区的全天候区域导航系统(BDS-2)和新一代的北斗全球导航卫星系统(BDS-3)。另外,欧盟伽利略(Galileo)导航卫星系统(简称Galileo系统)、日本准天顶导航卫星系统(Quasi-Zenith Satellite System,QZSS)以及印度区域导航卫星系统(Indian Regional Navigation Satellite System,IRNSS)等也都取得了长足的发展,使卫星导航星空群星璀璨,为基于 GNSS 的远程精密时间传递工作提供了丰富的卫星资源。

然而,目前的时间传递工作大多依靠单 GPS 系统进行,其作用范围主要集中在国际时间实验室之间。相对于普通的高精度时间用户而言,由于其工作环境及设备性能方面存在着一定的不足,现有时间传递方法存在的诸多关键技术问题并不能通过长期反复观测的方式较好地解决。同时,随着多模 GNSS 技术的不断发展,研究如何有效整合多模 GNSS 卫星资源,提供高效、可靠、安全的远程时间传递服务成为当前国内外时间工作者关注的热点问题。因而,进行 GNSS 时间传递中的关键技术研究是一项非常具有理论意义和实用价值的研究课题,也是当前综合 PNT 领域最重要的任务之一。

1.3 国内外发展现状

Allan 和 Weiss 于 1980 年首次提出了利用 GPS 共视(Common View,CV)技术进行时间传递的方法,开创了导航卫星用于远程时间传递的先河。此后三十多年里,GPS CV 方法以其计算简单、易于实现等特点,得到了国内外学者的广泛认可。国内方面,1987 年 7 月 12 日至 18 日,航天部 203 所和电子部导航所、中国科学院国家授时中心(原陕西天文台)、武汉测地所和空间物理所等单位通力合作,在我国首次进行了 GPS CV 方法的时间传递试验,开始了我国基于 GPS 卫星进行时间传递的研究工作。1998 年,王正明对 GPS 测时精度与共视问题进行了系统性分析,厘清了实际应用中的关键概念和技术问题。2003 年,杨旭海利用卡尔曼滤波算法开展了近实时 GPS CV 时间频率传递方法的研究,并通过设置低通滤波器的时间常数,利用时差法间接进行频率测量,克服了由于 GPS 秒信号、铷钟秒信号不稳定和测量噪声带来的影响。2004 年,张越和高小珣对 GPS CV 方法时间传递的参数进行了系统性研究,并于 2008 年通过对多通道 GPS CV 接收机的分析,开展了 GPSCV 时间频率传递的实验,进一步推动了卫星共视法时间传递在实际中的应用。然而,如图 1-1 所示,CV 技术要求时间传递链路两端的观测站必须同时观测同一颗卫星,导致其随着时间传递链路的增长,观测误差的相关性逐

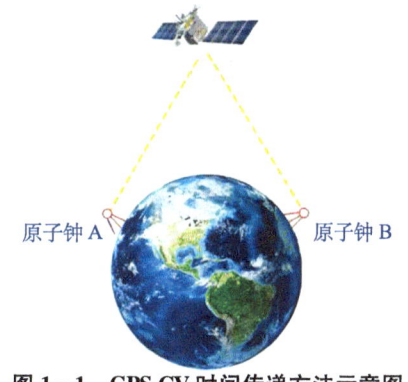

图 1-1 GPS CV 时间传递方法示意图

渐降低。因此，CV 技术时间传递的精度也会随之迅速降低。

随着国际 GNSS 服务组织(International GNSS Service,IGS)与国际时频机构合作的不断深入，国际全球导航卫星系统服务时间(IGST)的时间尺度逐渐被建立。2004 年,Jiang 和 Petit 提出了 GPS AV(All in View,AV)时间传递方法。这种方法主要是 GPS 单站观测，利用伪距观测值的单点定位技术将测站钟差统一归算到 IGST 时间尺度上，最后再以此为媒介完成两个站点间的远程时间传递。GPS AV 方法提出后得到了国际上的广泛认可，国际时间频率咨询委员会(Consultative Committee for Time and Frequency,CCTF)于 2006 年 9 月正式决定采用 AV 方法代替 CV 方法进行 TAI 的计算。但是，不论是 CV 方法还是 AV 方法，所利用的观测量都是伪距观测量，考虑到 GNSS 载波相位观测量精度高于其近两个数量级，为了进一步提高 GNSS 远程时间比对的精度，在传统 AV 方法的基础上增加载波相位观测量的时间传递方法被提出，即载波相位(Carrier Phase,CP)时间传递方法。如图 1-2 所示，CP 方法一方面继承了传统 AV 方法不受时间传递链路长度限制的优势，另一方面又利用了载波相位观测值低噪声的优势，使得其可以获得高精度的时间传递效果，并在时间传递领域中得到了长足的发展。事实上，CP 技术在数学模型和原理上与大地测量中的精密单点定位(Precise Point Positioning,PPP)技术一致，因此在不严格区分应用领域的情况下，又将载波相位时间传递称为 PPP 时间传递。

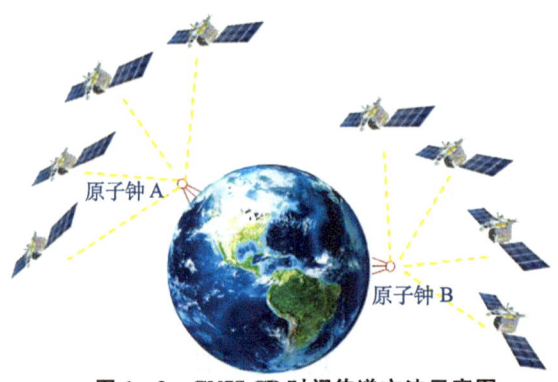

图 1-2 GNSS CP 时间传递方法示意图

GNSS 载波相位时间传递技术自提出以来，国内外众多学者对 GNSS 载波相位时间传递技术进行了广泛的研究，取得了诸多研究成果。国外方面,1997 年 12 月,IGS 与 BIPM 联合发起了利用 GPS 进行时间传递的研究计划，旨在利用 GPS 载波相位和测距码伪距观测值进行全球范围内的精密时间传递技术研究。1999 年,Larson 和 Levine 在美国国家标准与技术研究院(National Institute of Standards and Technology,NIST)与美国海军天文台(United States Naval Observatory,USNO)之间进行了 60 天的载波相位时间传递实验，认为 CP 技术明显地优于传统的 CV 技术;2004 年,Costa 等在意大利国家电子技术研究所(Istituto Elettrotecnico Nazionale,IEN)和德国联邦物理技术研究院(Physikalisch-Technische Bundesanstalt,PTB)两个机构之间进行的载波相位时间传递实验表明 CP 技术优于传统的 AV 技术，特别是在短期和中期稳定度方面优势更加明显。2005 年,

Orgiazzi等利用加拿大自然资源中心的NRCan(Natural Resources Canada)软件对9个国际时间实验室的GPS观测数据进行了处理,着重评估了GPS CP时间传递的短期噪声;Dach利用Bernese GPS软件通过对多天数据的连续CP算法来平衡"天跳变"影响,进而提高了CP时间传递的稳定性技术;2006年,Jiang等将GPS CV、AV、CP技术与TWSTFT技术做了对比分析,并证明了融合CP技术与TW-STFT技术可以有效削弱TWSTFT技术的周日和漂移效应。2007年,Petit和Jiang利用GPS CP技术实现了USNO与PTB之间链路的TAI比对计算,开始了CP技术在TAI获得中的应用;Defraigne等利用比利时皇家天文台的Atomium软件实现了仅采用载波相位观测值进行时间传递的功能,取得了较好的时间传递性能,同时Defraigne和Bruyninx研究并指出了"天跳变"现象与测距码伪距之间存在相关性。2009年,Jiang等将融合GPS CP和TWSTFT的技术应用于协调世界时(Coordinated Universal Time,UTC)UTC/TAI的计算中,旨在提高其稳健性,同时通过实验分析了GLONASS的频间偏差对联合GPS、GLONASS时间传递的影响,认为应该将联合GPS、GLONASS的时间传递方法应用到国际UTC的传递工作中。2013年,Yao等提出了RINEX-Shift算法用于削弱GPS CP技术中的"天跳变"现象,并对其在实际应用中的效果进行了分析验证。

  国内方面,2002年,聂桂根较早地指出基于GPS CP技术进行时间传递的理论精度可达0.1 ns,特别是对于短期的时间传递的效果更加明显。陈宪冬利用CP技术对测地型接收机的精密时间传递进行了研究,并针对出现的"天跳变"现象提出了参数继承的连续CP技术,取得了较好的效果。2010年,王继刚对将CP技术用于不同距离的时间比对进行了详细研究,得到了较好的结果。张小红等利用GPS载波平滑伪距的方式提升了时间传递的性能,还利用载波相位和伪距观测值组合的PPP方法获得了0.1~0.2 ns的时间传递精度;陈军等通过建立卡尔曼(Kalman)状态方程和观测方程,对噪声进行分类并加以讨论,利用白噪声卡尔曼滤波模型的方法提高GPS单站授时结果的精度;2011年闫伟利用基于GPS双频原始观测数据的非组合PPP算法进行精密时间传递研究,并认为通过非组合PPP算法得出的时间传递结果优于通过传统无电离层组合PPP算法得出的结果。2013年,袁媛和仲崇霞进行了非差PPP时间传递软件的实现,获得了较好的时间传递精度;黄观文提出了基于参数先验贝叶斯估计的连续时间传递算法,有效抑制了因单天解造成的"天跳变"。2014年,广伟等对基于我国北斗的载波相位时间传递性能进行了初步评估,取得了较好的效果。2016年,于合理和郝金明通过对原子钟进行建模,进一步提升了时间传递精度。孙清峰和蔡昌盛等通过实验对比分析了联合不同GNSS进行时间传递的优势,认为融合四系统的方案有助于提升时间传递的频率稳定度。

  总体而言,国外GNSS CP技术不论是在理论研究上还是在具体应用上均发展较快。而国内针对 GNSS CP 技术用于精密时间传递的研究起步相对较晚,特别是对一些关键技术的研究并不十分成熟:①在 GPS 载波相位时间传递的连续性研究方面,众多学者从环境影响因素的角度出发,着重对时间实验室的温度、季节变化、伪距多路径效应等开展了研究。但是,对一般时间用户而言,其工作环境更加恶劣,难以利用长期反复观测的方式削弱"天跳变"的影响,而国内从算法角度出发对"天跳变"影响机制的研究开展的相对较少。②虽然众多学者对我国 BDS 系统应用于时间传递工作的性能进行了广泛的评估,但是对于 BeiDou 伪距偏差的影响机制开展的研究相对较少。③传统的 GNSS CP 时间传递方法源于大地测量中的精密单点定位技术,由于应用领域和出发点的不同,对于时间传递中的先验信息的利用明显不足。④随着多频多模 GNSS 技术的不断发展,众多学者开展了对多模 GNSS 时间传递技术的研究,但是大多集中在 GPS 和 GLONASS 方面,对于其他诸如 Galileo 和 BeiDou 等新兴导航卫星系统的关注不足。同时,从融合方法上看,主要是从单系统时间传递的结果上进行简单联合,对数学模型进行深层次的研究相对较少。⑤考虑到基于单站解和多站解的时间传递方法在数据处理过程中存在的异同点,不同用户基于不同方法获得的时间传递结果不可避免地存在系统性差异,难以实现统一的、高效的、稳健的时间传递效果。⑥随着全球各大 GNSS 系统的不断发展,特别是我国 BDS 的逐步完善,国内广大时间用户期望能够利用低成本、高收益的 GNSS 技术建立与我国标准时间(北京时间)之间的联系的同时,满足对于高精度实时 GNSS 时间传递的需求。中国科学院国家授时中心(National Time Service Center,NTSC)开展了基于 GNSS 的实时 UTC(NTSC)传递方面的研究。本书围绕这些问题,进行了重点阐述和讨论。

1.4 主要内容

本书的主要内容分为 11 部分:①GNSS 载波相位时间传递数据处理基本理论;②非差非组合 GNSS 载波相位时间传递方法;③BDS 载波相位时间传递中卫星伪距偏差影响;④GNSS 载波相位时间传递的连续性;⑤附加先验信息约束的 GNSS 时间传递方法;⑥增强信息约束的 GNSS 精密时间传递方法;⑦多模 GNSS 的载波相位时间传递方法;⑧多频 GNSS 载波相位时间传递方法;⑨单站多站统一的 GNSS 时间传递方法;⑩GNSS 系统间时差监测技术;⑪基于 GNSS 的实时 UTC(NTSC)传递技术。

第 2 章

GNSS 载波相位时间传递数据处理基本理论

2.1 GNSS 系统时间

GNSS 导航定位实际上是通过精确测定信号传播时间来实现的,而传播时间均是以 GNSS 的系统时间为参考的。导航用户位置的确定是通过测量无线电信号从卫星到用户接收机的传播时间,然后将其转换成距离,再通过解算方程组获得用户的位置。若这些时间信息包含 1 μs 的误差,就会导致地面上 300 m 的定位误差。同时,GNSS 所建立的系统时间是描述卫星运动、处理观测数据和表达观测结果的基础,也是整个卫星系统空间端与地面运控端协调运行的时间参考,为卫星系统能够在全球范围内提供物体位置、速度和时间信息服务提供了重要信息支撑。

因此,GNSS 系统时间是 GNSS 的重要参量,在 GNSS 时间传递的实际应用中,测量的是 GNSS 系统时间与本地参考时间信号的相位差,显然,准确、稳定、连续的系统时间是 GNSS 精密时间传递的关键。一般地,GNSS 系统时间是通过多台原子钟、时间频率信号控制技术、时间频率比对测量技术及相应的时间尺度算法产生和保持的。然而,对于不同的 GNSS,其系统时间产生的具体方式不尽相同。下面将对各个 GNSS 系统时间进行简要介绍。

2.1.1 GPS 系统时间

GPS 系统时间(GPS Time,GPST)是整个 GPS 系统运行的参考时间,它由 GPS 时间控制系统产生和保持,并以美国海军天文台的 UTC(USNO)为参考基准。GPST 的原点为 1980 年 1 月 6 日 0 时,并在此刻与 UTC 时刻保持一致,此后按照原子秒长累计计时,不做闰秒调整。因此,GPST 是一个连续的时间系统。考虑到 UTC 闰秒的存在,GPST 与 UTC 的偏差也不是永久不变的。自 2017 年 1 月 1 日以来,GPST 与 UTC 的偏差为 18 s。GPST 以星期数(GPS 周)和每星期的秒数(周内秒)来计时。GPS星期是依序编号的,以1980年1月6日0时作为第0星期的开始。

GPS系统主要包括地面端主控站和监测站以及空间端卫星星座三大部分,各个部分均以GPST作为时间参考系统。与此同时,其所配备的高精度原子钟也参与了GPST的建立,主要是通过主控站运用数据处理算法对GPS系统内部各个钟组进行加权平均。其中,星载原子钟的权重最小,监测站原子钟的次之,主控站原子钟的最大。实时的GPST时间和频率信号由主控站中的一台高精度原子钟作为主钟频率源提供,并采用一套自校准闭环系统使每颗卫星的星载原子钟与GPS主钟达成精密时间的同步。GPST以美国海军天文台保持的UTC(USNO)作为基准,二者的时刻偏差基本上小于50 ns(模1 s)。USNO利用GPS定时接收机接收GPS信号监测GPST的偏移,从这些数据当中估算GPST与UTC(USNO)之间的系统偏差,并将其提供给主控站,同时在USNO第四号公报中刊出,以便于用户对授时结果进行精密改正。

2.1.2 GLONASS系统时间

GLONASS系统时间是GLONASS的时间基准,它依然采用原子时秒长,并与俄罗斯联邦国家时间空间计量研究所所保持的国家标准时间UTC(SU)保持同步,随着UTC(SU)的闰秒而闰秒。

GLONASS控制中心的守时钟组由4台主动型氢钟组成,其中有3台钟备用。备用钟的相位和频率通过锁相环自动与主用氢钟调整到一致,其输出信号经过信号切换器送到冗余超净振荡器,输出高质量的1PPS信号和一组5 MHz、10 MHz、100 MHz信号。1PPS信号通过时间信号产生器调整到UTC(SU),同时时间信号产生器输出的B码信号以IRIG格式送给用户。此外,时间系统中还配备有监控系统,实现时频系统设备和信号准确性的实时监视。每颗GLONASS卫星搭载有3台铯原子钟,它们的频率稳定性优于$5\times10^{-13}/d$,地面每12小时对星载钟校准一次。

2.1.3 Galileo系统时间

Galileo系统是欧盟主导的全球导航卫星定位系统,有"欧洲版GPS"之称,其主要服务于广大民用用户。Galileo系统时间经历了两个发展阶段。

(1)实验Galileo系统时间(Experimental Galileo System Time,E-GST)。其建立的主要目的是为处于测试阶段的Galileo系统提供时间参考。同时,在其实施阶段研究了时间尺度算法、守时钟组的构成、远程时间同步技术以及E-GST的实施监控算法。

(2)Galileo系统时间(Galileo System Time,GST)。GST是一个连续的时间尺度,溯源到TAI,不实施闰秒,GST相对于TAI的频率稳定度优于$4.3\times10^{-15}/d$.

GST 的起始历元定义在 1999 年 8 月 22 日 0 时 0 分 0 秒。Galileo 系统采用主钟控制的方法产生系统时间。在地面的主控站部分，配备 2 台主动型氢原子钟和 4 台高性能铯原子钟。在空间卫星星座部分，主要包括两台被动型氢钟（稳定度优于 $1\times10^{-14}/1000\ s$）和两台铷原子钟（稳定度优于 $5\times10^{-13}/100\ s$），其中一台氢原子钟和一台铷原子钟互为主钟和备份钟，为导航信号的产生提供参考。

欧洲众多时间实验室承担了 GST 的产生和保持的任务。其中，意大利国家计量研究所（Istituto Nazionale di Ricerca MetroIogica, INRiM）主要负责 GST 的产生算法；法国巴黎天文台（Observatoire de Paris, OP）和德国联邦物理技术研究院（Physikalisch-Technische Bundesanstalt, PTB）主要负责各个时间实验室之间的卫星双向时间频率比对；英国国家物理研究院（National Physical Laboratory, NPL）负责监测和计算 GST 与 GPST 的差异，并通过 Galileo 系统广播给用户，确保在某一个导航卫星定位系统工作时用户需求的可靠性。

2.1.4 BDS 系统时间

BDS 系统时间称为北斗时（BDS Time, BDT）。同样地，BDT 也属于原子时，其原点为 2006 年 1 月 1 日 UTC 的 0 时 0 分 0 秒。BeiDou 系统时间主要包括原子钟组、内部测量单元、外部比较单元、数据处理单元以及信号产生单元五部分。其原子钟组是由多台铯原子钟和氢原子钟组成的，并起到提供时间频率信号的作用。内部测量单元实现原子钟组内部的测量比对，并将测量结果提供给数据处理单元，用于北斗纸面时间的计算。外部比对单元将 BDT 溯源到我国标准时间 UTC（NTSC），通过 NTSC 与国际 UTC 建立联系。同时，该单元还提供 BDT 相对于 GNSS 其他时间尺度的偏差。信号产生单元以北斗纸面时间为参考对主用原子钟的输出信号进行调整，产生 BDT 并提供给整个导航系统。

2.2 GNSS 时间传递中的主要观测误差

在 GNSS 时间传递中直接测量的是高精度时间观测量，即卫星信号到达接收机时刻 t_r（由外接原子钟频标量测）与信号离开卫星的时刻 t^s（由星载原子钟量测）之差（$t_r - t^s$），此差值与真空中的光速 c 的乘积即可转换为距离观测量 ρ，即

$$\rho = c \cdot (t_r - t^s) \tag{2.1}$$

然而，在实际测量中，GNSS 卫星信号会受到多种误差的影响，其测量的时刻差称为伪时刻差，距离观测量称为伪距。

在 GNSS 载波相位时间传递中，其观测误差可大致分为三部分。

(1) 与空间卫星有关的误差。其中主要有卫星轨道和钟误差、卫星天线相位中心偏差及其变化误差、相对论效应、地球自转改正、天线相位缠绕等。

(2) 与卫星信号传播过程有关的误差。主要有与大气有关的对流层延迟、电离层延迟以及与测站周边环境有关的多路径效应等。

(3) 与测站有关的误差。主要包括外接原子频标的钟误差、地球固体潮汐、海洋潮汐、接收机的测量噪声等。

2.2.1 与空间卫星有关的误差

1. 卫星轨道和钟误差

卫星轨道误差主要是指通过技术手段确定的卫星星历中所表示的轨道信息与卫星的实际轨道之间的不符值，其主要取决于卫星定轨系统的质量。在 GNSS 载波相位时间传递中，通常采用精密星历产品来削弱卫星轨道误差对 GNSS 载波相位时间传递的影响。

考虑到星载钟虽然使用了高性能的原子钟，但是受到空间环境及原子钟自身的物理结构影响，随着时间的变化难免存在一些误差。因此，所谓的卫星钟误差主要表示卫星星历所给出的钟差与实际星载钟之间的不符值。目前 IGS 提供了 15 s、5 s 以及 30 s 间隔钟差产品。IGS 组织也提供了 GPS 不同精度的卫星钟产品，如表 2-1 所示。在 GNSS 载波相位时间传递的数据处理中，可以采用最终精密钟差产品来削弱卫星钟误差对 GNSS 载波相位时间传递的影响。

表 2-1 IGS 提供的 GPS 精密星历和钟差参数质量指标

产品名称		精度	时延	更新频率	间隔
超快速产品（预报部分）	轨道	~5 cm	实时	每天四次	15 min
	钟差	~3 ns RMS ~1.5 ns SDev			
超快速产品实测部分	轨道	~3 cm	3~9 h	每天四次	15 min
	钟差	~150 ps RMS ~50 ps SDev			
快速产品	轨道	~2.5 cm	17~41 h	每天一次	15 min
	钟差	~75 ps RMS ~25 ps SDev			5 min
最终产品	轨道	~2.5 cm	12~18 d	每周一次（周四）	15 min
	钟差	~75 ps RMS ~20 ps SDev			30 s

2. 卫星天线相位中心偏差及其变化

卫星天线相位中心偏差是指卫星天线的质量中心和相位中心之间的不符值。卫星精密星历产品中给出的是卫星质量中心在空间中的位置，然而卫星信号是由天线相位中心发出的，因此，通常情况下这两个中心并不重合。天线相位中心偏差是通过对大量观测数据的精密处理和深入分析获得的。由于不同分析中心的数据处理方法并不完全相同,其所给出的值也并不相同,因此 IGS 从 1998 年 11 月 29 日起采用统一的天线相位中心偏差值。从 2006 年 11 月 5 日起,IGS 采用绝对卫星天线中心改正模型(igs05.atx)替代原来的相对相位中心模型。该模型不仅考虑了卫星天线相位中心的平均偏差量,还顾及了天线的瞬时相位中心与平均天线相位中心之间的差异。自 2011 年 4 月 17 日起,由于 IGS 的参考框架由原来的 ITRF05 转换为 ITRF08,其相应的卫星天线相位中心也升级为 igs08.atx。

由于 GNSS 载波相位时间传递中需要采用精密卫星轨道产品,其位置参数均是以卫星质量中心的形式给出的,因此必须使用相应卫星天线相位中心偏差产品进行准确的改正。

3. 相对论效应

相对论效应主要是由卫星星载钟和接收机外接原子钟在惯性空间中的运动速度不同以及这两台钟所处位置的地球引力位的不同引起的。因此,在卫星设计之初,考虑到相对论效应引起的频率偏差为常量,生产厂家将卫星钟的频率调低了 0.00455 Hz。当把这台已经调整后的原子钟放到卫星上后,受相对论效应的影响,地面接收到的卫星信号频率与系统设计的信号频率即可保持一致。当然,相对论效应还有一定的剩余部分,主要是由于卫星轨道并非圆形轨道,轨道偏心率对卫星频率产生周期性的影响,其量值可达 45.8 ns,相当于距离误差 13.7 m。这种周期性影响可用如下公式予以改正:

$$\Delta \rho_{rel} = -\frac{2}{c} X \cdot \bar{X} \tag{2.2}$$

式中,X 为卫星的位置矢量;$\bar{X}$ 为卫星的速度矢量。

4. 地球自转改正

在 GNSS 时间传递中,数学模型的建立主要是在地固坐标系中进行的。然而,由于地固坐标系是非惯性坐标系,它会随着地球的自转而发生旋转。同时,空间卫星信号自发出到地面接收机捕获存在着一定的时间过程,在此过程中,与地球固连的协议地球坐标系会随着地球的自转使得相对卫星的瞬时位置产生变化,因此需要考虑该项误差的影响。假设卫星在空间的位置是根据信号的发射时刻 t_1 来计算的,基于此,可以求得卫星在 t_1 时刻的协议地球坐标系中的位置 $(x_1^s, y_1^s, z_1^s)^T$。按照上述描述,当信号经过一段时间传播被地面接收机于 t_2 时刻捕获,协议地球坐标系会围绕地球自转轴(z 轴)旋转一个角度 $\Delta \alpha$,可以表示为

$$\Delta \alpha = \omega(t_2 - t_1) \tag{2.3}$$

式中,ω 为地球自转的角速度。那么卫星坐标的变化可通过下式进行描述:

$$\begin{bmatrix} \delta x_s \\ \delta y_s \\ \delta z_s \end{bmatrix} = \begin{bmatrix} 0 & \sin\Delta\alpha & 0 \\ -\sin\Delta\alpha & 0 & 0 \\ 0 & 0 & 0 \end{bmatrix} \begin{bmatrix} x_1^s \\ y_1^s \\ z_1^s \end{bmatrix} \approx \begin{bmatrix} 0 & \Delta\alpha & 0 \\ \Delta\alpha & 0 & 0 \\ 0 & 0 & 0 \end{bmatrix} \begin{bmatrix} x_1^s \\ y_1^s \\ z_1^s \end{bmatrix} \tag{2.4}$$

上式即为卫星坐标的地球自转项的改正。在实际计算中,只要将其加到$(x_1^i, y_1^i, z_1^i)^T$上即可求得卫星在t_2时刻的协议地球坐标系中的坐标。

5. 天线相位缠绕

由于 GNSS 卫星发出的信号大多数是采用右旋极化方式的电磁波,接收机实际获取的载波相位观测值和卫星与接收机天线的相互朝向密切相关。因此,接收机或者卫星天线旋转轴会导致载波相位观测值发生变化。在实际时间传递过程中,地面的接收机天线通常是保持固定的,而空间卫星星座为了保持连续工作,需在运行过程中将太阳能帆板始终朝向太阳,这样会导致卫星天线朝向发生缓慢的旋转。这种由于地面接收机和空间卫星天线间的相对旋转而产生的相位观测值变化称为天线相位缠绕,其通常可按照下式进行改正:

$$\Delta \phi = \sin \xi \cos^{-1}(D' \cdot D / |D'||D|) \qquad (2.5)$$

式中,

$$\xi = k \cdot (D' \times D)$$
$$D' = \hat{x}' - k(k \cdot \hat{x}') - k \times \hat{y}'$$
$$D = \hat{x} - k(k \cdot \hat{x}) + k \times \hat{y}$$

其中,k 为卫星与接收机间形成的空间单位向量;D'、D 分别代表卫星和接收机天线的有效偶极矢量;$(\hat{x}', \hat{y}', \hat{z}')$ 为卫星坐标的单位向量;$(\hat{x}, \hat{y}, \hat{z})$ 为接收机在地方坐标系中的单位向量。

2.2.2 卫星信号传播过程有关的误差

1. 对流层延迟

在 GNSS 精密时间传递中,所谓的对流层延迟是指卫星信号通过高度低于 50 km 未被电离的中性大气层时所产生的信号延迟。在时间数据处理工作中,通常是将天顶对流层延迟分为天顶干延迟和湿延迟两个分量分别处理,并结合其各自的映射函数予以改正,即

$$\Delta T_{trop} = d_{dry} \cdot mf_{dry} + d_{wet} \cdot mf_{wet} \qquad (2.6)$$

式中,d_{dry} 为对流层天顶干延迟分量;d_{wet} 为对流层天顶湿延迟分量;mf_{dry}、mf_{wet} 为相应的映射函数。对流层干延迟分量占对流层延迟的 80%~90%,其量级相对比较大,随时间变化的规律性也很明显。因此可以通过经验模型予以改正,常用的模型主要有 Saastamoinen 模型、EGNOS 模型等。对于天顶湿延迟而言,可以利用参数估计的方式对其进行准确处理。

2. 电离层延迟

一般而言,在太阳紫外线、X 射线、γ 射线和高能粒子等的作用下,距离地球的部分气体分子被电离,形成了一个所谓的电离区域,称为电离层。卫星发出的信号在穿过电离层时,其传播速度会发生变化,进而影响 GNSS 时间传递的性能。通常

情况下,可以利用 GNSS 的双频观测数据,进行相应的线性组合消除电离层一阶项影响,形成观测值,剩余的高阶项影响很小,一般不予考虑。

3. 多路径效应

在实际的 GNSS 测量中,接收机天线获得的信号是卫星信号的直射波以及经过地面、山坡和测站附近建筑物反射后的反射波发生干涉后的混合信号,因而导致观测值偏离实际的真值。通常将这种由于反射信号所引起的观测误差称为多路径效应。

目前多路径效应一般是通过采取一定的措施予以削弱,例如选择合适的站址,避开信号反射物,在 GNSS 天线处安装抑径板或抑径圈,延长观测时间等。一般情况下,低高度角的卫星信号更容易受多路径效应的影响。因此,在数据处理中,通常是设置一定的卫星截止高度角,使其观测量不参与未知参数的估计。

2.2.3 与测站有关的误差

1. 外接原子频标的钟误差

在 GNSS 载波相位时间传递中,GNSS 接收机必须外接高精度原子钟频标。这些原子钟的质量与其元器件寿命以及温度、湿度等外界环境有密切关系,同时输入到接收机的频率信号与相关线缆的老化、温度等环境因素密切相关,这些误差均会影响接收机实际使用到的频率信号,进而影响获得的接收机钟差的性能。在实际数据处理中,通常是将接收机钟差参数用白噪声随机过程进行模拟,即认为各个历元之间的接收机钟差是相互独立的。

2. 地球固体潮汐

地球固体潮汐主要是指地球固体表面周期性的涨落现象。其主要是由于外部天体(太阳、月亮)对弹性地球的引力作用导致的。在 GNSS 载波相位时间传递中,其产生的影响在径向的幅度大约有 30 cm,水平方向的幅度有 5 cm,因此必须通过经验模型加以改正。测站在天球坐标系下固体潮汐的改正向量通常与测站的向径 R、纬度 θ 和经度 λ 有关,其可以表示为

$$u = \begin{bmatrix} \delta R \\ \delta \theta \\ \delta \lambda \end{bmatrix} = \sum_{j=1}^{2} \frac{Gm_j}{GM} \frac{R^4}{r_j^3} \left\{ 3l(r_j^o \cdot R^o) r_j^o + \left[3\left(\frac{h}{2} - l\right)(r_j^o \cdot R^o)^2 - \frac{h}{2} \right] R^o \right\} \quad (2.7)$$

式中,GM 为地球引力常数;Gm_j 为太阳($j=1$)和月亮($j=2$)的引力常数;r_j 为天体质心到地心的距离;R 为测站到地心的距离;r_j^o、R^o 分别为 r_j 方向和 R 方向上的位置矢量。上述模型是根据测站的受力(日、月的万有引力)情况给出的。

3. 海洋潮汐

海洋潮汐负荷主要是指测站受海洋潮汐的影响,导致地壳表面的周期性涨落。在其改正过程中主要按照海潮图和格林函数计算各个潮波在径向、东西和南北方向的幅度($A_i^r, A_i^{EW}, A_i^{NS}$)以及相对于格林子午线相位滞后($\delta_i^r, \delta_i^{EW}, \delta_i^{NS}$),最后将

其叠加而来,其改正模型可以写为

$$\Delta R_{ocean} = \sum_{i=1}^{N} \begin{bmatrix} A_i^r \cos(\omega_t t + \phi_i - \delta_i^r) \\ A_i^{EW} \cos(\omega_t t + \phi_i - \delta_i^{EW}) \\ A_i^{NS} \cos(\omega_t t + \phi_i - \delta_i^{NS}) \end{bmatrix} \quad (2.8)$$

式中,t 表示世界时;ω_t、ϕ_i 分别表示分潮波的频率和历元时刻的天文幅角;N 为阶数。

4. 接收机的测量噪声

在 GNSS 时间传递中,所用到的接收机及天线等设备受其使用年限、外部环境变化而引起的随机测量误差称为接收机的测量噪声。通常情况下,接收机的测量噪声的值相对于上述其他误差源较小,在观测足够长时间后,可以忽略不计。

2.3 GNSS 载波相位时间传递数学模型

GNSS 载波相位时间传递技术主要利用伪距观测量提供时间信息,并结合载波相位观测量的低噪声优势,最终实现高精度的时间传递。实际上,伪距与载波相位观测量蕴含了从卫星信号的产生、发出、传播到地面接收机捕获这一系列复杂物理事件或几何关系的所有信息。高精度 GNSS 载波相位时间传递中数据处理的前提就是对这些观测量与相关物理事件、几何量之间关系的深刻认识并建立正确、合理的函数模型、随机模型。函数模型描述了观测值与待估参数之间的函数关系,随机模型则反映了观测值本身的噪声水平、观测系统的动态变化以及参数的随机特性等。

2.3.1 函数模型

GNSS 载波相位时间传递的函数模型与大地测量中的精密单点定位的函数模型基本一致。即利用双频伪距和载波相位观测值构建无电离层组合(Ionosphere-Free combination,IF)模型消除一阶电离层延迟影响,并利用其组建观测方程,可以表示为

$$\begin{cases} P_{IF} = \rho + c \cdot (dt_r - dt_s) + d_{trop} + \varepsilon(P_{IF}) \\ L_{IF} = \rho + c \cdot (dt_r - dt_s) + d_{trop} + \lambda \cdot N + \varepsilon(\Phi_{IF}) \end{cases} \quad (2.9)$$

式中,ρ 为卫地距;dt_r 表示接收机钟差参数;dt_s 表示卫星钟差参数;d_{trop} 表示对流层延迟参数;λ 为一阶无电离层组合后的波长;c 为光在真空中的速度;N 为模糊度参数;$\varepsilon(P_{IF})$ 和 $\varepsilon(\Phi_{IF})$ 分别为伪距和相位观测值组合后的噪声参数;P_{IF} 和 L_{IF} 分别表示伪距和载波相位的无电离层组合观测量,可由式(2.10)和(2.11)分别表示为

$$P_{IF} = \frac{f_1^2 \cdot P_1 - f_2^2 \cdot P_2}{f_1^2 - f_2^2} \quad (2.10)$$

$$L_{IF} = \frac{f_1^2 \cdot L_1 - f_2^2 \cdot L_2}{f_1^2 - f_2^2} \tag{2.11}$$

式中，f_1 和 f_2 分别为 L_1 和 L_2 的频率；P 和 L 分别表示伪距和载波相位观测值。

由于式(2.9)是测站位置等待估参数的非线性组合，因此在实际的数据处理过程中需要对其进行线性化。在测站位置近似坐标 (x_0, y_0, z_0) 处按照泰勒级数展开，并忽略高阶项的影响，误差方程可写为如下形式：

$$V_k = A_k X - L_k \tag{2.12}$$

其中，V_k 为观测值残差向量；A_k 为系数矩阵；L_k 为常数向量（观测值减计算值）；X 为待估参数向量，可以进一步写成

$$X = (x, y, z, dt_r, T_{trop}, N)^{\mathrm{T}} \tag{2.13}$$

式中，(x, y, z) 为测站的三维位置参数；T_{trop} 为对流层延迟估计参数；N 为模糊度参数。式(2.12)中，系数矩阵 A_k 和常数向量 L_k 计算所需要的卫星轨道和钟差参数通常是采用 IGS 提供的精密轨道和钟差产品，考虑到其所提供参数的时间尺度已统一归算到了 IGST，因此在 GNSS 载波相位时间传递中，接收机钟差 dt_r 代表接收机外接原子钟时间频率标准与 IGST 之间的钟差。当然，在测站获取 GNSS 卫星信号的过程中用到的 GNSS 接收机、天线，以及各种线缆会引起一定量的延迟，其可以通过不同的校准方法进行准确测量。总体而言，在 GNSS 载波相位时间传递中，接收机钟差 dt_r 是最重要的目标参数，其解算精度与时间传递的性能密切相关。

2.3.2 随机模型

2.3.2.1 观测值的随机模型

在 GNSS 载波相位时间传递的数据处理中，需要对观测值本身的噪声水平进行评定。目前广泛采用两种随机模型予以确定，一种是基于接收机信噪比（Signal to Noise Ratio，SNR）的随机模型，另一种是基于高度角的随机模型。前者的接收机信噪比与残余大气延迟误差、多路径效应、天线增益和接收机内部电路等因素有紧密关系，能在一定程度上反映观测值质量，进一步衡量观测值的噪声水平。然而，RINEX 观测文件中 SNR 观测值在很多情况下并不输出，导致用户无法完全采用这种模型获取观测值的噪声水平。因此，本节着重介绍基于高度角的随机模型。

一般地，考虑低高度角卫星易受多路径效应等误差的影响，其观测值噪声相对较大，因此基于高度角的随机模型是将观测值测量噪声 σ 表达成以卫星高度角 el 为变量的函数，即

$$\sigma^2 = f(el) \tag{2.14}$$

对于不同模型，高度角函数 f 的表达形式也不尽相同，其中应用最为广泛的为正余弦函数模型，如瑞士伯尔尼大学的大地测量软件 Bernese 采用余弦函数表达式：

$$\sigma^2 = a^2 + b^2 \cos^2(el) \tag{2.15}$$

式中，a 为常数项；b 为放大因子。

美国麻省理工学院研制的 GAMIT 软件采用正弦函数表达式：

$$\sigma^2 = a^2 + b^2 / \sin^2(el) \tag{2.16}$$

2.3.2.2 参数的随机模型

从式(2.13)中可以看出，GNSS 载波相位时间传递中待估参数主要包括测站坐标、模糊度参数、对流层湿分量天顶延迟参数以及接收机钟差参数。对于时间传递中测站坐标而言，考虑到 GNSS 接收机及天线通常是静止安放在时间实验室中，其随时间的变化规律一般不予考虑。模糊度参数在没有周跳的情况下被认为是常数。因此，GNSS 载波相位时间传递中，主要考虑采用对流层残差随机模型和接收机钟差参数随机模型。

1. 对流层残差随机模型

如前文所述，虽然对流层延迟中干延迟占据了绝大部分并可以利用模型进行较好的修正，但由于水汽等其他气象因素的动态变化特征，导致湿延迟随时间的变化展现出明显的随机特性，即使利用一些经验模型可以予以削弱，仍然存在部分无法消除的残差。通常情况下，这些残差可以采用一阶高斯-马尔可夫过程和随机游走过程模拟。

一阶高斯-马尔可夫过程的状态过程方程为

$$\frac{d\rho(t)}{dt} = -\frac{\rho(t)}{\tau_{GM}} + \omega(t) \tag{2.17}$$

式中，τ_{GM} 为随机过程的相关时间；$\omega(t)$ 为方差 σ_ω^2 的零均值白噪声。当 $\tau_{GM} \to \infty$ 时，一阶高斯-马尔可夫过程则变成了随机游走过程，即

$$\frac{d\rho(t)}{dt} = \omega(t) \tag{2.18}$$

在实际数据处理中，考虑到对流层天顶湿延迟分量在短弧段内，特别是在相邻历元间变化较小，通常将其模拟成随机游走过程，其动态过程噪声值可表示为

$$Q_{ii} = q_{trop} \Delta t \tag{2.19}$$

式中，q_{trop} 为对流层天顶湿延迟参数的概率谱密度，实际应用表明，其取 $2 \times 10^{-7} \sim 4 \times 10^{-7} \mathrm{km \cdot s^{-1/2}}$ 比较合适。

2. 接收机钟差参数随机模型

传统的 GNSS 载波相位时间传递中接收机钟差参数的随机模型与 PPP 技术中的处理方式是相同的，即采用白噪声过程模拟钟差变化过程，其在每个历元获得的钟差值与其他历元所得到的钟差值均不相关。在实际数据处理中，其动态过程噪声值表示为

$$Q_{ij} = 0 \tag{2.20}$$

上式意味着钟差参数的先验协方差在每历元都需要重置。

2.3.3 参数估计方法

从式(2.9)的函数模型中可以看出,GNSS 载波相位时间传递数据处理中的待估参数众多,计算量大,因此选择合适的参数估计方法才能准确、快速地获得待估参数的最优估计。下面对参数估计中广泛使用的卡尔曼滤波法和序贯最小二乘法予以简要介绍。

2.3.3.1 卡尔曼滤波法

卡尔曼滤波法实质上是一种实时递推算法,因其设计方法简单易行,所需的存储空间小,故而广泛应用于参数估计领域。

一般而言,离散系统的状态方程和观测方程可分别表示为

$$X_k = \Phi_{k,k-1} X_{k-1} + w_k \tag{2.21}$$

$$L_k = A_k X_k + e_k \tag{2.22}$$

式中,X_k 为 t_k 时刻状态向量;$\Phi_{k,k-1}$ 为状态转移矩阵;w_k 为动力模型噪声向量;L_k 为观测向量;A_k 为设计矩阵;e_k 为观测噪声向量。

假设系统状态方程和观测方程的随机模型分别为

$$\left. \begin{array}{l} E(w_k) = 0 \\ E(e_k) = 0 \end{array} \right\} \tag{2.23}$$

$$\left. \begin{array}{l} \mathrm{cov}(w_k, w_j) = D_w(k) \delta_{kj} \\ \mathrm{cov}(e_k, e_j) = D_e(k) \delta_{kj} \\ \mathrm{cov}(w_k, e_j) = 0 \end{array} \right\} \tag{2.24}$$

式中,$D_w(k)$ 是动力模型噪声向量 w_k 的方差协方差矩阵;$D_e(k)$ 是动力模型噪声向量 e_k 的方差协方差矩阵;δ_{kj} 是狄拉克函数,满足 $\delta_{kj} = 1(k=j)$,$\delta_{kj} = 0(k \neq j)$。

利用系统的状态方程和观测方程即可进行卡尔曼递推估计,其基本计算过程归结为预测、滤波增益和滤波计算。

状态一步预测:

$$\overline{X}_k = \Phi_{k,k-1} \hat{X}_{k-1} \tag{2.25}$$

其预测的误差方差阵可表示为

$$D_{\overline{X}}(k) = \Phi_{k,k-1} D_{\hat{X}}(k-1) \Phi_{k,k-1}^{\mathrm{T}} + D_w(k) \tag{2.26}$$

滤波增益矩阵:

$$K_k = D_{\overline{X}}(k) A_k^{\mathrm{T}} (A_k D_{\overline{X}}(k) A_k^{\mathrm{T}} + D_e(k))^{-1} \tag{2.27}$$

计算状态估计:

$$\hat{X}_k = (I - K_k A_k) D_{\overline{X}}(k) (I - K_k A_k)^{\mathrm{T}} + K_k D_e K_k^{\mathrm{T}} \tag{2.28}$$

状态估计量的误差方程为

$$D_{\hat{X}}(k) = (I - K_k A_k) D_{\overline{X}}(k) \tag{2.29}$$

将滤波估计值及其方差矩阵予以保留，等待下一时刻得到新的观测值，再重复上述计算过程。可以看出，卡尔曼滤波过程是以不断地"预测—修正"的递推方式进行计算，即先进行预测值计算，再根据观测值得到的新信息和卡尔曼增益对预测值进行实时修正，最终获得待估参数的最优估计。

2.3.3.2 序贯最小二乘法

最小二乘估计是 GNSS 测量数据处理中最基本的数学工具，可以据观测值及其观测数学模型获得最优估计。

一般地，GNSS 载波相位时间传递的误差方程(2.12)根据最小二乘准则：

$$V^{\mathrm{T}}PV = \min \tag{2.30}$$

利用其即可获取参数估值：

$$\hat{X}_k = (A_k^{\mathrm{T}} P_k A_k)^{-1} \cdot A_k^{\mathrm{T}} P_k L_k \tag{2.31}$$

待估参数的协因数矩阵可表示为

$$Q_{\hat{X}_k} = (A_k^{\mathrm{T}} P_k A_k)^{-1} \tag{2.32}$$

考虑到 GNSS 载波相位时间传递中节省计算机资源、提高运算效率，可采用最小二乘估计的序贯算法。本书直接给出序贯最小二乘估计解的表达式：

$$\hat{X}_{k+1} = \hat{X}_k - J_{k+1}(L_{k+1} - A_{k+1} \hat{X}_k) \tag{2.33}$$

式中，

$$Q_{\hat{X}_{k+1}} = (I - J_{k+1} A_{k+1}) Q_{\hat{X}_k} \tag{2.34}$$

$$J_{k+1} = P_k A_{k+1}^{\mathrm{T}} (A_{k+1} Q_{\hat{X}_{k+1}} A_{k+1}^{\mathrm{T}} + P_{k+1})^{-1} \tag{2.35}$$

由上式可以看出，序贯最小二乘的优点在于不需要考虑参数的状态方程及状态参数的先验信息，同时无需存储历史观测信息，只利用当前的观测信息和上历元时刻的状态向量及对应的协因数阵，即可实现当前历元的状态向量解算。

2.4 GNSS 载波相位时间传递数据处理流程

基于上述对 GNSS 载波相位时间传递中的相关理论和方法，简要总结了 GNSS 载波相位时间传递数据处理流程（见图 2-1），其主要步骤如下。

(1) 获取进行时间传递的相关 GNSS 观测数据，同时从 IGS 获取精密轨道和钟差产品数据。

(2) 高精度 GNSS 数据处理。主要包括 GNSS 观测值预处理、GNSS 观测误差的处理、观测模型的建立，结合相关参数的随机模型及数学模型，利用参数估计方法进行待估参数的最优估计，其中待估参数主要包括测站三维坐标、接收机钟差参数、天顶对流层延迟参数及载波相位模糊度参数。

(3) 根据所估计的两个测站的接收机钟差参数，以 IGST 作为时间传递的"桥梁",并结合观测系统相关延迟标定参数,进一步获得两个时间频率标准之间的时间传递量。需要说明的是,由于相关标定参数在一定的时间范围内保持不变,对时间传递的理论和方法研究的影响有限,因此在本书的研究过程中暂不涉及延迟参数的标定问题。

```
         ┌──────────────────┐
         │ 两台高精度原子钟频标 │
         │      T1、T2       │
         └──────────────────┘
                  │
         ┌──────────────────┐         ┌──────────────────┐
         │   GNSS观测数据    │         │   IGS提供的精密   │
         │    Obs1、Obs2     │         │   轨道、钟差数据   │
         └──────────────────┘         └──────────────────┘
                  │                            │
         ┌────────────────────────────────────────────────┐
         │ 高精度GNSS数据处理(估计两站的测站三维坐标、       │
         │ 接收机钟差参数、天顶对流层延迟参数、载波相位模糊度参数) │
         └────────────────────────────────────────────────┘
                  │                            │
         ┌──────────────────┐         ┌──────────────────┐
         │ 接收机钟差$dt_{r1}$=T1-IGST │         │ 接收机钟差$dt_{r2}$=T2-IGST │
         └──────────────────┘         └──────────────────┘
                  │                            │
                  └────────────┬───────────────┘
                  ┌──────────────────────────┐
                  │  GNSS载波相位时间传递量     │
                  │ T1-T2=$dt_{r1}-dt_{r2}$+Delay │
                  └──────────────────────────┘
```

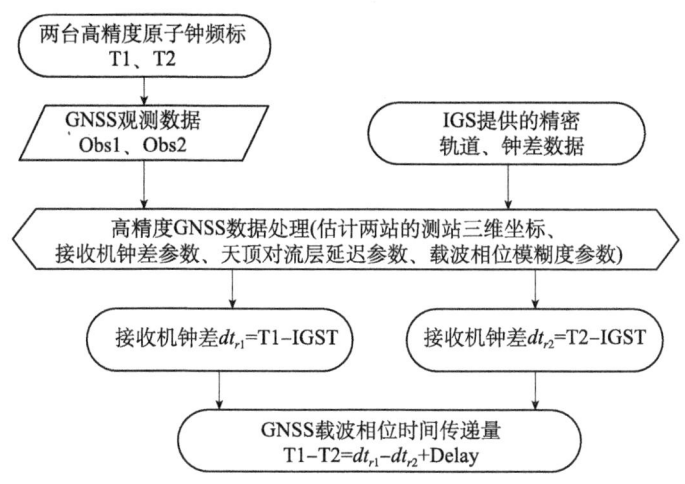

图 2-1　GNSS 载波相位时间传递数据处理流程图

2.5　本章小结

本章简要介绍了 GNSS 载波相位时间传递的基本理论和方法,旨在为后续研究工作的深入开展提供理论基础。

对 GNSS 载波相位时间传递相关概念的了解是开展研究的基本要求,为此本章首先简要介绍了原子钟的一些重要指标及各自 GNSS 的系统时间,并对 GNSS 中的主要观测误差进行讨论,给出了 GNSS 载波相位时间传递的数学模型,最后总结了 GNSS 载波相位时间传递流程。

第3章 非差非组合 GNSS 载波相位时间传递方法

3.1 引 言

传统的 GNSS 载波相位时间传递方法与大地测量领域的精密单点定位（PPP）技术类似，主要是利用双频伪距和载波相位观测值组成无电离层组合以便消除电离层一阶项，并通过建立误差模型，对观测误差进行准确处理，获得单站上的接收机钟差，即可在两站之间实现精密时间传递。然而，虽然传统基于 PPP 的时间传递算法采用 GNSS 双频伪距和载波的无电离层组合可以消除电离层延迟一阶项，但不能消除高阶电离层延迟的影响，残余的高阶电离层延迟误差小于电离层总延迟的 1%，在实时 PPP 应用中一般被忽略，但该组合使得伪距和载波观测值误差扩大近 3 倍。与此同时，受 GNSS 卫星集合构型变化、伪距观测质量等因素影响，传统 PPP 技术在应用中往往需要较长的收敛时间。

基于非差非组合观测值的 PPP 方法提供了除传统无电离层组合外的另一种选择，其优点是在处理当前和未来的多频率 GNSS 观测值时更有弹性，同时避免了线性组合导致的噪声值增大，同时保留了电离层延迟参数（可引入外部电离层约束，加快收敛；提供高精度的电离层延迟信息）。基于非差非组合 PPP 方法的诸多优点，近年来越来越多的学者对其算法与应用进行了深入的研究并取得了一系列成果。早在 2006 年荷兰代尔夫特理工大学的 Keshin 等提出了一种非组合 GPS PPP 方法，并取得了一些初步的结果。随后，Leandro 博士利用 GPS PPP 模型推导了电离层延迟、DCB、精密卫星钟差和伪距噪声的估计方法，进一步拓展了非组合 PPP 技术的应用。国内方面，叶世榕较早地对非差非组合的数学模型进行了系统性讨论。中国科学院测量与地球物理研究所张宝成研究员对 GPS 非组合 PPP 的函数模型和随机模型进行了系统深入的研究，取得了较好的效果。同济大学的李博峰教授等通过理论推导详细证明了无电离层组合和非差非组合 PPP 定位模型的等价性。

上述众多学者系统深入的研究极大地推动非差非组合 PPP 方法的广泛应用，但是其研究大多集中在精密定位领域，对于精密时间传递方面的研究相对较少。与此同时，随着我国 BDS 的不断建设，基于 BDS 进行非差非组合的精密时间传递研究更为少见。因此，本章将对其进行详细介绍。

3.2 BDS 非差非组合 GNSS 时间传递模型

事实上，我国 BDS 提供了三个频率的卫星信号，其频率分别为 B1(1561.098 MHz)、B2(1207.14 MHz)、B3(1268.52 MHz)。虽然有学者已将其应用到了精密时间传递领域，但大多是利用传统双频无电离层组合进行的，对于 BDS 三频非差非组合进行精密时间传递方面的工作相对较少。因此，本节以 BDS 三频观测值为例，对其非差非组合模型进行介绍。

3.2.1 函数模型

对于 BDS 三频观测量，其非差非组合函数模型可写为

$$\begin{cases} P_1 = \rho + c \cdot (dt_{12} - dt^s) + (d_{ion} + \beta_{12} \cdot DCB_{r,12}) \\ \quad + \beta_{12} \cdot DCB_{12}^s + d_{trop} + M_{P_1} + \varepsilon_{P_1} \\ P_2 = \rho + c \cdot (dt_{12} - dt^s) + \gamma_2(d_{ion} + \beta_{12} \cdot DCB_{r,12}) \\ \quad - \alpha_{12} \cdot DCB_{12}^s + d_{trop} + \varepsilon_{P_2} \\ P_3 = \rho + c \cdot (dt_{12} - dt^s) + \gamma_3(d_{ion} + \beta_{12} \cdot DCB_{r,12}) + \delta \\ \quad - (\alpha_{12} \cdot DCB_{13}^s + \beta_{12} \cdot DCB_{23}^s) + d_{trop} + M_{P_3} + \varepsilon_{P_3} \\ L_1 = \rho + c \cdot (dt_{12} - dt^s) - d_{ion} + d_{trop} + M_{\phi_1} + N_1 + \varepsilon_{\phi_1} \\ L_2 = \rho + c \cdot (dt_{12} - dt^s) - \gamma_2 \cdot d_{ion} + d_{trop} + M_{\phi_2} + N_2 + \varepsilon_{\phi_2} \\ L_3 = \rho + c \cdot (dt_{12} - dt^s) + \gamma_3 \cdot d_{ion} + d_{trop} + M_{\phi_3} + N_3 + \varepsilon_{\phi_3} \end{cases} \quad (3.1)$$

其中，P,L 分别表示伪距和载波相位观测值；ρ 为接收机至卫星间的几何距离；c 表示真空中的光速；dt_{12} 表示接收机钟差参数；dt^s 为卫星钟差参数；角标 s、r 分别代表卫星和接收机；d_{ion} 为卫星 B1 频点的电离层延迟，可以表示为 $d_{ion} = f(Z) \cdot VTEC$，$Z$ 为卫星天顶角，$VTEC$ 为天顶方向的电子总量，$f(Z)$ 为映射函数；DCB 为差分码偏差(Difference Code Bias, DCB)；N 为模糊度参数；d_{trop} 为对流层延迟参数；M 表示与测站相关的固体潮汐、海洋潮汐等误差改正项；ε 为观测噪声参数；$\gamma_2 = \frac{f_1^2}{f_2^2}, \gamma_3 = \frac{f_1^2}{f_3^2}; \delta = \frac{\beta_{12}}{\beta_{13}} DCB_{r,12} - DCB_{r,13}$ 为观测噪声系数。

3.2.2 电离层约束信息设定

对于 BDS 三频非差非组合时间传递模型而言,其电离层参数是作为待估参数进行解算的。在实际数据处理中,需要对其进行一定约束,主要是从电离层的先验信息、空间域和时间域的角度进行约束构建。

1. 基于电离层先验信息的约束构建

考虑到 IGS 组织提供的全球电离层格网模型 GIM 的精度能够达到几 TECU 的精度,因此可以将其作为虚拟观测值对非差非组合模型中的电离层参数进行约束,其数学表达式可写为

$$VTEC = VTEC_{GIM} + \varepsilon_{GIM} \tag{3.2}$$

$$\sum VTEC_{GIM} = \begin{cases} \sigma_{prior}^2, & t > 20, t < 8, B > 60 \\ [\sigma_{prior} + 0.4 \cdot \text{sqrt}(\cos B \cdot \cos(t-14) \cdot \pi/15)]^2, \\ & 8 \leqslant t \leqslant 20, B \leqslant 60 \end{cases} \tag{3.3}$$

其中,$VTEC_{GIM}$ 为电离层格网模型所得到的电离层垂直方向的总电子含量(VTEC);ε_{GIM} 为相应的电离层模型误差;σ_{prior} 为 GIM 模型的精度,为 0.3~0.6 m;B 为电离层穿刺点的纬度;t 为当地时间。

2. 空间域的约束构建

测站周边电离层垂直方向总电子含量的空间分布特征可以用多项式函数的形式表达,即

$$VTEC_{space} = \sum_{i=0}^{n} \sum_{j=0}^{m} E_{ij} (\varphi - \varphi_0)^i (\lambda - \lambda_0)^j \tag{3.4}$$

其中,m 和 n 为多项式模型的阶数,通常取为 2 阶;φ 和 λ 分别为穿刺点的经度和纬度;φ_0 和 λ_0 分别为测站的经度和纬度;E_{ij} 表示模型系数。因此,在空间域可以按照如下形式构建约束条件:

$$VTEC = VTEC_{space} + \varepsilon_{space} \tag{3.5}$$

$$\sum VTEC_{space} = \sigma_{space}^2 \tag{3.6}$$

其中,σ_{space} 表示空间约束的误差,通常取值在 0.2~0.3 m。

3. 时间域的约束构建

考虑到电离层随时间活动的渐进性,可以利用其构建电离层约束模型,其数学表达式可写为

$$VTEC = VTEC_{last} + \Delta VTEC + \varepsilon_{temp} \tag{3.7}$$

$$\sum VTEC_{temp} = \sigma_{temp}^2 \tag{3.8}$$

其中,$\Delta VTEC$ 为电离层 VTEC 的历元间变化;σ_{temp}^2 为其方差,通常取值在 0.009~0.025 m²。

3.3 非差非组合 GNSS 时间传递性能验证

为了验证 BDS 三频非差非组合 GNSS 时间传递方法的有效性,本节选取了两台位于中国科学院国家授时中心的 BDS 观测站(NTSC 站和 NTSA 站)进行实验,其接收机型号均为 Trimble Net R9,天线型号均为 RNG80971.00,均能够接收 BDS 三频观测数据,两站的外接频率源均来自于 UTC(NTSC)。实验选择了 2017 年年积日 299 到 304 共计 6 天的数据,其采样率均为 30 s。为了分析 BDS 三频非差非组合 GNSS 时间传递的性能,实验同时进行了基于传统无电离层组合的 GNSS 载波相位时间传递作为对比。因此形成了以下两种数据方案。

方案 1　利用本章所提的 BDS 三频非差非组合时间传递模型进行时间传递方案,标记为"UC-PPP";

方案 2　利用无电离层组合的 BDS 三频时间传递模型进行时间传递方案,标记为"IF-PPP"。

图 3-1 给出了两种方案所获得的接收机钟差序列对比图。图 3-1 中左边为 NTSA 站的结果,右边为 NTSC 站的结果。从图 3-1 中可以看出,即使两个测站均接入了相同的时间频率源 UTC(NTSC),但两者获得的接收机钟差并不完全相同,主要是因为两个测站的接收机、天线及相关线缆的不同硬件延迟引起的。对两种不同的数据处理方案而言,其所获得钟差序列在两个测站上均呈现出良好的一致性。

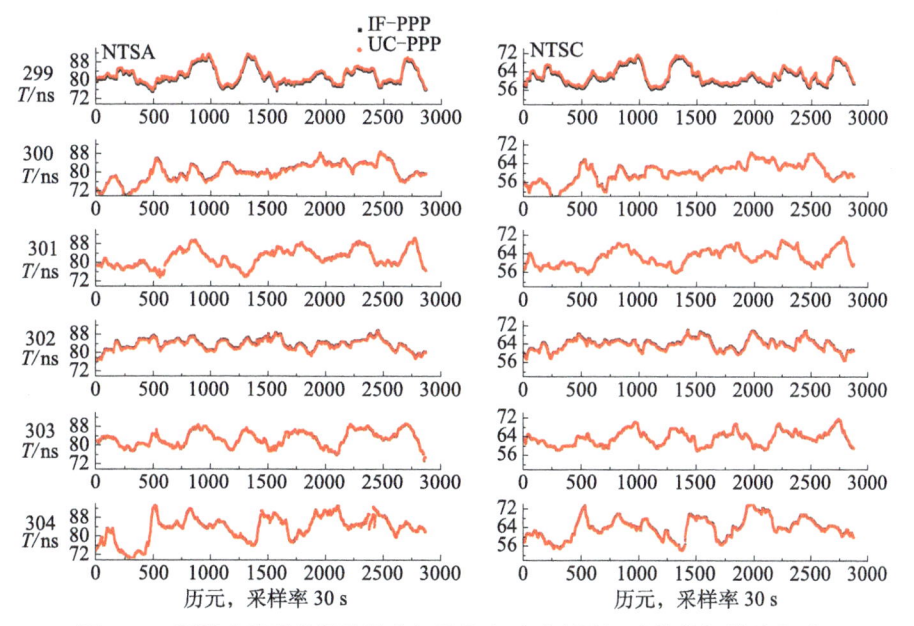

图 3-1　两种方案所获得的接收机钟差序列对比图(T 为接收机钟差序列)

由于两个测站均接入了相同的时间频率源,所以两站之间所形成的时间传递链路的结果主要表征了两站之间的硬件延迟之差。考虑到硬件延迟在一定时间范围内能够保持较好的稳定性,因此可以通过利用评价共钟时间传递链路钟差稳定性的方式来检验时间传递方法的有效性。图 3-2 给出了两种方案所获得的时间传递链路的钟差序列对比情况。从图 3-2 中可以看出,共钟时间传递链路的钟差序列呈现出良好的稳定性,其在一天内的变化幅度优于 10 ns。IF-PPP 方案的结果在 6 天时间传递实验中的平均值分别为 19.81 ns,20.00 ns,19.51 ns,19.82 ns,19.45 ns,19.69 ns,方差分别为 1.3 ns,1.6 ns,1.3 ns,1.7 ns,1.5 ns,2.2 ns。对于 UC-PPP 方案而言,其均值分别为 19.80 ns,19.99 ns,19.52 ns,19.81 ns,19.44 ns,19.70 ns,方差则为 1.3 ns,1.6 ns,1.3 ns,1.7 ns,1.5 ns,2.3 ns。

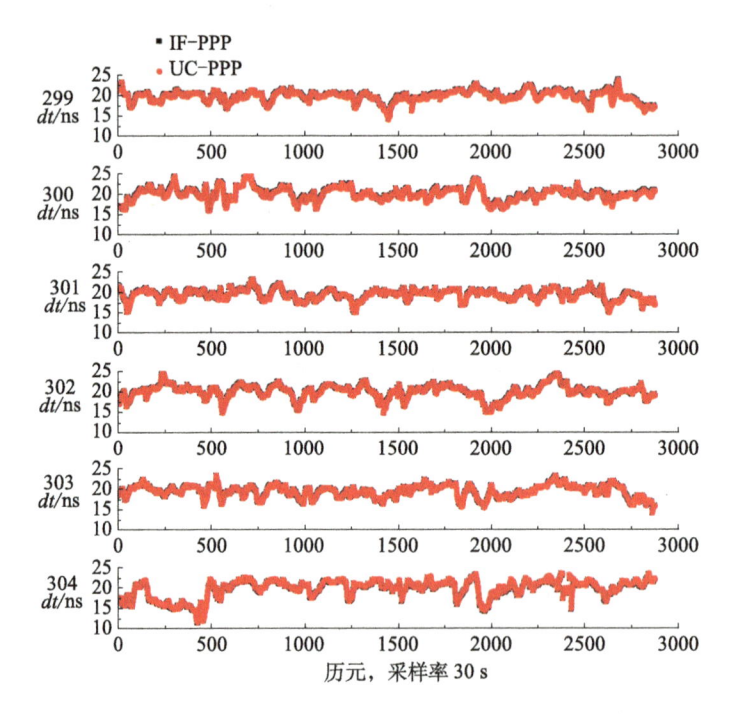

图 3-2 两种方案所确定的时间传递链路的结果的
对比图(dt 为时间传递链路钟差)

时间传递的频率稳定度是评价时间传递方法性能的一项重要指标。图 3-3 给出了两种方案所确定的时间传递链路的频率稳定度对比图。从图 3-3 中可以看出,两种数据处理方案在不同时间间隔处的频率稳定度均呈现出良好的一致性,在万秒稳定度上能达到 10^{-13} 量级。

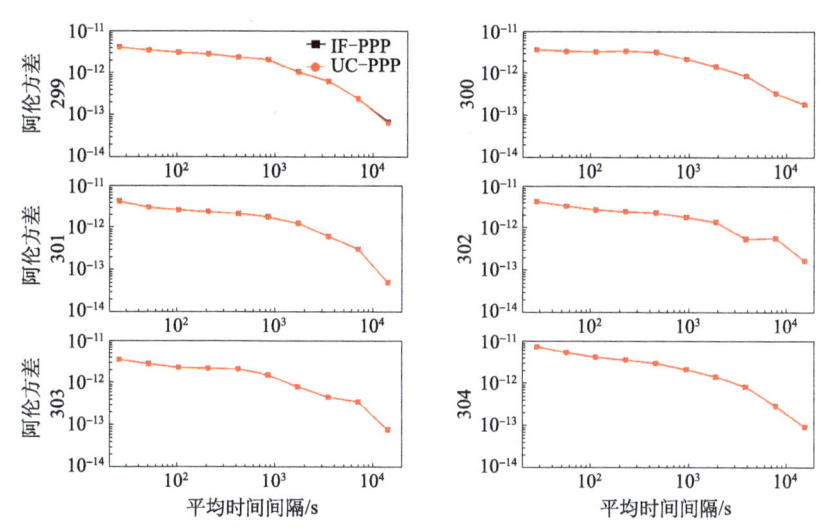

图 3-3　两种方案所确定的时间传递链路的频率稳定度对比图

如前文所述，在非差非组合 GNSS 时间传递方法中电离层延迟参数是作为未知参数进行估计的，因此有必要对该方法获得的电离层延迟序列做进一步分析。图 3-4 以 C2 卫星的 B1 频点为例，给出了两个测站的 UC-PPP 方案和 GIM 格网模型获得的电离层延迟序列。从图 3-4 中可以看出，电离层延迟序列呈现出良好的空间特征，在两个距离较近测站上没有显著的区别，不同天之间也呈现出良好的时间特征。与此同时，基于非差非组合 GNSS 时间传递方法获得的电离层序列整体上与 GIM 格网模型较为一致。

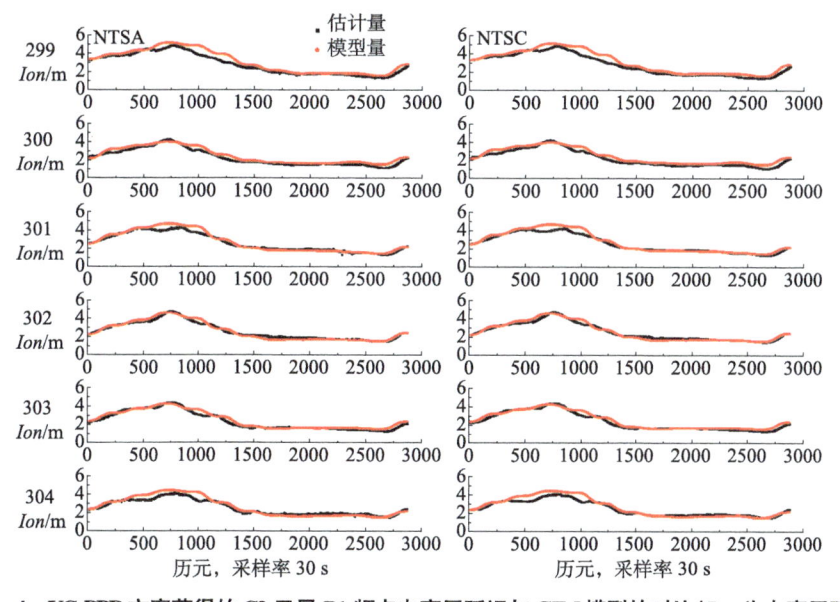

图 3-4　UC-PPP 方案获得的 C2 卫星 B1 频点电离层延迟与 GIM 模型的对比（Ion 为电离层延迟）

整体而言，基于 BDS 三频非差非组合载波相位时间传递的性能与传统无电离层组合的时间传递方法性能相当，不论是在接收机钟差的时间序列，还是时间传递的钟差序列及其频率稳定度方面均有呈现。与此同时，非差非组合载波相位时间传递较传统无电离层组合模型能获取更多的空间物理信号，例如电离层产品。通过实验分析，其获得的电离层延迟与电离层全球格网模型 GIM 的较为一致。

3.4 本章小结

本章介绍了非差非组合 GNSS 载波相位时间传递方法，以 BDS 三频观测量为例给出了时间传递的函数模型和电离层先验约束条件的建立方法，并利用短基线共钟 BDS 观测数据进行了性能验证。结果表明，非差非组合 GNSS 载波相位时间传递方法与传统无电离层组合模型的性能较为一致，该方法较传统方法空间电离层信息，其性能与全球格网模型 GIM 的吻合度较好。

第 4 章

BDS 载波相位时间传递中卫星伪距偏差影响

我国的 BDS 是继 GPS、GLONASS 以及在建的 Galileo 系统之后,又一个全球导航卫星定位平台,是我国导航事业发展的最重要的里程碑之一,旨在为用户提供全天候、全天时、高精度的定位导航与授时(PNT)服务。

事实上,我国的北斗系统始建于 20 世纪 70 年代,21 世纪初逐步形成了"三步走"的发展战略。首先,启动了北斗一号系统(BDS-1)的建设,该系统采用有源定位体制,并于 2000 年发射了两颗地球静止轨道卫星,逐步为中国用户提供定位、授时和短报文通信等服务。接着,重点建设了北斗二号系统(BDS-2)区域系统,该系统采用无源定位体制,于 2012 年年底完成了 14 颗卫星发射组网,覆盖了 94.6% 的亚太地区。最后,北斗三号(BDS-3)全球导航卫星系统已于 2020 年 7 月建成,为全球用户提供定位、导航及授时服务。

作为全球导航卫星系统中的重要一员,基于 BDS 的载波相位时间传递性能越来越受到关注。本章主要从 BDS-2 区域系统特有的卫星伪距偏差入手,重点分析了卫星伪距偏差对于 BDS 载波相位时间传递的影响机制,同时考虑到我国北斗系统建设的渐进性,将 BDS-3 全球系统实验卫星引用到目前 BDS 载波相位时间传递的实际工作中来,进一步评估 BDS-3 的时间传递性能,以便适应北斗全球化的发展趋势。

4.1　BDS-2 卫星伪距偏差

4.1.1　引言

目前,正在运行的北斗导航卫星系统是于 2012 年底组网运行的 BDS-2 区域系统,主要覆盖南北纬 55°、东经 55°至 180°的亚太区域。该系统主要由 5 颗地球静止轨道(Geostationary Earth Orbit,GEO)卫星,5 颗倾斜地球同步轨道(Inclined

Geostationary earth Satellites Orbit,IGSO)卫星及 4 颗中圆地球轨道(Medium Earth Orbit,MEO)卫星组成。自 BDS-2 系统运行以来，众多学者开展了基于 BDS 精密远程时间传递的研究。2015 年，Defraigne 等扩展了标准的 GGTTS 文件以便进一步将 BDS 应用于国际时间传递工作中去；Hang 等通过对不同类型卫星进行加权处理，获得了优于 5 ns 的共视时间传递精度；2016 年，Huang 等指出基于 BDS MEO 卫星的时间传递不确定度与 GPS 的相当；广伟等较早地对 BDS 载波相位时间传递技术进行了研究，取得了较好的时间传递精度。2018 年，梁坤等利用共钟实验评估了 BDS 时间传递中的性能，并指出其与 GPS 时间传递具有较好的一致性。

国内外学者的广泛研究极大地推动了 BDS 在时间传递领域的应用。与 GPS 类似，BDS 载波相位时间传递同样是利用码伪距观测值测量获取时间信息并结合载波相位观测值以便获得高精度的时间传递性能。然而，BDS 卫星存在的多路径偏差严重影响其时间传递性能。Hauschild 与 Montenbruck 等学者较早地指出在目前所有导航卫星定位系统中，BDS-2 存在卫星伪距多路径偏差这种系统性误差，由于利用不同测站和不同类型的接收机所获得的伪距多路径偏差对于同一颗卫星均具有较好的一致性，因此认为这种误差源自北斗卫星端的多路径效应，这种偏差将导致伪距观测值与载波相位观测值之间的差异超过 1 m。2015 年，Wanninger 等建立了 BDS 卫星伪距多路径偏差的改正模型，并将其应用到了单频精密单点定位中，取得了较好的效果。国内方面，2013 年，张小红等对 BDS-2 的观测值质量进行了深入分析并指出 BDS 卫星 P1 的伪距多路径要小于 P2。2017 年，楼益栋等利用武汉大学北斗试验网、中国陆态网络和 IGS 多模 GNSS 实验(Multi-GNSS EXperiment,MGEX)网不同位置、不同类型接收机观测数据建立了伪距码偏差多项式改正模型，并将其应用到了双频单点定位(Single Point Positioning,SPP)以及单频 PPP 的定位模式中。然而，对于 BDS 载波相位时间传递中伪距多路径偏差影响的研究并不多见，为了澄清其影响机制，进一步提升 BDS 载波相位时间传递的性能，本节着重分析了 BDS 伪距多路径偏差特性，并利用实际 BDS 观测数据建立伪距多路径偏差改正模型，提出了一种顾及 BDS 卫星多路径偏差改正的载波相位时间传递模型，最后分析了 BDS 载波相位时间传递中卫星伪距偏差对于时间传递性能的影响机制。

4.1.2　BDS-2 卫星伪距偏差特征

一般地，GNSS 伪距多路径偏差是利用多路径效应观测量进行定量分析的，其通常可以表示为伪距和载波相位观测值的线性组合：

$$MP_i = P_i - \frac{f_i^2 + f_j^2}{f_i^2 - f_j^2}L_i + \frac{2f_j^2}{f_i^2 - f_j^2}L_j = M_{P_i} + B_i + M_{\Phi_i} \qquad (4.1)$$

式中，f_i 和 f_j 分别为 BDS 载波相位时间传递中常用的两个信号频率；P 为伪距观测值；L 为载波相位观测值；M_{P_i}、M_{Φ_i} 分别为伪距和相位的多路径效应；B 为载波相位组合观测值的模糊度。

从上式中可以看出，MP 组合观测值能够消除钟差、星地几何距离、大气延迟等误差的影响，仅与组合模糊度、通道时延、多路径误差以及测量噪声有关。考虑到相位多路径效应远远小于伪距，通常可以将其忽略。对于同一颗卫星而言，其测量噪声可认为在一定时间范围内相对不变，同时在没有发生周跳的情况下其模糊度也不会发生变化。因此可以对连续弧段的多个历元取平均值，获得其模糊度的平均参数值：

$$\langle B_i \rangle = \frac{1}{n} \sum_{k=1}^{n} N_i(k) \quad (4.2)$$

将蕴含模糊度参数的序列减去上述的均值，即可获得伪距多路径偏差的序列值。实际上，该方法在将模糊度值作为常数值平滑的过程中，也将通道时延进行了处理。因此，MP 组合时间序列的变化反映了伪距多路径偏差的特征。

图 4-1 给出了 CKSV 测站（纬度 22.60°，经度 120.13°）在 2017 年 225 天的 GPS 与 BDS-2 MP（黑色）序列与高度角（蓝色）关系对比图。从图 4-1 中可以看出，受测站周边环境的影响，GPS 的 MP 序列呈现出了典型的 MP 序列与高度角的关系，即随卫星高度角的降低而增大。然而，BDS-2 的 MP 序列并不符合这一规律。对于 MEO 卫星而言，随着卫星高度角的增大，其受多路径效应的影响反而增大，IGSO 也展示出这种与一般规律截然相反的关系。考虑 GEO 卫星位置相对于测站的位置基本保持不变，其 MP 与高度角的关系并不明显，故暂对其不涉及。考虑到伪距观测值在 BDS-2 载波相位时间传递中提供了重要的时间信息，其所受的卫星多路径效应直接影响着时间传递的性能，因此下面将对其进行深入研究。

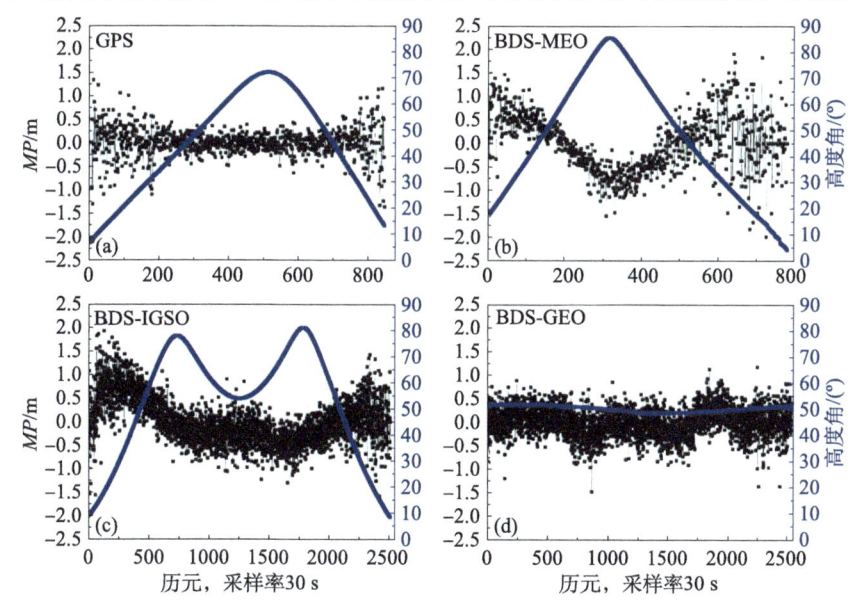

图 4-1 CKSV 测站 GPS 与 BDS-2 MP 序列与高度角关系对比图

4.1.3 BDS-2 卫星伪距偏差改正模型

在 BDS 载波相位时间传递中通常是利用 B1、B2 双频伪距和载波相位观测值形成无电离层组合来消除电离层一阶项的影响，因此在建立 BDS-2 卫星伪距偏差模型时，仅对 B1、B2 频点上的伪距多路径偏差进行处理。在对伪距多路径偏差进行的数据处理中，按照卫星高度角进行分段，利用分段线性拟合模型对节点处的参数进行估计，进而利用其对所有卫星高度角处的伪距偏差进行表示，其数学模型可写为

$$f_k(el) = \frac{m_{k+1} - el}{m_{k+1} - m_k} x_k + \frac{el - m_k}{m_{k+1} - m_k} x_{k+1} \tag{4.3}$$

式中，m 为分段节点；x_k 为节点处所对应伪距多路径偏差参数值。在模型建立的过程中，其首要目的就是获得节点处伪距多路径偏差的最优估值，因此，基于模型估计的残差最小为准则建立相应的目标函数：

$$S = \sum P\left(f(el) - O(el)\right)^2 = \min \tag{4.4}$$

式中，O 为实际观测值的卫星伪距多路径偏差函数；P 为权函数。考虑到多路径效应与测站周边环境的密切关系，同时在低高度角的情况下测站受多路径影响尤为严重，因此可以在参数估计的过程中附加相应的权函数，其建立过程可以参考式(2.15)和式(2.16)。

因此，节点处伪距多路径偏差的最优估值可以表示为

$$\hat{X} = (A^\mathrm{T} PA)^{-1} A^\mathrm{T} PL \tag{4.5}$$

虽然 MGEX 数据网络提供了全球可接收 BDS-2 卫星信号的近 70 个测站的观测数据，考虑到削弱接收机内部晶振对伪距观测值影响及 BDS-2 载波相位时间传递的实际应用情况，从测站位置分布、接收机类型，以及尽量外接高精度原子钟等角度出发，共选取了全球 15 个 BDS 跟踪站从约化儒略日(Modified Julian Day，MJD) 57978 到 MJD 57987 共计 10 天的观测数据，其站点分布如表4-1所示。在实际数据处理中，将所选 15 个测站的观测数据按照卫星频率、类型分类，对于同一频率及类型 MP 序列以高度角 10°为间隔，将其分为 9 个弧段，按照构建式(4.2)数学模型，形成了 10 个节点处的卫星多路径未知参数，最后结合式(4.5)获得各个节点处的参数值。

表 4-1 BDS-2 伪距多路径偏差模型建立中所选站点的相关信息

序号	站点	时间频率源	概略位置
1	NTSC	UTC (NTSC)	34°22′07.2″ N, 109°13′17.4″ E
2	BRUX	UTC(ORB)	50°47′53.0″ N, 4°21′30.8″ E
3	GMSD	EXTERNAL CESIUM	30°33′23.2″ N, 131°00′56.0″ E

续表

序号	站点	时间频率源	概略位置
4	MIZU	EXTERNAL CESIUM	39°08′06.6″ N, 141°07′58.1″ E
5	KAT1	EXTERNAL H-MASER	14°22′33.6″ S, 132°09′11.8″ E
6	HOB2	EXTERNAL H-MASER	42°48′17.0″ S, 147°26′19.4″ E
7	WTZZ	EXTERNAL H-MASER	49°08′39.2″ N, 12°52′44.1″ E
8	ONS1	EXTERNAL H-MASER	57°23′43.2″ N, 11°55′28.3″ E
9	ROAP	EXTERNAL H-MASER	36°27′48.1″ N, 6°12′22.6″ W
10	NNOR	EXTERNAL SLAVED CRYS	31°02′55.5″ S, 116°11′33.8″ E
11	JFNG	INTERNAL	30°30′56.0″ N, 114°29′27.7″ E
12	REUN	INTERNAL	21°12′30.0″ S, 55°34′18.0″ E
13	SIN1	INTERNAL	1°20′34.7″ N, 103°40′46.0″ E
14	DJIG	INTERNAL	11°31′34.6″ N, 42°50′49.4″ E
15	KZN2	INTERNAL	55°47′26.8″ N, 49°07′09.3″ E

表 4-2 给出了 BDS-2 的 IGSO 与 MEO 卫星伪距偏差模型在各个节点处的参数值，与前人所建立的模型相比，变化趋势取得了较好的一致性。不同之处在于本模型在建立过程中更多地采用了外接高精度原子钟的观测数据，其接收机的观测噪声通常优于普通内部晶振的观测数据，更加适用于时间传递领域的应用。从表 4-2 中可以看出，整体上 MEO 受卫星伪距偏差影响明显大于 IGSO 受卫星伪距偏差影响，同时 B1 频点受到的影响大于 B2 频点受到的。

表 4-2 BDS-2 的 IGSO 与 MEO 卫星伪距偏差模型参数值

高度角/(°)	IGSO/m B1	IGSO/m B2	MEO/m B1	MEO/m B2
0	0.0223	0.0262	0.0181	0.0361
10	0.0657	0.0582	0.1158	0.1152
20	0.1256	0.1550	0.1732	0.1468
30	0.1272	0.1098	0.1431	0.0968
40	0.0823	0.0712	0.0886	0.0469
50	−0.0045	−0.0065	−0.0444	−0.0657
60	−0.0861	−0.0829	−0.2540	−0.1994
70	−0.1587	−0.1394	−0.5375	−0.3552
80	−0.2061	−0.2118	−0.8045	−0.4720
90	−0.2250	−0.2312	−0.8921	−0.5337

基于表 4-2 中各个节点处伪距偏差值，并结合式(4.2)的数学模型，图 4-2 给出了所选取的 15 个测站 MP 序列与高度角关系图。图中黑色方点为各测站每颗卫星的原始 MP 序列，红色圆点为模型估计的 MP 序列。从图 4-2 中可以看

出，即使所选取的 15 个测站分布于不同的位置、配备不同类型的接收机，其原始 MP 序列均呈现较好的一致性。模型估计的 MP 序列较好地符合了这种整体趋势，因此有效削弱了单颗卫星对于模型精度的影响。

图 4-2 MP 序列与高度角关系图

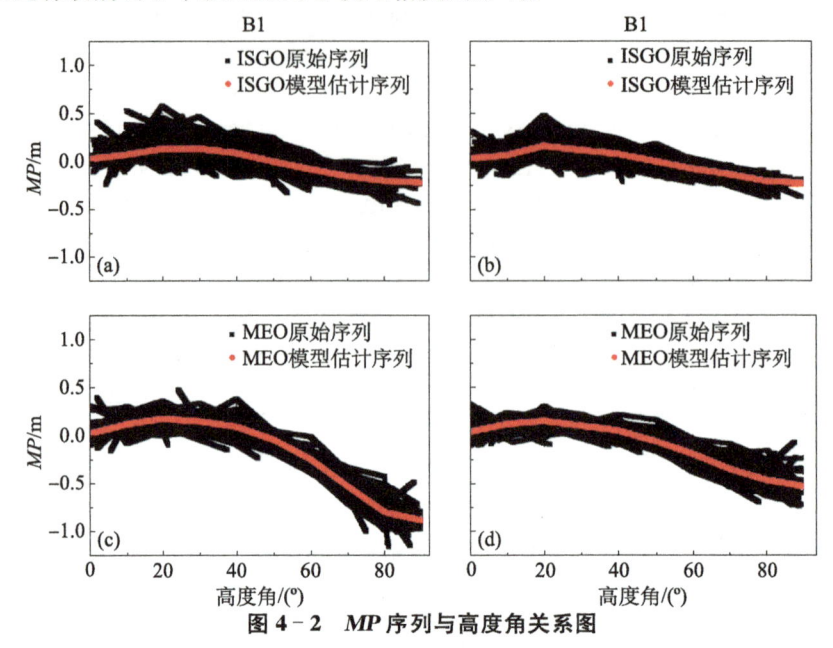

图 4-3 给出了基于伪距偏差模型改正的 CKSV 测站的 MP 序列，通过与图 4-1 进行对比可以看出，改正后的 MP 序列符合多路径效应的一般规律，即随着卫星高度角的增大，其影响逐渐减小。事实上，虽然在建模过程中并没有使用 CKSV 测站的观测数据，但本次所建立的伪距偏差模型仍能较好对其影响予以改正，这从另一角度也证明了 BDS-2 卫星伪距偏差是一种卫星端的系统误差，与所选测站的相关性较弱。因此，在顾及 BDS-2 卫星伪距偏差改正的载波相位时间传递中，未参与建模的测站也可利用该模型削弱其影响。

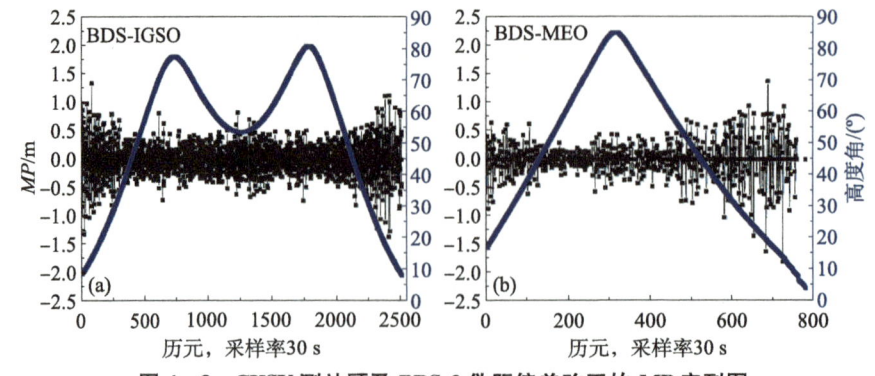

图 4-3 CKSV 测站顾及 BDS-2 伪距偏差改正的 MP 序列图

4.1.4 顾及 BDS-2 卫星伪距偏差改正的载波相位时间传递

为了研究卫星伪距偏差在 BDS-2 载波相位时间传递中的影响机制,设计了顾及 BDS-2 卫星伪距偏差改正的载波相位时间传递实验。实验选取了 9 个北斗跟踪站 MJD 57988 到 MJD 57995 共计 8 天的观测数据,其站点、接收机类型、天线类型及时间频率源等信息如表 4-3 所示。考虑到 NTSC 站和 NTS1 站位于中国科学院国家授时中心,并配备有高精度的 UTC(NTSC)时间频率源,因此将 NTSC 站作为时间传递实验的中心站,同时与 NTS1 站形成了共钟短基线时间传递链路以便全方位分析 BDS-2 卫星伪距偏差对于载波相位时间传递的影响。基于上述 9 个北斗跟踪站建立了相应的时间传递链路,其链路名称及链路长度如表 4-4 所示。与此同时,实验设计了两种数据处理方案以便对比分析载波相位时间传递中卫星伪距偏差的影响机制。

方案 1　未顾及 BDS-2 卫星伪距偏差改正的时间传递;

方案 2　顾及 BDS-2 卫星伪距偏差改正的时间传递。

表 4-3　顾及 BDS-2 卫星伪距偏差改正的载波相位时间传递实验站点信息表

站点	接收机类型	天线类型	时间频率源
GMSD	TRIMBLE NETR9	TRM59800.00	EXTERNAL CESIUM
MIZU	JAVAD TRE_G3TH DELTA	JAV_RINGANT_G3T	EXTERNAL CESIUM
KAT1	SEPT POLARX5	LEIAR25.R3	EXTERNAL H-MASER
HOB2	SEPT POLARX5	AOAD/M_T	EXTERNAL H-MASER
NNOR	SEPT POLARX4	SEPCHOKE_MC	EXTERNAL SLAVED CRYS
WTZR	LEICA GR25	LEIAR25.R3	EXTERNAL H-MASER
ONS1	TRIMBLE NETR9	LEIAR25.R3	EXTERNAL H-MASER
NTSC	SEPT POLARX4TR	SEPCHOKE_MC	UTC(NTSC)
NTS1	SEPT POLARX4TR	SEPCHOKE_MC	UTC(NTSC)

表 4-4　顾及 BDS-2 卫星伪距偏差改正的载波相位时间传递实验链路信息表

序号	链路名称	链路长度/km	序号	链路名称	链路长度/km
1	NTSC—GMSD	2078.589	5	NTSC—HOB2	8556.641
2	NTSC—MIZU	2858.667	6	NTSC—ONS1	6884.103
3	NTSC—KAT1	5704.17	7	NTSC—WTZR	7184.593
4	NTSC—NNOR	6885.081	8	NTSC—NTS1	0.0047

如前所述,伪距观测量是 BDS-2 时间传递中最重要的观测量,其直接量测了时间传递中的卫星钟与接收机钟之间的时间信息,而伪距观测值的多路径效应从另一角度定量反映了伪距观测值的质量。因此,首先对两种方案中双频伪距观测

值的 MP 序列的精度进行分析,图 4-4 给出了在 BDS-2 时间传递实验中两种方案所有测站卫星伪距偏差改正前后双频 MP 序列标准差对比图,其中左图(a)为 B1 频点,右图(b)为 B2 频点。从图中可以看出,顾及 BDS-2 卫星伪距偏差改正的 MP 序列标准差在所有测站的 B1、B2 频点上较未改正的均有大幅改善,经统计后发现改正后 B1 频点 IGSO 和 MEO 卫星较未改正的分别改善了 43.64% 和 46.39%,B2 频点的分别改善了 52.14% 和 51.08%。因此,不难看出,顾及卫星伪距偏差改正观测值较好地削弱了卫星伪距偏差的影响,为其接下来的时间传递奠定了基础。

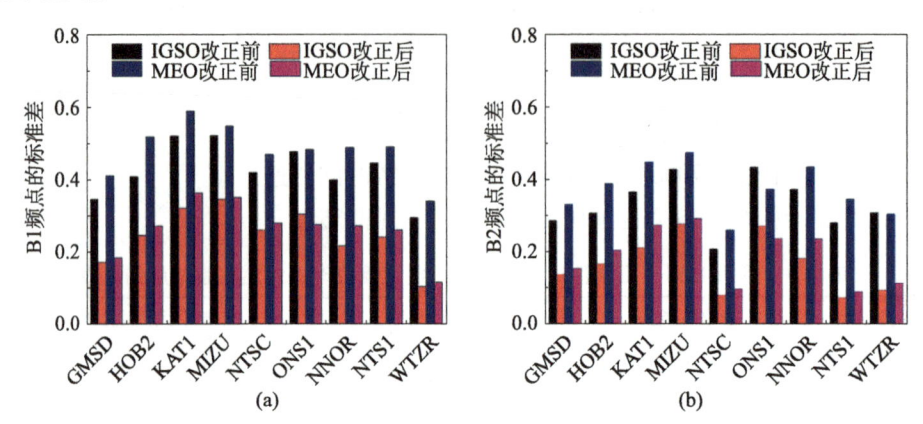

图 4-4 所有测站卫星伪距偏差改正前后双频 MP 序列标准差对比图

在顾及卫星伪距偏差改正的 BDS-2 载波相位时间传递的数据处理中,BDS-2 卫星轨道及钟差产品由欧洲定轨中心(Centre for Orbit Determination in Europe, CODE)提供,考虑到其产品中并不涉及 GEO 卫星轨道及钟差参数,因此在本时间传递实验中,也相应地不采用 GEO 卫星的观测数据。与此同时,考虑到低高度角的卫星观测数据易受测站周围环境因素的影响,将卫星截止高度角设置为 10°,其他数据处理策略与本书 2.2 及 2.3 节的相一致。

图 4-5 给出了 BDS-2 载波相位时间传递实验中所有时间传递链路在卫星伪距偏差改正前后钟差序列对比图。其中,红色为顾及 BDS-2 卫星伪距偏差改正的结果,黑色表示未顾及卫星伪距偏差改正的结果。考虑到 KAT1 站、HOB2 站和 NNOR 站配备的氢原子钟未被驾驭,使得其时间传递链路的钟差序列趋势项非常明显,因此图 4-5 去掉了 NTSC-KAT1、NTSC-HOB2、NTSC-NNOR 链路钟差序列的趋势项。对于 NTSC-WTZR 链路而言,由于 WTZR 站的 BDS-2 可见卫星较少,其接收机钟差序列受粗差和"天跳变"的影响较大,进而导致其时间传递链路钟差序列的二阶项并不明显。从图 4-5 中可以看出,顾及 BDS-2 卫星伪距偏差改正的载波相位时间传递的链路钟差变化序列与未顾及 BDS-2 卫星伪距偏差改正的载波相位时间传递的链路钟差变化序列整体上吻合得较好,进一步对比分析可看出

顾及 BDS-2 卫星伪距偏差改正的结果依然存在一定的粗差，因此本方法并不能大幅控制 BDS-2 载波相位时间传递中链路钟差序列中粗差的发生。

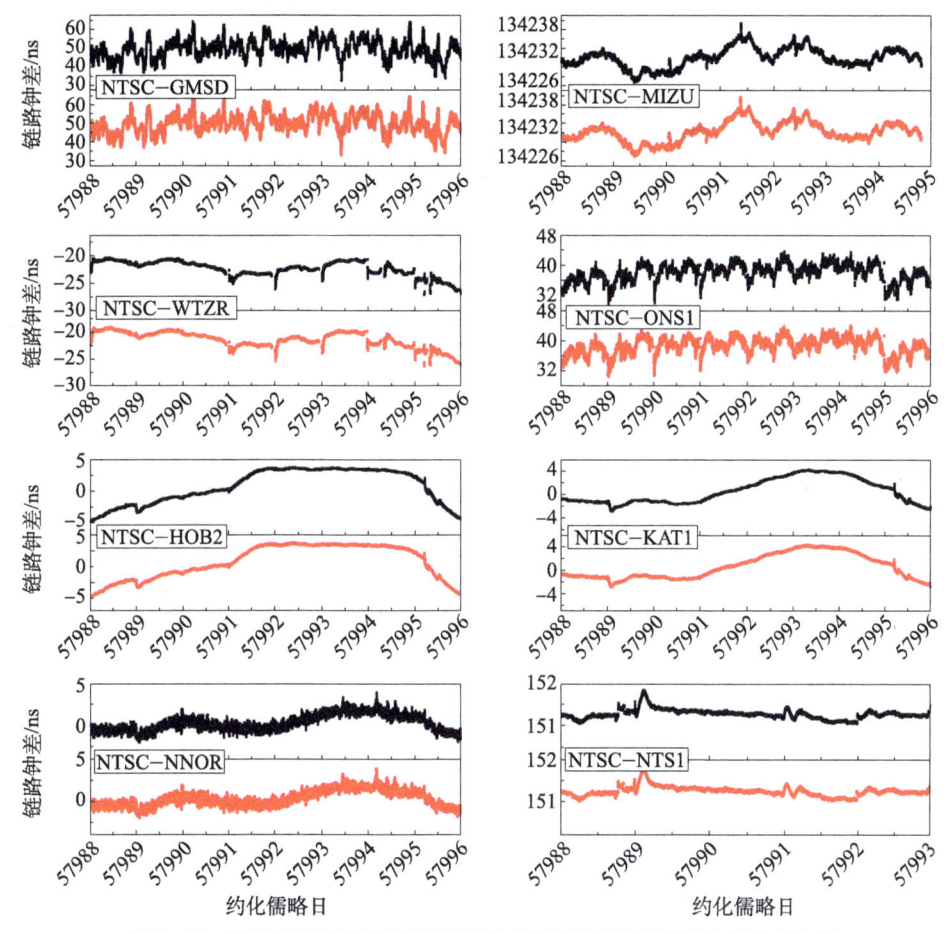

图 4-5　所有时间传递链路在卫星伪距偏差改正前后钟差序列对比图

为了更进一步分析 BDS-2 卫星伪距偏差对载波相位时间传递的影响，对两种方案所获得 8 条时间链路的钟差序列进行作差处理，其差异如图 4-6 所示。从图 4-6 中可以发现，BDS-2 卫星伪距偏差所引起的时间传递量并不是一个常量，其随时间变化而变化。表 4-5 给出了两种方案链路钟差的差异序列统计结果，从表中可以看出在 8 条时间传递链路中，两种方案的差异序列的最大平均值（-0.87 ns）出现在 NTSC-WTZR 链路，最大极差值（1.2 ns）出现在 NTSC-ONS1 链路，同时在 NTSC-NTS1 链路显示出了最小平均值（0.04 ns）和最小极差值（0.02 ns）。结合表 4-3 可以发现，在时间传递链路较短的情况下，两个测站易观测到相同的卫星，其卫星高度角也基本相同，因此卫星伪距偏差对其影响并不明显，然而对于长基线的时间传递链路而言,其观测到相同卫星的情况较少,即使同类卫星,其高度角也不尽一致,因此其受卫星伪距偏差影响也更加明显,因此在距离较远的 BDS-2 载波相位时间传递中,卫星伪距偏差必须予以改正以便提供更好的时间传递服务。

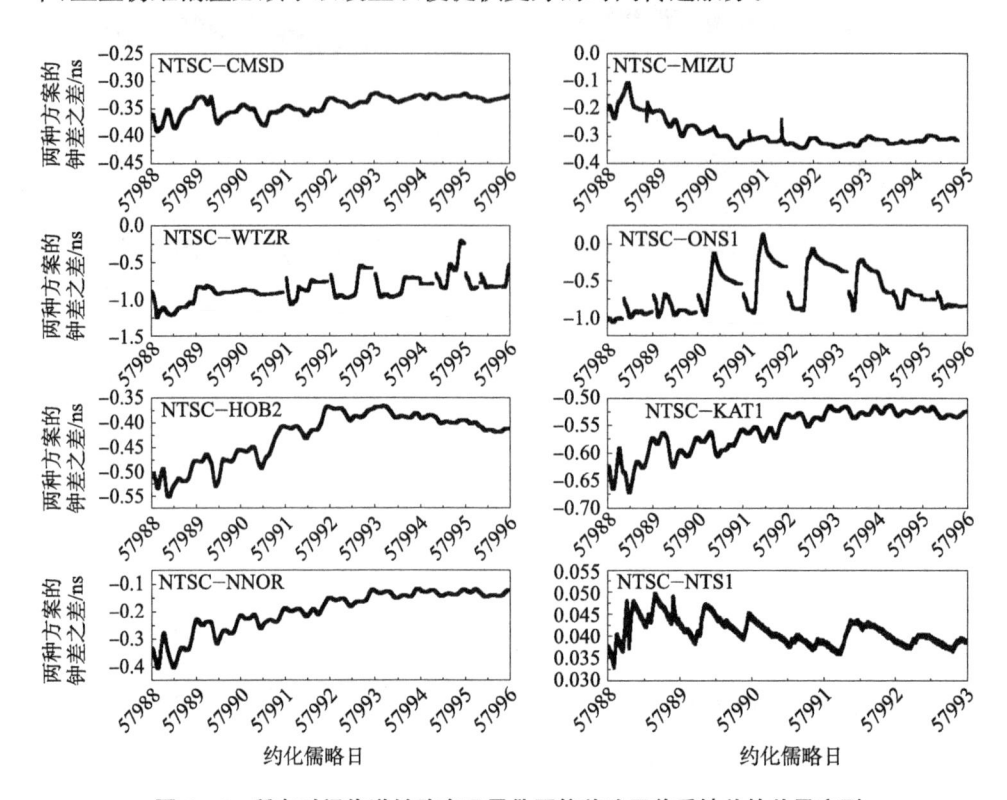

图 4-6 所有时间传递链路在卫星伪距偏差改正前后钟差的差异序列

表 4-5 两种方案链路钟差的差异序列统计信息表　　　　（单位:ns）

时间链路	平均值	标准差	最小值	最大值	极差
NTSC-GMSD	-0.34	0.02	-0.39	-0.32	0.07
NTSC-MIZU	-0.29	0.05	-0.35	-0.11	0.24
NTSC-HOB2	-0.43	0.05	-0.55	-0.37	0.19
NTSC-KAT1	-0.56	0.04	-0.67	-0.51	0.16
NTSC-NNOR	-0.20	0.07	-0.41	-0.12	0.29
NTSC-ONS1	-0.64	0.29	-1.07	0.13	1.20
NTSC-WTZR	-0.87	0.17	-1.26	-0.21	1.05
NTSC-NTS1	0.04	0.003	0.03	0.05	0.02

在实际远程时间传递工作中,对于长距离时间链路而言,其时间传递性能很难用一种"静止的真值"进行评估,鉴于 GPS 时间传递方法已得到广泛的应用,因此

实验选择这些测站的 GPS 观测数据，并将其时间传递的结果作为"动态的真值"评估顾及 BDS-2 卫星伪距偏差改正时间传递性能。表 4-6 直接给出两种方案相对于 GPS 时间传递的标准差，从表中可以看出，顾及 BDS-2 卫星伪距偏差的链路标准差较未顾及 BDS-2 卫星伪距偏差改正的时间传递性能有小幅提升。

表 4-6　两种方案相对于 GPS 时间传递的标准差　　（单位：ns）

时间链路	未顾及	顾及	改善幅度/%
NTSC—GMSD	2.135	2.132	0.156
NTSC—MIZU	1.347	1.335	0.868
NTSC—HOB2	1.321	1.296	1.916
NTSC—KAT1	0.990	0.983	0.694
NTSC—NNOR	0.503	0.497	1.213
NTSC—ONS1	1.768	1.683	4.782
NTSC—WTZR	0.905	0.896	1.031
NTSC—NTS1	0.146	0.145	0.174

事实上，在广义的时间传递中，不仅包含时间信息的传递，也包含频率信息的传递。因此，频率信息传递的稳定度也是时间传递中的一个重要指标。本实验分别获取了 8 条时间传递链路的频率信息传递的稳定度，如图 4-7 所示。从图 4-7 中可以看出，两种方案在不同的时间间隔，各条时间链路的阿伦方差（Allan Deviation）并没有明显的区别，因此 BDS-2 卫星伪距偏差对频率信息传递的影响并不明显。

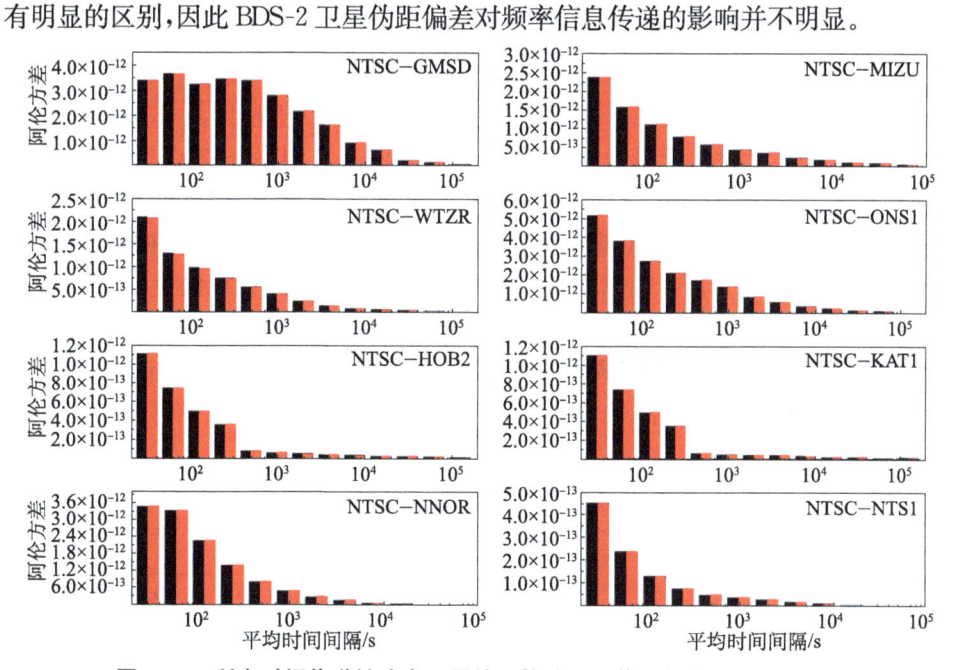

图 4-7　所有时间传递链路在卫星伪距偏差改正前后频率稳定度对比图

4.1.5 实验小结

针对 BDS-2 中存在的卫星伪距偏差难以满足精密远程时间传递的要求的问题,提出了一种顾及卫星伪距偏差改正的 BDS-2 载波相位时间传递方法。首先利用卫星伪距偏差与高度角存在相关性建立了伪距偏差改正模型,并结合 BDS-2 时间传递实验中的两种方案进行了对比分析。结果显示,顾及 BDS-2 卫星伪距偏差改正的 MP 序列标准差在 B1、B2 频点上均有大幅改善,其中 B1 频点 IGSO 和 MEO 卫星分别改善了 43.64% 和 46.39%,B2 频点分别改善了 52.14% 和 51.08%。BDS-2 卫星伪距偏差对于 CP 时间传递的影响并不是常量,同时发现在长距离时间传递链路中的影响更加明显,其平均影响量为 −0.87 ns,最大值为 1.20 ns。与此同时,BDS-2 卫星伪距偏差对于频率信息传递的影响并不明显。因此,这种顾及 BDS-2 卫星伪距偏差改正的 BDS-2 载波相位时间传递方法对于实现北斗亚纳秒量级的时间传递具有重要意义,建议在 BDS-2 时间传递的工作中,采用相关模型进行改正。

4.2 联合 BDS-2 与 BDS-3e 时间传递性能分析

4.2.1 引言

为了向全球用户提供准确、高效的定位、导航及授时服务,北斗卫星系统秉承"自主、开放、兼容、渐进"的建设原则,已完全建成 BDS-3 全球系统,其中空间部分由 35 颗卫星组成,主要包括 5 颗 GEO 卫星、3 颗 IGSO 卫星以及 27 颗 MEO 卫星。事实上,为了平稳、渐进地将 BDS-2 区域系统过渡到 BDS-3 全球系统,验证 BDS-3 全球卫星导航系统的信号载荷和设计性能,2015 年至 2016 年我国先后发射了 5 颗北斗三号试验卫星(BDS-3e),其卫星轨道类型、发射时间、在轨运行状态等详细信息如表 4-7 所示。从表 4-7 中可以看出,BDS-3e 系统包含 2 颗 IGSO 卫星、3 颗 MEO 卫星,其中实验卫星 BDS M3-S 在轨测试中,并未正式投入使用。与此同时,为了实现从 BDS-2 到 BDS-3 的平稳过渡,BDS-3e 在卫星信号上同时播发了 BDS-2 的 B1I 和 B3I 信号,表 4-8 详细给出了两个系统卫星播发的信号、频点及其伪距观测值。

表 4-7 BDS-3 实验卫星的状态信息

SVN	PRN	卫星类型	发射时间	卫星状态
C101	C31	BDS I1-S	30.03.2015	在轨运行中
C102	C33	BDS M1-S	25.07.2015	在轨运行中

续表

SVN	PRN	卫星类型	发射时间	卫星状态
C103	C34	BDS M2-S	25.07.2015	在轨运行中
C104	C32	BDS I2-S	29.09.2015	在轨运行中
C105	C35	BDS M3-S	01.02.2016	在轨测试中

表4-8 BDS-2、BDS-3e卫星信号、频点及伪距观测值对比

卫星信号	频点/MHz	BDS-2	BDS-3e	伪距观测值
B1I	1561.098	√	√	C2I
B2I	1207.14	√		C7I
B3I	1268.52	√	√	C6I
B1C	1575.42		√	C1I
B2a	1176.45		√	C5I
B2b	1207.14		√	C7B

相对于 BDS-2 区域卫星系统，BDS-3e 配备了更高性能的星载原子钟。其中，铷原子钟天稳定度达到了 E-14 量级，氢原子钟天稳定度达到了 E-15 量级，较 BDS-2 提高了一个量级。与此同时，卫星钟差预报精度也有较大提高。IGSO 的短期预报误差从 0.65 ns 减小到 0.30 ns，MEO 从 0.78 ns 减小到 0.32 ns，IGSO/MEO 卫星中期预报误差也从 2.50 ns 减小到约 1.50 ns。高精度的 BDS-3 星载原子钟为 BDS 的远程精密时间传递提供了重要保障，对于提升 BDS 的国际时间传递性能也具有一定的现实意义。因此，基于现有的 BDS-3e 系统，分析了其伪距偏差特征，着重评估了 BDS-3e 的载波相位时间传递性能，定量比较了相对于 BDS-2 区域系统时间传递性能的提升。

4.2.2 BDS-3e 卫星伪距偏差特征

针对 BDS-3e 卫星伪距偏差的特征，众多学者对其进行了深入研究。2017 年，张小红等通过对比分析 BDS-2 和 BDS-3e 卫星的伪距多路径序列，认为 BDS-3e 卫星的伪距偏差并不像 BDS-2 区域系统的显著，并指出这种特征有助于 BDS-3e 在精密单点定位中的应用。2018 年，杨元喜等深入分析了 BDS-3e 的 IGSO 和 MEO 卫星的伪距多路径序列，并指出相对于 BDS-2 区域系统，BDS-3e 的卫星伪距偏差明显地得到了改善。李昕利用三次多项式对 BDS-3e 的 MP 序列进行了模型构建，结果显示模型系数接近零，认为 BDS-3e 卫星的伪距观测值中几乎不存在伪距多路径偏差。因此，图 4-8 直接给出了 BDS-3e 与 BDS-2 的伪距多路径序列。从图中也可以看出，不论是 MEO 卫星还是 IGSO 卫星，BDS-3e 卫星的伪距偏差得

到了有效控制并明显小于BDS-2的,符合一般的多路径序列特征,即伪距多路径效应会随着高度角的增大而减小。

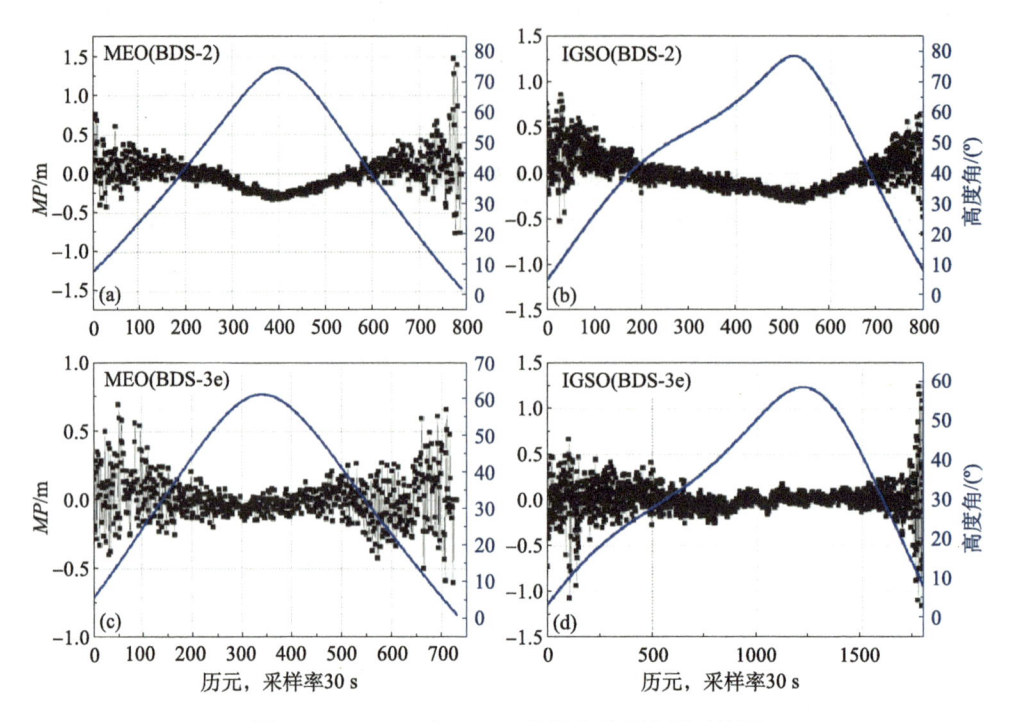

图 4-8 BDS-3e 与 BDS-2 伪距多路径序列对比图

4.2.3 联合 BDS-2 和 BDS-3e 进行时间传递

在基于 GNSS CP 技术的时间传递中,卫星精密轨道和钟差产品为实现接收机钟差准确求解提供了重要支撑。通常情况下,IGS 提供准确的卫星产品能够满足时间传递的实际应用。然而,对于 BDS-3e 卫星而言,其精密轨道和钟差产品鲜有分析中心提供。因此,为了评估 BDS-3e 的时间传递性能,首先选取了 MGEX、国际 GNSS 监测评估系统(The international GNSS Monitoring and Assessment System,iGMAS)等数据服务网络的数据进行 BDS-3e 的精密轨道和钟差的确定。同时,为了兼顾卫星端与 BDS-2 的一致性,也确定了 BDS-2 的精密轨道和钟差。图 4-9 直接给出了 BDS-2 和 BDS-3e 卫星轨道及钟差的重叠弧段精度。从图 4-9 中的结果可以看出,BDS-2 IGSO 卫星和 MEO 卫星定轨精度为厘米级,BDS-2 GEO 卫星由于其轨道的静地特性以及零偏的姿态控制模式,导致定轨结果较差;另外,由于目前可接收 BDS-3e 卫星信号的跟踪站相对较少,导致 BDS-3e 卫星定轨结果略差。从图 4-9 中的结果可以看出,BDS-2 三类卫星钟差解算精度均优于 0.2 ns;而较少的跟踪站观测数据同样导致 BDS-3e 卫星钟差解算精度略差。

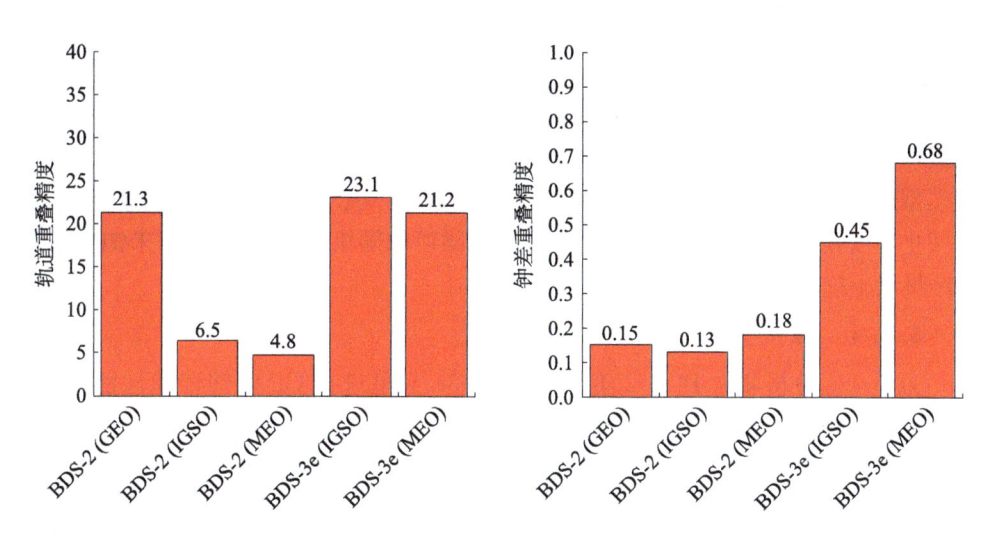

图 4-9 BDS-2 和 BDS-3e 卫星轨道及钟差的重叠弧段精度

如前文所述,精密远程 GNSS 时间传递通常作用于不同位置的高性能原子钟之间,因此为了深入分析 BDS-2 卫星及 BDS-3e 卫星的时间传递性能必须选用能够同时观测到 BDS-2 卫星和 BDS-3e 卫星的"双模"北斗跟踪站,同时该站须配备有高精度原子钟。虽然 MGEX 数据网络提供了全球众多可观测到 BDS-2 卫星的跟踪站,但是能够同时观测到 BDS-3e 卫星的跟踪站并不多。通过将这些测站进行梳理,获得了可同时观测 BDS-2 卫星和 BDS-3e 卫星,且配备高精度原子钟的 4 个北斗跟踪站,表 4-9 给出了这些站的接收机型号、天线型号、时间频率源等基本信息。

表 4-9 MGEX 数据网中配备有高精度原子钟的 BDS-3e 测站

站点	接收机型号	天线型号	时间频率源	位置
CEDU	SEPT POLARX5	AOAD/M_T	EXTERNAL H-MASER	32°S,133°E
KAT1	SEPT POLARX5	LEIAR25.R3	EXTERNAL H-MASER	14°S,132°E
HOB2	SEPT POLARX5	AOAD/M_T	EXTERNAL H-MASER	43°S,147°E
STR1	SEPT POLARX5	ASH701945C_M	EXTERNAL H-MASER	35°S,149°E

考虑到在时间传递的实际应用中,通常以时间传递链路作为最基本的单元进行性能评估,因此本节基于这 4 个北斗跟踪站建立了两条时间传递链路作为实验链路,即 CEDU-KAT1 和 HOB2-STR1。为了更加清楚地分析 BDS-3e 卫星对于现有 BDS-2 区域系统在时间传递应用中的作用,同时兼顾将来 BDS-3 全球系统从 BDS-2 区域系统的平稳过渡,在 BDS 时间传递实验中,选取了 2018 年第 152 天到第 154 天 3 天的观测数据,设计了两种数据处理方案。

方案 1 基于目前 BDS-2 区域系统进行载波相位时间传递(BDS2);

方案 2 联合 BDS-2 和 BDS-3e 进行载波相位时间传递（BDS23e）。

在联合 BDS-2 卫星和 BDS-3e 卫星进行载波相位时间传递的实验中，考虑到两个系统均能提供 B1I 和 B3I 频点的卫星信号，因此选取 B1I 和 B3I 的双频观测数据构建无电离层模型以便消除电离层一阶项对于载波相位时间传递的影响，函数模型如式（2.9）所示。同时，为了削弱测站周边环境对观测数据质量的影响，卫星截止高度角设定为 7°。接收机钟差采用白噪声的随机过程进行模拟，未知参数采用序贯最小二乘法予以估计。

4.2.4 算例分析

为了全面分析联合 BDS-2 卫星和 BDS-3e 卫星进行 CP 时间传递性能，本节首先分析了两种方案中的可用卫星数目。图 4-10 给出了各测站 BDS2（图中黑色）和 BDS23e（图中红色）方案的可用卫星数目对比图。从图 4-10 中可以看出，BDS23e 方案中可用卫星的数目明显多于 BDS2 方案中的。众所周知，BDS-2 GEO 卫星的轨道及钟差精度略低于 IGSO 及 MEO 卫星的，而 BDS-3e 均为 IGSO 和 MEO 卫星，将其加入到目前 BDS-2 区域系统可以进一步增加 IGSO 和 MEO 卫星的比重。整体上，相对于 BDS2 方案，BDS23e 方案平均卫星数目在 CEDU 站、KAT1 站、HOB2 站和 STR1 站分别提升了 14.0%，12.9%，15.4%，17.2%。与此同时，接收机钟差参数是 BDS 时间传递中最重要的参数，其解算精度不仅与卫星的数目有关，更与卫星的空间几何分布有紧密联系。通常用接收机钟差精度因子（Time Dilution Of Precision，TDOP）作为衡量卫星空间几何分布对钟差精度影响的指标。图 4-11 给出了 2018 年 152 日各测站 BDS2（图中黑色）和 BDS23e（图中红色）方案的 TDOP 对比图。显然，不论是哪一种方案，CEDU 站和 KAT1 站的 TDOP 值均明显小于 HOB2 站和 STR1 站。与此同时，BDS23e 方案的 TDOP 值较 BDS2 的在四个测站处均有明显改善，其单天平均 TDOP 值在 CEDU 站、KAT1 站、HOB2 站及 STR1 测站分别由原来的 5.9，1.9，8.4，10.0 减小为 4.9，1.6，6.2，7.3，所有测站改善的平均幅度为 21.5%。

为了对比分析 BDS 载波相位时间传递中两种方案的性能，特别是 BDS-3e 卫星的加入对于时间传递的作用，本节在求解钟差参数的基础上，直接给出了两条时间传递链路的链路钟差序列，如图 4-12 所示，其中竖轴为链路钟差，单位为 ns，横轴为历元数。为了更清楚地显示两种方案的链路钟差序列，将 BDS23e 方案获得的链路钟差序列在 CEDU－KAT1 和 HOB2－STR1 链路分别向上平移 5 ns 和 10 ns。从图中可以看出，两种方案在 3 天的时间传递实验中，在两条链路的 3 天的钟差序列变化趋势均较为一致，这也从侧面反映了不论是单 BDS-2 区域系统的方案还是额外加入 BDS-3e 卫星的方案，均能获得较为一致的链路钟差序列，并不会对时间传递性能产生明显的系统性影响。

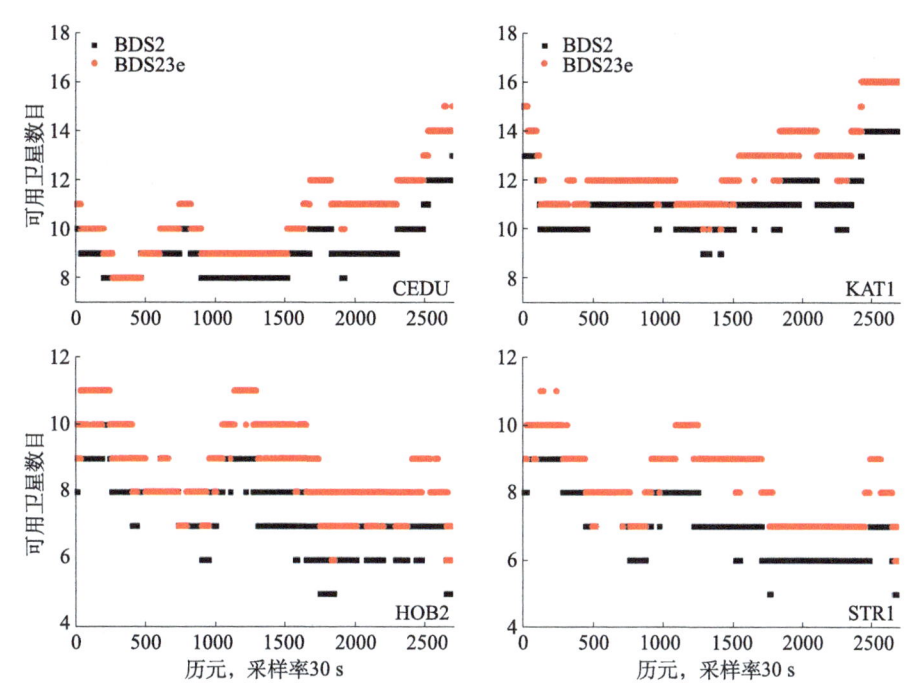

图 4-10 各测站 BDS2 和 BDS23e 方案在 2018 年 152 日的可用卫星数目对比图

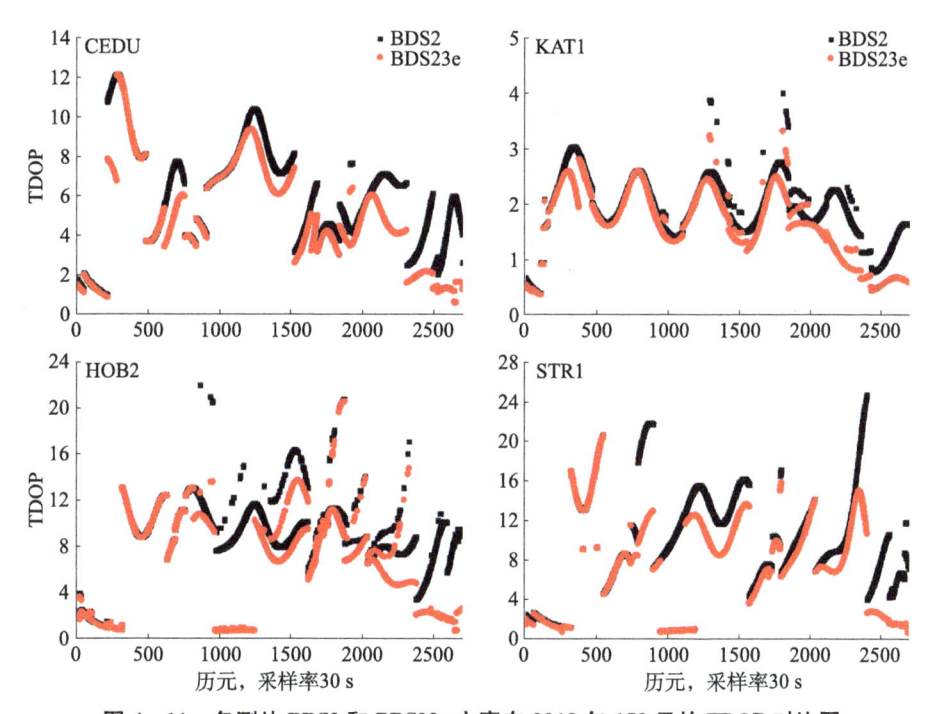

图 4-11 各测站 BDS2 和 BDS23e 方案在 2018 年 152 日的 TDOP 对比图

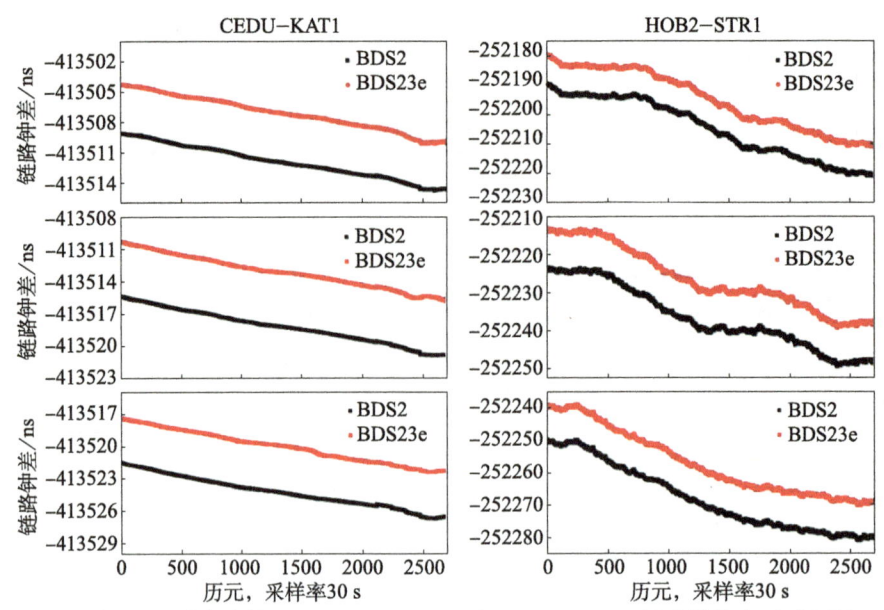

图4-12 两种方案的3天CEDU-KAT1和HOB2-STR1链路钟差序列对比图

在精密远程时间传递中,链路钟差序列的噪声水平一定程度上反映了时间传递方法的性能。本节基于卡尔曼滤波的数据平滑方法分别对两种方案的链路钟差序列进行平滑,以获取较为准确的链路钟差,将此钟差序列作为"真值"来获取原始钟差序列的噪声水平以便评估两种方案的时间传递性能。表4-10统计了两种方案的各条链路钟差序列的噪声水平。经过对比分析看出,BDS23e方案的噪声水平在CEDU-KAT1链路上较BDS2方案有小幅改善(4.2%),但在HOB2-STR1链路上改善程度并不明显。其原因主要是BDS2方案链路中涉及的两个测站本身所能观测到的卫星几何分布相对较差,即使额外加入BDS-3e卫星,也不能从根本上改善其空间几何分布,这直接影响了接收机钟差的求解精度,进而导致其加入BDS23e方案后的噪声水平改善并不明显。事实上,在CEDU-KAT1链路上,两个测站的平均TDOP值为3.9,而HOB2-STR1链路的平均TDOP值仍然为9.2,严重影响到了接收机钟差的解算精度。

表4-10 两种方案的各条链路钟差序列的噪声水平对比 (单位:ns)

年积日	CEDU-KAT1		HOB2-STR1	
	BDS2	BDS23e	BDS2	BDS23e
152	0.024	0.025	0.257	0.257
153	0.023	0.022	0.254	0.254
154	0.023	0.022	0.255	0.255
平均值	0.024	0.023	0.255	0.255

另外，本节还利用阿伦方差公式分别计算了不同方案的两条时间传递链路钟差序列 3 天的频率稳定度，结果如图 4-13 所示，其中黑色为 BDS2 方案的结果，红色为 BDS23e 方案的结果。从图 4-13 中可以看出，CEDU-KAT1 链路的频率稳定度在不同的时间间隔中 BDS23e 方案的结果均要显著优于 BDS2 方案的结果，尤其是在时间间隔小于 1000 s 的时候更加突出。主要原因是随着时间间隔的逐步增大，可用于计算阿伦方差的数据点逐渐减少，其计算精度也随之降低。通过对小于 1000 s 采样间隔的两种方案的频率稳定度进行统计分析，BDS23e 方案较 BDS2 方案提升了 12.3%。然而，对于 HOB2-STR1 链路而言，这种改善并不明显，其主要原因与前文分析一致，即此链路的两个测站的接收机钟差受卫星空间几何分布的影响较大，其解算精度也相对较低。

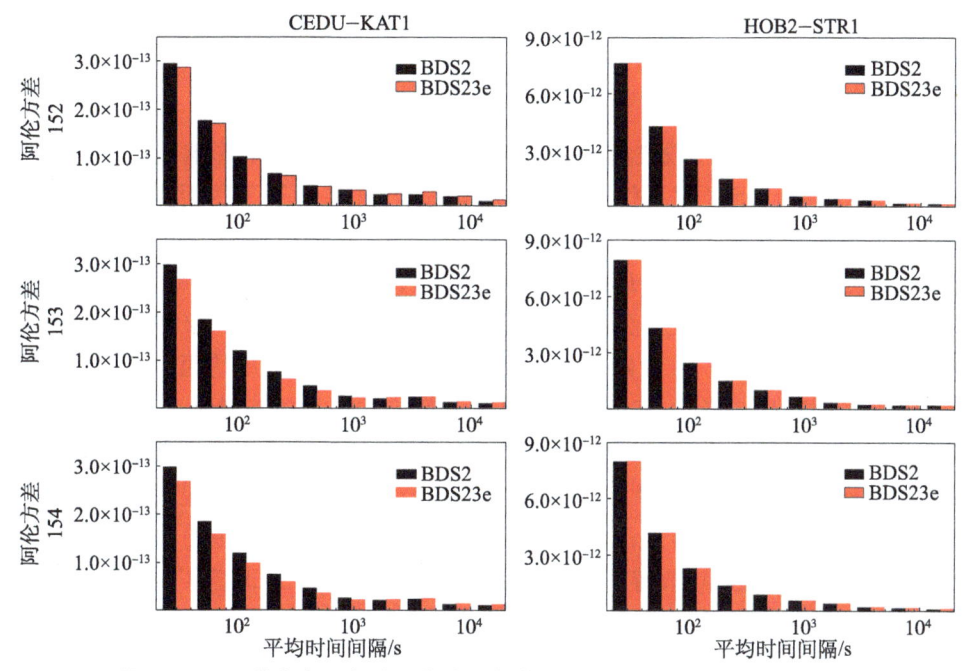

图 4-13 两种方案两条时间传递链路钟差序列 3 天的频率稳定度对比图

4.2.5 实验小结

随着我国 BDS 导航卫星系统建设的稳步推进，BDS-3 全球系统也将逐步完成。为了将目前的 BDS 载波相位时间传递工作从基于现有区域系统平稳过渡到基于 BDS-3 全球系统，本节通过构建基于单 BDS-2 区域系统及联合 BDS-3e 卫星的数据处理方案，利用 MGEX 中 4 台 BDS-3e 跟踪站所建立的两条时间传递链路进行算例分析，着重评估了 BDS-3e 实验卫星的时间传递性能。

基于本节的时间传递实验发现，通过联合 BDS-2 和 BDS-3e 卫星进行 BDS CP 时间传递，有效增加了可用卫星数目，进而改善了卫星空间几何分布对于接收机钟差的影响。通过与 BDS2 方案进行对比,BDS23e 方案的单天平均 TDOP 值在 CEDU 站、KAT1 站、HOB2 站及 STR1 站分别由原来的 5.9,1.9,8.4,10.0 减小为 4.9,1.6,6.2,7.3,所有测站改善的平均幅度为 21.5%。

两种方案的链路钟差序列的变化趋势较为一致,表明加入 BDS-3e 卫星后并不会对现有 BDS-2 区域系统的时间传递造成显著的系统性影响。在其钟差序列的噪声水平评估中,BDS23e 方案较 BDS2 方案在 CEDU—KAT1 链路有小幅改善(4.2%)。与此同时,其链路钟差序列的频率稳定度也有显著改善,在时间间隔小于 1000 s 的平均提升幅度为 12.3%。由于 HOB2 站和 STR1 站在加入 BDS-3e 卫星后,其 TDOP 值依然较大,导致接收机钟差解算精度并没有显著改善,进而影响到此时间传递链路在钟差序列的噪声水平及频率稳定度指标上改善并不明显。

4.3 本章小结

本章首先对 BDS-2 载波相位时间传递中卫星伪距偏差的影响机制进行了深入分析,建立了 BDS-2 卫星伪距偏差模型,并提出了顾及卫星伪距偏差改正的载波相位时间传递方法。通过分析发现,BDS-2 卫星伪距偏差在 B1 频点略大于 B2 频点。通过模型改正后的 MP 序列标准差在 B1、B2 频点上均有大幅改善,其中在 B1 频点 IGSO 和 MEO 卫星分别改善了 43.64% 和 46.39%,在 B2 频点分别改善了 52.14% 和 51.08%。在长距离精密时间传递中,BDS-2 卫星伪距偏差易造成亚纳秒量级的时间传递影响,然而对频率传递的影响并不明显。因此,建议在亚纳秒量级的远程时间传递中,对卫星伪距偏差进行改正。另外,鉴于我国北斗导航卫星系统渐进式的发展思路,本章进一步将 BDS-3 全球系统的实验卫星应用到现有的 BDS-2 区域系统的时间传递工作中,通过分析可知 BDS-3e 卫星的加入有效增加了测站可用卫星的数量,改善了卫星的空间几何分布,进一步改善了时间传递链路钟差序列的噪声水平及频率稳定度。

第 5 章

GNSS 载波相位时间传递的连续性

5.1 引　　言

  时至今日，GNSS 远程时间传递技术历经数十年的研究，已经从起初利用伪距观测值的共视技术，发展到当前热门研究的 GNSS 载波相位时间传递技术，其精度也由原来的数十纳秒提升至亚纳秒量级。GNSS 载波相位时间传递技术具有覆盖范围广、精度高、不受距离限制等特点，对它的研究将对高精度时间基准的构建、频率标准的远程校准等领域产生深远的影响。然而，长期以来，尽管 GNSS 载波相位时间传递技术能够以较高的精度进行精密时间传递，但是其获得的时间传递量在相邻两天衔接处存在明显不连续的台阶现象（"天跳变"现象），进而导致在精密时间传递中也存在这种所谓的"天跳变"现象。这种不连续现象严重影响 GNSS CP 技术在时间传递中的应用，特别是在超过一天的时间传递的实际应用中更为突出。

  事实上，早在 2003 年，Ray 等学者就发现了接收机钟差的这种不连续"天跳变"现象，并揭示了其量级约在 170～1200 ps，并通过实验分析认为"天跳变"现象可能与外界环境的日变化有关。2007 年，Defraigne 和 Bruyninx 对"天跳变"产生的原因做了深入研究，通过实验研究指出"天跳变"的产生与 GPS 测距码噪声之间存在密切关系，并针对性地提出了 Phase-only 算法，有效改善了时间传递的连续性。Guyennon 等则利用多天数据的平滑方法来处理 GPS CP 技术中的"天跳变"现象，进而提高了时间传递的稳定性和精度。2013 年，Yao 等在前人的研究基础上提出了 RINEX-shift 和 Phase-CV 方法用以削弱 GPS CP 中的"天跳变"影响，取得了较好的效果。2016 年，Petit 对 RRS 方法做了深入分析，认为该方法仅仅是从统计的角度上对"天跳变"现象产生的影响进行初步改善，并没有从根本上削弱"天跳变"现象对时间传递性能的影响。国内方面，2007 年，李滚利用数据交叠方法和连续滤波方法削弱了 GPS 时间传递中的"天跳变"现象，改善了时间传递中的连续性。陈宪冬利用 GPS CP 技术对大地型时频传递接收机的精密时间传递进行研究，并针对"天跳变"现象提出了参数继承的时间传递方法技术，取得了较好的效果。黄观文通过对"天跳变"现象的研究，提出了一种基于参数先验贝叶斯估计的连续 CP 时频传递算法，即利用对单天 GPS 观测数据附加合理的参数先验约束，平滑过渡不同天之间的钟差解。

上述众多学者对于 GPS CP 时间传递中"天跳变"现象的研究，极大地推动了 GPS CP 技术在精密时间传递中的应用。然而在 GPS CP 技术的数据处理中，接收机钟差作为待估参数是与其他诸如坐标参数、对流层参数以及模糊度参数一并估计的，尽管有学者认为接收机钟差的"天跳变"现象的特征与载波相位观测值的模糊度参数之间存在一定的相关性，但却很少深入开展其他待估参数对接收机钟差的"天跳变"现象的影响的研究。

因此，本章从 GPS 载波相位时间传递数据处理的角度出发，通过分析 GPS 卫星轨道和钟差产品的"天跳变"现象的特性，并对 GPS CP 算法中的关键技术问题进行深入研究，提出一种削弱"天跳变"现象影响的方法，进一步提升 GPS 载波相位时间传递的连续性。

5.2　IGS 的卫星产品连续性特征

在进行 GNSS 载波相位时间传递的实际数据处理中，卫星轨道和钟差产品作为必要的条件需要从 IGS 获取。因此，在分析载波相位时间传递的连续性中，首先需要对 IGS 卫星产品进行研究。

事实上，IGS 提供的卫星轨道和钟差产品是由多个分析中心独立解算的结果综合而来的。由于各个分析中心的解算策略、数据处理软件的不同，其获得的卫星轨道结果并不完全相同。同时，考虑到各个分析中心在解算卫星钟差参数时所选取的参考钟不同，导致其钟差产品也存在一定的差异。因此，多年来，IGS 组织在如何获得高性能的综合产品方面做了大量的研究工作，形成了基于不同分析中心轨道解和钟差解获取最终综合解的一套严密的数据处理流程。一般而言，可简单归纳为三步。首先，需要考虑各种分析中心卫星产品的一致性；其次，统一不同分析中心间的时空基准，包括卫星轨道的参考框架的统一和卫星钟差参考基准的统一；最后，针对不同分析中心钟差解中可能存在的粗差问题，利用相关数据处理方法进行剔除和控制，最终获取基于不同分析中心产品的加权解。

考虑到卫星轨道弧段的动力学特征，IGS 组织仅提供了 15 min 的轨道产品，导致在研究卫星产品对 GPS 载波相位时间传递连续性影响时难以推算出其影响机制。然而，由于轨道和钟差产品间存在的自洽性，可通过分析卫星钟差产品来研究卫星产品连续性。图 5-1 直接给出了基于 IGS 组织提供的综合后的卫星钟差产品获取的 GPS 历元间一次差分的钟差序列。从图 5-1 中可以看出，虽然卫星钟受多种外界环境的影响，其一次差分序列也存在一定的波动，但是不同卫星历元间差分的钟差序列并没有在天与天衔接处出现明显的异常现象。因此，IGS 组织提供的综合后的精密卫星钟差产品并不存在明显"天跳变"现象。

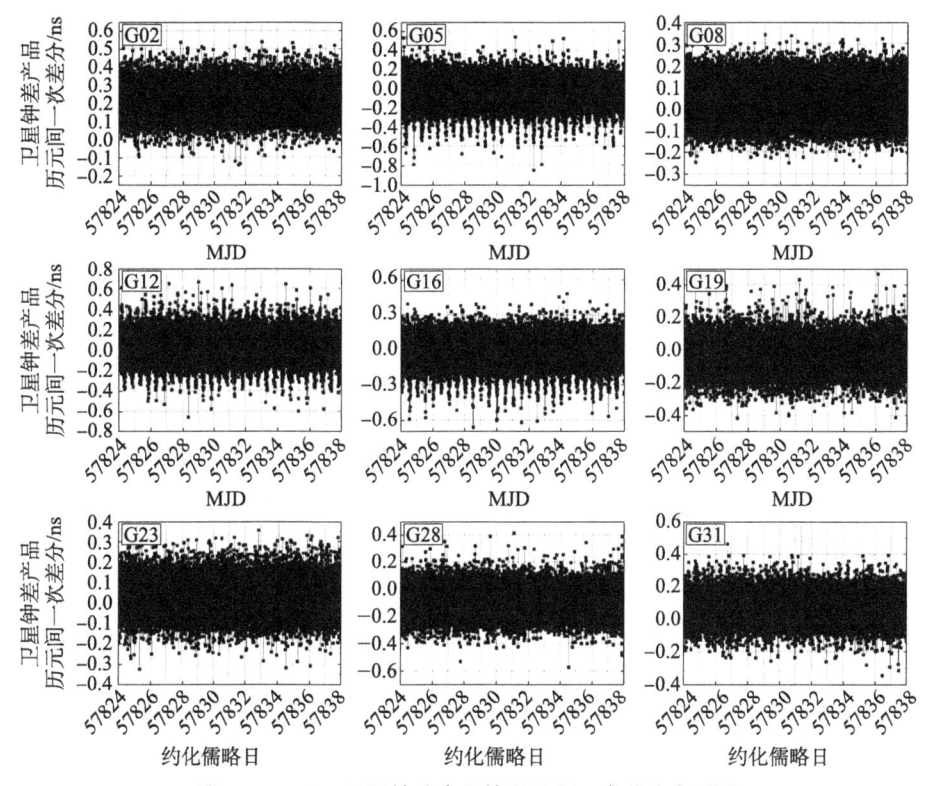

图 5-1　GPS 卫星钟差产品的历元间一次差分序列图

5.3　GPS 载波相位时间传递数据处理中的影响因素分析

5.3.1　卫星产品内插的端部效应

严格地讲，在 GPS 载波相位时间传递的数据处理中，所采用的 GPS 观测文件、卫星轨道和钟差产品均是以天为单位进行存储的。通常情况下，IGS 的卫星轨道和钟差产品均是以 IGST 为时间参考，按照标准 RINEX 格式以一定时间间隔数据点的形式给出，最后以天为单位予以存储。对于单天卫星轨道文件而言，其时间间隔为 15 min，包含了从 00：00：00 到 23：45：00 共 96 个数据点；而单天卫星钟差文件主要是采用 30 s 的时间间隔给出，其时间跨度为 00：00：00 到 23：59：30。在实际应用中，GPS 观测数据的采样间隔一般与 IGS 提供的卫星轨道和钟差产品的时间间隔并不一致,因此,不可避免地需要将卫星轨道和钟差的数据点进行加密,并插值到卫星信号离开卫星天线相位中心时刻的卫星位置和钟差。

IGS卫星轨道和钟差产品内插方法很多,如拉格朗日多项式插值、切比雪夫多项式插值、牛顿插值及三次样条插值等。但不论是哪一种内插方法,其精度都不可避免在插值区间的边缘处急剧减小,这种现象通常被称为插值的端部效应。更糟糕的是,在利用单天数据计算时,插值的首个历元数据点已经超出了单天卫星产品的内插数据点区间,已然演变成了卫星轨道和钟差的外推,其精度更是难以保证。这种来自卫星产品插值中的端部效应势必会导致接收机钟差在连续两天衔接处产生一定的不连续。

因此,采用顾及卫星产品端部效应的插值策略(Edge Effect Strategy, EES),对这种端部效应进行削弱。其主要思想是尽可能地将目标插值点尽量置于插值区间的中间,以保证其插值精度在所有数据点处都保持一致。以拉格朗日多项式内插方法为例,其插值多项式可以表示为

$$f(x) = \sum_{k=0}^{n} \prod_{\substack{i=0 \\ i \neq k}}^{n} \left(\frac{x-x_i}{x_k-x_i}\right) y_k \tag{5.1}$$

式中,$\prod$ 为拉格朗日插值基函数;若已知函数 $y=f(x)$ 的 $n+1$ 个时间节点 x_0, $x_1, x_2, \cdots, x_n$ 及其对应的卫星轨道或钟差值 $y_0, y_1, y_2, \cdots, y_n$,即可利用上述插值多项式获得插值区间内任一时间节点处的相应值。

所谓的顾及卫星产品端部效应的插值策略(如图 5-2 所示)的具体做法就是采用固定长度的插值区间,在每个历元处均以目标插值点为区间中心选择对应的时间节点和相应数据点进行计算。在实际数据处理中,卫星轨道和钟差通常采用 9 阶、5 阶拉格朗日插值函数。这种做法势必要求在进行单天 GPS 载波相位时间传递时,需要额外准备前一天和后一天卫星轨道和钟差产品,才能将单天首历元和末历元置于插值区间中心处。

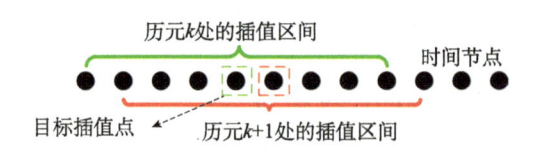

图 5-2 顾及卫星产品插值中端部效应的处理策略示意图

图 5-3 代表性地给出了顾及 EES 的 GPS CP 获得的接收机钟差序列与传统数据处理方法的对比结果(为了更清楚地显示两种不同的结果,将传统数据处理方法获得的接收机钟差序列统一向下平移 1 ns)。这些接收机钟差均表征了各个原子钟频标以 IGST 为参考的钟差序列。为了保证 GPS 载波相位时间传递的精度,在数据处理过程中采用了 IGS 提供的最终精密星历和 30 s 采样的精密钟差。从

图 5-3 中可以看出,传统 GPS CP 数据处理过程中卫星产品插值的端部效应,易造成接收机钟差序列在相邻两天衔接处存在明显的异常值,进而严重影响到钟差序列的连续性。而顾及 EES 的 GPS CP 数据处理方法可以有效削弱接收机钟差的这种不连续性。

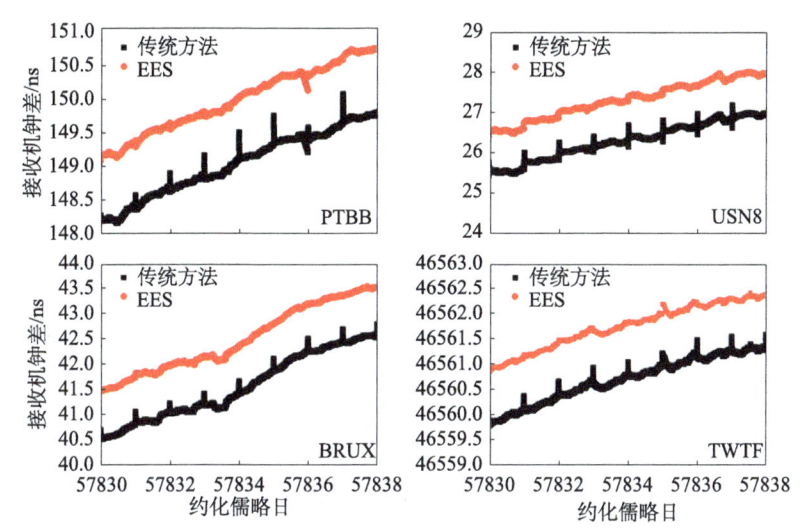

图 5-3 顾及 EES 的 GPS CP 获得的接收机钟差序列与传统数据处理方法的对比图

虽然顾及 EES 的 GPS CP 数据处理方法可以有效削弱由于卫星产品插值过程中端部效应所引起的钟差序列不连续,但是严格地讲,这种不连续性不同于传统意义上所说的"天跳变"现象。目前,GPS 载波相位时间传递领域众多学者普遍认为所谓的"天跳变"现象就是接收机钟差序列在相邻两天衔接处存在的"台阶"状变化。从图 5-3 中也可以看出,顾及 EES 的接收机钟差序列依然存在这种"台阶"状的不连续特征,尤其是在 USN8 站更为明显,说明这种方法无法对传统意义上的"天跳变"现象产生明显的效果。下面将着重分析传统意义上的"天跳变"现象的特性。

5.3.2 模糊度参数的连续性

不同于传统的全视技术,GPS 载波相位时间传递技术最为明显的特征就是额外采用了精度更高的载波相位观测值。因此,在研究 GPS 载波相位时间传递中的"天跳变"现象时,很有必要对载波相位观测值的特性进行深入分析。事实上,所谓的载波相位观测值是指在接收时刻获得的卫星信号相位 Φ_s^p 相对于接收机自身产生的载波信号相位 Φ_r^p 之间的差值,这个相位差通常是由 N 个整周数以及不足一周部分的 $F_r(\phi)$ 组成。由于接收机电子器件对载波相位的测量精度优于波长的 1%,比测码伪距的精度要高 2~3 个数量级。实际上,载波是一种没有任何标记的余弦波,GPS 接收机中的鉴相器只能测定不足一周的部分。一旦接收机锁定卫星信号并实现首次测量之后,就可以用多普勒计数器获得整波段的整周计数 $Int(\phi)$。因

而,实际的载波相位观测值包含三个组成部分,即

$$\tilde{\Phi} = \Phi_r^0 - \Phi_s^0 = Int(\phi) + F_r(\phi) + N \tag{5.2}$$

式中,前两部分均可以由接收机内部模块进行测量,接收机无法给出整周模糊度 N 值,需要用户通过数据处理的方法对整周模糊度参数估计,这样一来才能求得从卫星到接收机间的距离 ρ。只要接收机能保持对卫星信号的连续跟踪,那么对同一卫星所获得的连续载波相位观测值中都含有同一整周未知数。

为了分析 GPS CP 中的模糊度参数与接收机钟差间的关系,可以将误差方程(式(2.12))中未知参数分为两类。一类是 GPS CP 中的接收机钟差参数 X_1,另一类是其他待估参数 X_2,主要包括测站坐标、天顶对流层湿延迟以及无电离层组合(LC)载波相位模糊度。考虑到卫星端和接收机端的整数小数偏差的影响,组合后整周模糊度已不具有原始载波相位模糊度的整周特性,但其连续性并没有被破坏,因此这里直接分析模糊度的连续性对接收机钟差"天跳变"现象的影响。

基于前文给出的 GPS CP 误差方程(式(2.12)),分类后的误差方程可以进一步写成如下形式:

$$V = L - (A_1 \quad A_2)\begin{pmatrix} X_1 \\ X_2 \end{pmatrix}, \quad P \tag{5.3}$$

其法方程为

$$\begin{pmatrix} M_{11} & M_{12} \\ M_{21} & M_{22} \end{pmatrix} \begin{pmatrix} \hat{X}_1 \\ \hat{X}_2 \end{pmatrix} = \begin{pmatrix} B_1 \\ B_2 \end{pmatrix} \tag{5.4}$$

式中,$M_{ij} = A_i^T P A_j$,$B_i = A_i^T P L$,对于上述方程的接收机参数 X_2,本章分两步进行。

第一步,采用消参法先将接收机钟差 X_2 从法方程中消去。

令 $Z = M_{21} M_{11}^{-1}$,可将上式进一步变换为

$$\begin{pmatrix} I & 0 \\ -Z & I \end{pmatrix}\begin{pmatrix} M_{11} & M_{12} \\ M_{21} & M_{22} \end{pmatrix}\begin{pmatrix} \hat{X}_1 \\ \hat{X}_2 \end{pmatrix} = \begin{pmatrix} M_{11} & M_{12} \\ 0 & \tilde{M}_{22} \end{pmatrix}\begin{pmatrix} \hat{X}_1 \\ \hat{X}_2 \end{pmatrix} = \begin{pmatrix} B_1 \\ \tilde{B}_2 \end{pmatrix} \tag{5.5}$$

式中,

$$\tilde{M}_{22} = M_{22} - M_{21} \cdot M_{11}^{-1} \cdot M_{12} \tag{5.6}$$

$$\tilde{B}_2 = B_2 - M_{21} \cdot M_{11}^{-1} \cdot M_{12} \tag{5.7}$$

因此,可以先获得参数 X_2 的最小二乘解:

$$\hat{X}_2 = \tilde{M}_{22}^{-1} \cdot \tilde{B}_2 \tag{5.8}$$

第二步,利用已确定的 X_2 最小二乘解并结合相关参数求解接收机钟差参数,即

$$\hat{X}_1 = M_{11}^{-1} \cdot (B_1 - M_{12} \cdot \hat{X}_2) \tag{5.9}$$

在实际计算中，一般是利用序贯最小二乘法式(2.33)并结合上述分类处理策略对连续历元的接收机钟差参数进行最优估计。

在 GPS 载波相位时间传递的实际应用中，GPS 接收机通常是对卫星进行连续跟踪，并没有在连续两天弧段衔接处存在关机重启的操作，按照单天弧段的形式对 GPS 数据进行存储也仅仅是出于方便数据存储的考虑，因此，对于同一颗卫星而言，在不发生周跳的情况下，位于两天弧段衔接处的载波相位模糊度在原理上应保持其连续性的特征。然而，传统 GPS 载波相位数据处理方法却未保持其模糊度的连续性，进而导致接收机钟差在两天弧段连接处存在"天跳变"的现象。因此，本章提出了顾及模糊度连续性的 GPS CP 数据处理策略(Ambiguity Strategy)，旨在保留载波相位模糊度在跨天历元处的连续性，进而削弱接收机钟差所谓的"天跳变"现象，提升 GPS CP 在大于一天的时间时的传递性能。其具体做法是：对于处理连续两个单天弧段的 GPS 观测数据而言，在前一天 GPS 观测数据处理到最后，在不发生周跳的情况下，保持各颗卫星的无电离层模糊度不变，在接下来的单天弧段的 GPS 数据处理中，将这个模糊度估计值及其协因数矩阵按照先验参数利用序贯最小二乘(式(2.33))进行序贯历元计算即可。

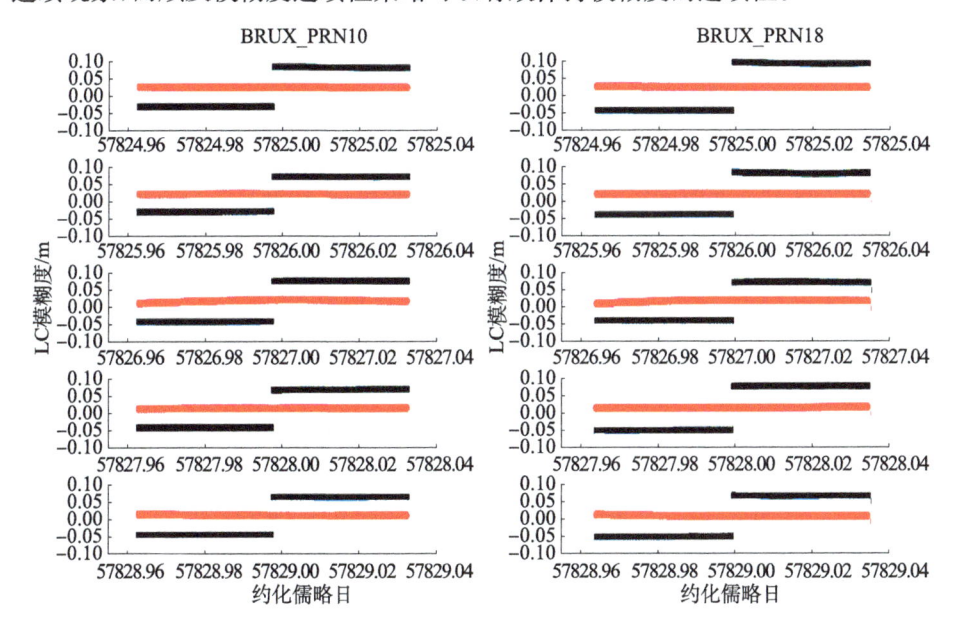

图 5-4 代表性地给出了 4 颗卫星在顾及模糊度连续性策略的无电离层模糊度与传统模糊度的对比结果。为了更明显展现两种数据处理方法的不同，两种模糊度均去除模糊度的平均值。从图 5-4 中可以看出，传统的 GPS CP 数据处理方法所获得的卫星无电离层模糊度在跨越了连续单天弧段时，均出现"台阶"状的不连续现象，而顾及模糊度连续性策略可以有效保持模糊度的连续性。

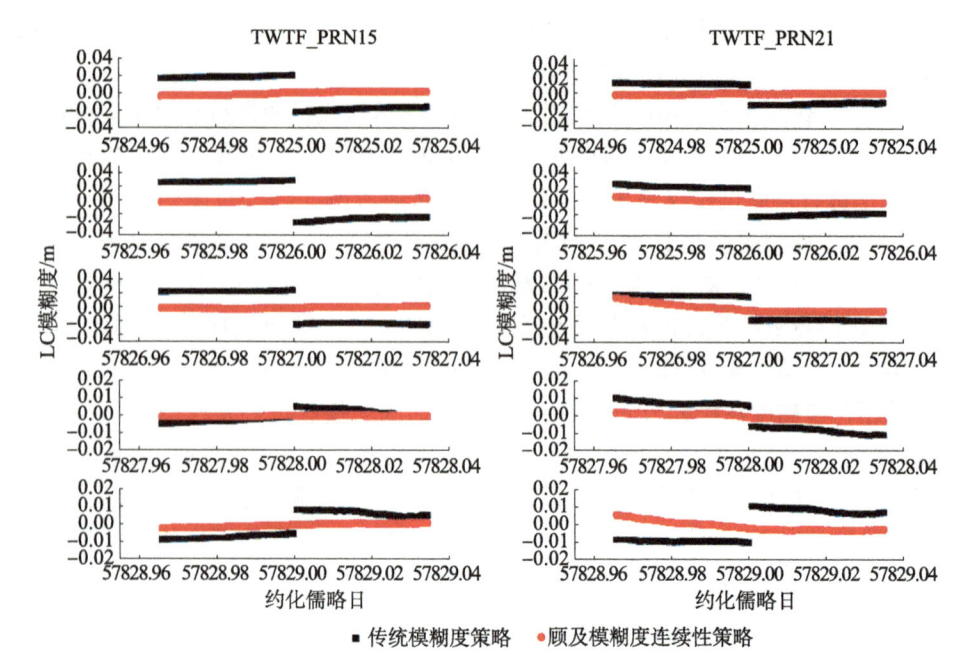

图 5-4 顾及模糊度连续性策略的无电离层模糊度与传统模糊度的对比图

5.4 顾及数据处理策略的 GPS 载波相位时间传递实验

5.4.1 算例分析

为了进一步验证和分析所提出的两种数据处理策略对于削弱 GPS 载波相位时间传递中接收机钟差"天跳变"现象的有效性,本实验基于 BIPM 计算 UTC 时贡献相对较大的 10 个国际时间实验室 11 个 GPS 观测数据进行了 GPS CP 时间传递实验。各 GPS 站所属时间实验室及所配备的接收机、天线型号等信息如表 5-1 所示。考虑到在国际时间传递中通常选择德国联邦物理技术研究院作为中间站,因此在本时间传递实验中,选择其所属的 PTBB 站作为时间传递的参考站,结合其他所选站点形成了 10 条时间传递链路。实验所采用的 GPS 观测数据时间为 MJD57824 至 MJD57837,共计 14 天的数据,其采样间隔均为 30 s。

表 5-1 GPS CP 时间传递实验中所选站点所属时间实验室、接收机、天线型号等信息

站点	时间实验室	GPS 接收机型号	天线型号	所属国家
BRUX	ORB	SEPT POLARX4TR	JAVRINGANT_DM	比利时
NTSC	NTSC	SEPT POLARX4TR	SEPCHOKE_MC	中国
NIST	NIST	NOV OEM4-G2	NOV702	美国

续表

站点	时间实验室	GPS 接收机型号	天线型号	所属国家
NRC1	NRC	JAVAD TRE_G3TH	AOAD/M_T	加拿大
OPMT	OP	ASHTECH Z-XII3T	3S-02-TSADM	法国
PTBB	PTB	ASHTECH Z-XII3T	ASH700936E	德国
ROAP	ROA	SEPT POLARX4TR	LEIAR25.R4	西班牙
TWTF	TL	SEPT POLARX4	ASH701945C_M	中国
USN8	USNO	SEPT POLARX4TR	TPSCR.G5	美国
USN9	USNO	NOV OEM6	TPSCR.G5	美国
WAB2	METAS	ASHTECH Z-XII3T	ASH700936F_C	瑞士

为了便于对比分析,本实验共设计了三种方案进行 GPS CP 时间传递的数据处理。

方案 1　利用传统 GPS CP 数据处理方法获取接收机钟差值(Classical);

方案 2　顾及卫星产品内插端部效应的 GPS CP 数据处理方法(EES);

方案 3　同时顾及 EES 和模糊度连续性策略(Ambiguity Strategy)的 GPS CP 参数估计方法获取接收机钟差值(Two Geodetic Strategies,TGS)。

图 5-5 给出了三种方案的时间传递链路钟差序列对比图。为了便于清楚地对比三种方案的钟差序列,将 EES 方案的钟差序列均向上平移了 2 ns,传统 GPS CP 方案的钟差序列向下平移 2 ns。从图 5-5 中可以看出,对于 10 条国际时间传递链路而言,三种方案的钟差序列的变化趋势在总体上是非常一致的。传统的 GPS CP 的钟差序列受卫星产品插值的端部效应影响,在单天弧段的链接处出现相当数量的钟差野值,严重影响了时间传递的连续性。在 EES 方案的钟差序列中,卫星产品插值的端部效应得到了较好的控制,但是依然存在明显的"台阶"状"天跳变"现象,同时这种"天跳变"现象在同一条链路不同的单天弧段链接处呈现不同跳变量级。在顾及两种数据处理的策略 TGS 方案中,10 条国际时间传递链路的钟差序列均呈现连续的现象,不论是卫星产品插值中的端部效应还是模糊度不连续性的影响均得到了较好的控制。

为了更进一步研究顾及数据处理策略的钟差序列"天跳变"现象的特性,下面将从定量的角度出发,着重对 10 条国际时间传递链路中的钟差序列中的"天跳变"现象进行分析。考虑到单个测站的接收机钟差参数在 GPS CP 数据处理中不可避免地受多种误差的影响,其各个历元获得的钟差值难免存在一定的误差。因此,为了削弱这些误差的影响,更为准确地反映"天跳变"的量值,可以暂且不考虑钟差在

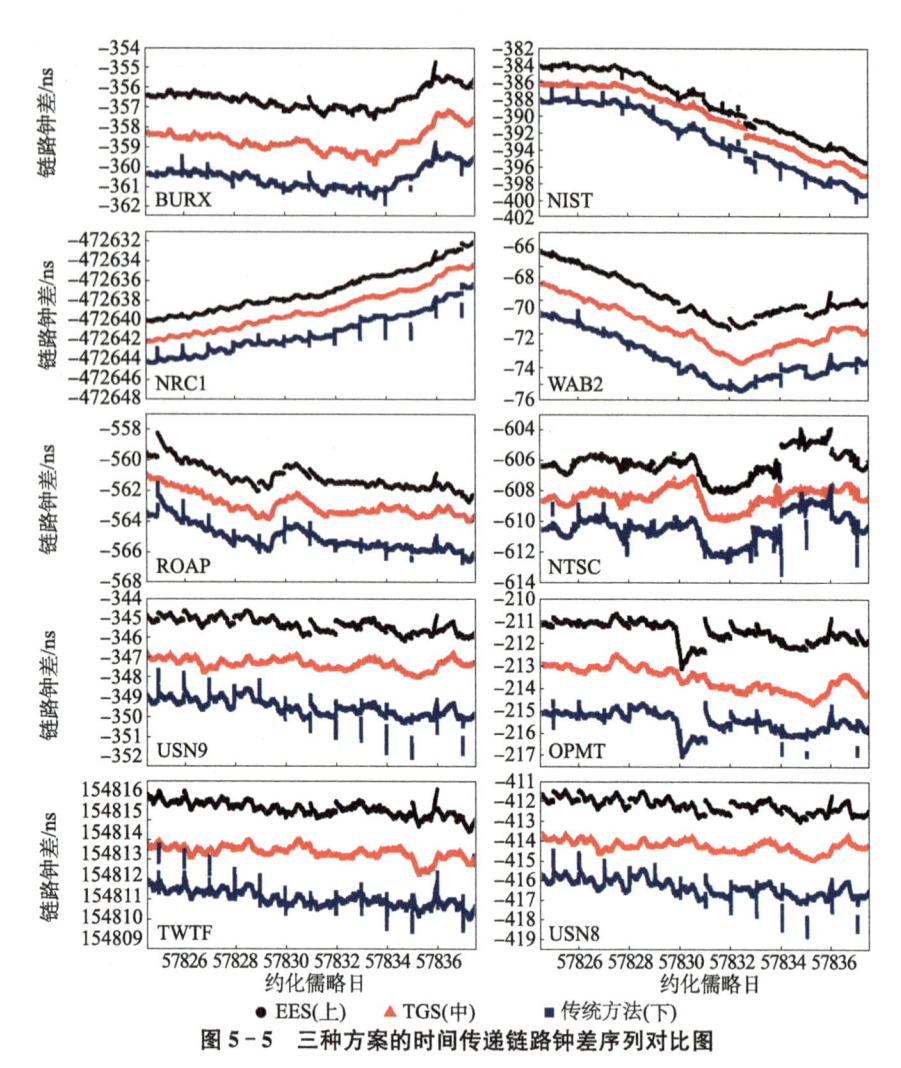

图 5-5　三种方案的时间传递链路钟差序列对比图

短时间内的趋势，依据下式获取连续两个单天弧段的"天跳变"量值：

$$\Delta clk = \bar{x}_{k+1} - \bar{x}_k = \frac{1}{n}\sum_{i=1}^{i=n}(x_{k+1}(i) - x_k(i)) \quad (5.10)$$

式中，$\bar{x}_k$、$\bar{x}_{k+1}$ 表示钟差序列在衔接处"00:00:00"时刻前后两个子弧段内的平均值。在本实验中，两个子弧段的长度均设定为 4.5 min，考虑到本实验中所采用的 GPS 数据均为 30 s 的采样间隔，即取前一个子弧段为"23:55:00～23:59:30"，后一个子弧段为"00:00:00～00:04:30"。

从图 5-5 中可以看出，传统 GPS 载波相位时间传递中的链路钟差受卫星插值端部效应的影响，产生了与钟差序列严重不符的野值，失去了进一步从定量角度统计、分析其"天跳变"现象的意义，因此下面将着重分析 EES 与 TGS 钟差序列中的"台阶"状"天跳变"特征。

图 5-6 给出了 EES 和 TGS 方案的钟差"天跳"量序列对比结果。由于参考 IGST 的接收机钟差序列是 GPS CP 算法中最直接获取的参数,因此图 5-6(a) 和 (b) 分别给出了 11 个测站 EES 和 TGS 方案接收机钟差"天跳"量序列。对比两图可以看出,EES 方案中接收机钟差的"天跳"量大多集中在 1 ns 以内,而额外顾及模糊度连续性策略的 TGS 方案的"天跳"量在 0.2 ns 以内。另外在 TGS 方案中,即使实验所选的 11 个站点隶属于全球不同的时间实验室,配备不同型号的接收机、天线,其接收机钟差的"天跳"量均呈现明显的一致性。考虑到在实际 GPS 时间传递工作中,通常是以链路的形式对时间传递性能进行评估的,因此我们仍然以 PTBB 站为中心站,定量分析 10 条国际时间传递链路的"天跳变"现象。图 5-6(c) 和 (d) 分别给出了 EES 和 TGS 链路钟差的"天跳"量。对比两图可以发现,TGS 链路钟差的"天跳"量均在 0.1 ns 以内,相对于 EES 链路有明显的提升。

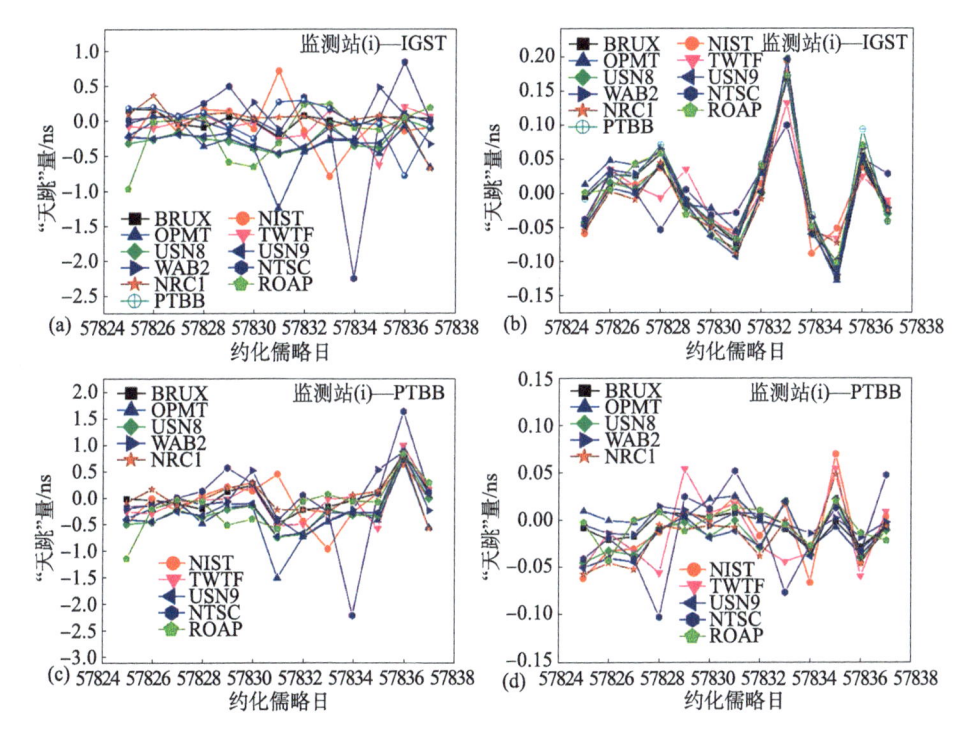

图 5-6 EES 和 TGS 方案的钟差"天跳"量序列对比图

表 5-2 列出了 10 条时间传递链路中两种方案钟差"天跳"量共计 14 天的统计量。从表 5-2 中可以看出,TGS 方案中链路钟差"天跳"量的平均值为 −0.0114 ns,

标准差为 0.0277 ns,相对于 EES 方案在平均值及标准差等指标均呈现明显的提升。图 5-7 为按照"天跳"量的分布区间对 TGS 方案链路钟差"天跳"量进行统计,给出了相应的柱状分布图,其中蓝线为"天跳"量的高斯拟合曲线。从图 5-7 中可以看出,10 条不同的国际时间传递链路的钟差"天跳"量呈现显著的高斯分布特点,其中有 96.2% 的"天跳"量小于 0.055 ns。

表 5-2　EES 和 TGS 方案的链路钟差序列"天跳"量统计量　　（单位:ns）

方案	平均值	标准差	最小值	中间值	最大值
EES	−0.0999	0.4667	−2.2059	−0.1181	1.6208
TGS	−0.0114	0.0277	−0.1024	−0.0080	0.0691

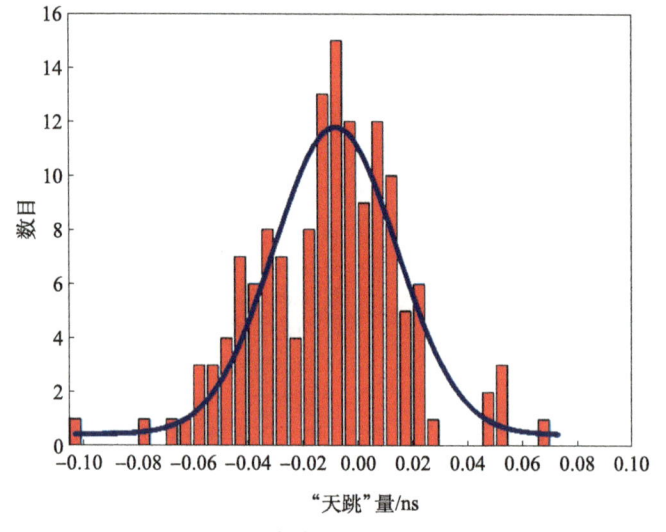

图 5-7　TGS 方案的链路钟差"天跳"量分布图

事实上,在表 5-1 所选的 11 个测站中,USN8 站和 USN9 站都是美国海军天文台的 GPS 站点,共用相同的 GPS 接收天线,外接相同的 UTC(USNO)时间和频率信号,其与中心站 PTBB 站所建立的时间传递链路在原理上应具有一定的一致性,因此很有必要对这两条共天线、共钟的时间传递链路的钟差"天跳"量进行分析。图 5-8 给出了 USN8 链路和 USN9 链路相对于 PTBB 链路的 EES 和 TGS 方案的钟差"天跳"量。从图 5-8 中可以看出,USN8 链路和 USN9 链路在 TGS 方案的 14 天时间传递实验中,其钟差的"天跳"量均呈现良好的一致性,从侧面进一步证明了本章提出的数据处理策略的有效性。由于 EES 方案未能顾及模糊度连续性的策略,即使共天线、共钟也未能有效保持其一致性。

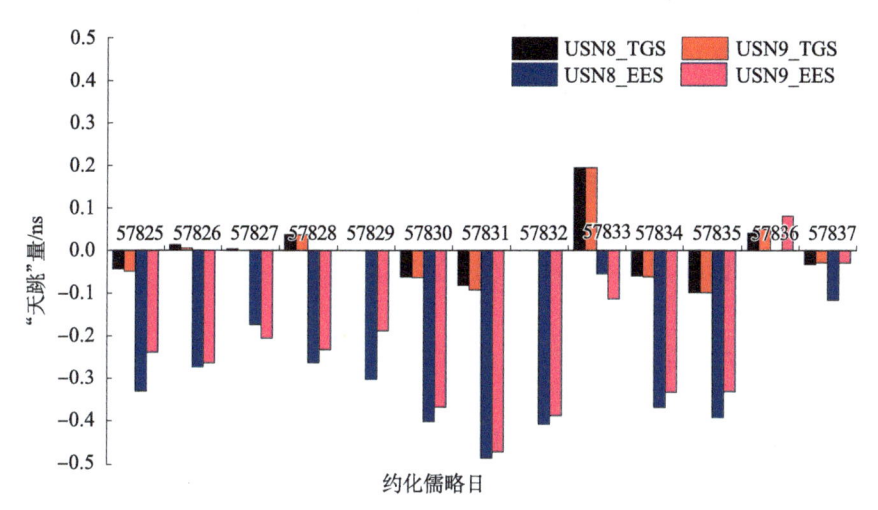

图 5-8　EES 和 TGS 方案在 USN8、USN9 链路上的钟差"天跳"量对比图

5.4.2　结论与建议

在 GPS 载波相位时间传递实验中,利用 10 条国际时间传递链路对提出的顾及卫星产品插值端部效应和顾及模糊度参数连续性策略进行有效验证,通过算例分析可得出如下结论。

(1)在传统的 GPS 载波相位时间传递的数据处理中,卫星产品(轨道和钟差)在内插中存在的端部效应容易导致接收机钟差序列在连续两个单天弧段连接处产生野值(最大值为 0.34 ns),严重破坏了大于一天的载波相位时间传递的连续性。本章提出的顾及卫星产品内插端部效应数据处理方法可以有效削弱其影响,使得在连续单天弧段衔接处的"天跳变"成为"台阶"状。

(2)载波相位观测值是 GPS CP 技术中最重要的观测量,其所蕴含的载波相位模糊度与接收机钟差参数具有密切联系。由于对单天弧段模糊度参数估计使最小二乘滤波器的参数重新初始化导致其不连续,直接引起接收机钟差序列在连续的单天弧段衔接处呈现"台阶"状的"天跳变"现象。本章提出的顾及模糊度连续性的数据处理策略可以有效恢复载波相位模糊的连续性。

(3)通过对比 EES 和 TGS 策略的单站接收机钟差序列,可以发现额外顾及模糊度连续性的 TGS 方案"天跳"量较原来 EES 方案的 1.0 ns"天跳"量减小到 0.2 ns 左右,即使 11 个测站配备不同型号的接收机、天线以及不同的外接频率标准,也呈现出显著的一致性特征。

(4)在实际 GPS 载波相位时间传递工作中,时间传递链路"天跳"量的大小备受关注。通过对实验所建立的 10 条国际时间传递链路共计 14 天的数据处理可以发现,额外顾及模糊度连续性的 TGS 方案的链路平均"天跳"量较 EES 方案的

—0.0999 ns减小到—0.0104 ns,相应的标准差也由 0.4667 ns 降低到 0.0269 ns。同时,TGS 方案的 10 条国际时间链路的"天跳"量的分布属于典型的高斯分布,优于 0.055 ns 的"天跳"量占所有统计量的 96.2% 左右,与 GPS 载波相位时间传递的精度基本保持一致。

因此,通过上述的讨论建议在 GPS 载波相位时间传递的实际工作中,应当采用顾及卫星产品插值中的端部效应及模糊度的连续性,削弱"天跳变"现象对载波相位时间传递的影响,进一步提升时间传递性能。

5.5 本章小结

随着 GPS 载波相位时间传递理论研究的不断完善,在实际应用中的"天跳变"现象的影响逐渐成为当前 GPS CP 技术领域的研究热点。本章在分析精密卫星产品的连续性特征的基础上,着重对 GPS CP 数据处理中的影响因素进行了研究,提出了顾及卫星产品内插的端部效应和模糊度参数连续性的数据处理方法,并结合 GPS CP 时间传递实验验证了数据处理方法对于"天跳变"现象的影响的有效性。

(1)IGS 提供的精密卫星产品(卫星轨道及钟差)并不存在明显的"天跳变"现象的特征,其轨道和钟差产品自洽地提供了 GPS 载波相位时间传递中的卫星坐标及星载钟相对于 IGST 的钟差,保证其获取高精度的时间传递结果。

(2)在传统 GPS CP 技术的数据处理中,卫星产品内插中存在的端部效应容易在连续单天弧段衔接处引起接收机钟差序列的异常,同时,载波相位模糊度的不连续引起钟差"台阶"状的"天跳变"现象,严重影响时间传递的性能。

(3)本章提出的顾及端部效应及载波相位模糊度连续性的 GPS CP 数据处理方法有效削弱了时间传递中的"天跳变"现象产生的影响。在 GPS CP 时间传递实验中的 10 条国际链路中,其钟差的"天跳"量的大小呈现典型的高斯分布特征,优于 0.055 ns 的"天跳"量占到 96.2% 左右。

第 6 章

附加先验信息约束的 GNSS 时间传递方法

基于 GNSS CP 技术的时间传递以其操作简便、精度高、成本低等优势逐步成为国际时间传递领域重要的研究热点之一。传统的 CP 时间传递算法中未知参数主要有接收机钟差、测站位置、对流层、相位整周模糊度等,其中接收机钟差参数是时间传递领域中最为重要的参数。在实际数据处理中,接收机钟差参数与其他诸如测站位置、对流层等参数高度相关,如何充分挖掘这些相关参数的约束信息以提升接收机钟差参数的解算精度,对于提升 GNSS CP 时间传递的性能具有重要的意义。与此同时,传统 CP 算法中的接收机钟差参数在各个历元处均被看作相互独立的白噪声随机过程进行模拟,也未能顾及其在相邻历元之间的相关性。针对这些问题,本章从提高接收机钟差参数估计精度的角度出发,分别从利用测站位置、对流层等相关参数和接收机钟差在相邻历元之间变化的相关性两个方面着手,提出附加先验信息约束的 CP 时间传递方法,并通过算例进行了测试,验证了本章新的 CP 时间传递方法的精度和有效性。

6.1 附加钟差相关参数约束的 Galileo 时间传递

6.1.1 引言

Galileo 导航卫星系统是由欧盟通过欧洲空间局和欧洲导航卫星系统管理局建设的,旨在为全球、特别是高纬度地区用户提供高精度定位、导航及授时服务的全球导航卫星系统。事实上,早在 20 世纪 90 年代欧盟就已公布了 Galileo 导航卫星系统的建设计划,其目的是摆脱欧洲对美国 GPS 系统的依赖。与此同时,相对于其他 GNSS,Galileo 所采用的 E5 频点的数据具有观测噪声低、受多路径影响小的特点,使得其在高精度定位、导航及授时领域具有更加广阔的应用前景。

2003 年,Furthner 等较早地利用模拟数据分析评估了 Galileo 共视时间传递的性能。2010 年,Defraigne 等对基于 Galileo 共视的时间传递方法进行研究,并对 R2CGGTTS 软件进行了完善,给出了 Galileo 共视时间传递的数据格式及处理流程。2011 年,Martínez-Belda 等通过对基于 Galileo E5 的单频时间传递进行了实验分析,结果表明 E5 频点的伪距观测量可以有效提高时间传递的精度,并于 2013 年对 E5 频点的伪距及载波相位组合值进行了分析,认为其观测噪声明显优于 E1 和 E5 双频观测值所形成无电离层组合的。上述学者的研究虽然极大地推动了 Galileo 在时间传递领域的应用,但是受制于 Galileo 系统本身建设的各种因素,对于 Galileo 载波相位时间传递的研究相对较少。虽然 Galileo 系统的建设一波三折,但是近年来,其建设速度明显加快。截至 2016 年 8 月,Galileo 系统拥有 18 颗在轨卫星,其中包括 4 颗 IOV(In-Orbit Validation)卫星、10 颗 FOC(Full Operational Capability)卫星以及 4 颗卫星在轨测试,已然初步具备了服务能力。IGS 所属的数据分析中心也开始发布 Galileo 的精密轨道及钟差产品,为 Galileo 载波相位时间传递服务提供了良好的先决条件。

事实上,虽然 Galileo 系统的空间星座部分已拥有 18 颗卫星,但是诸如 E20 号卫星经常出现由 E5 频点观测数据缺失导致的难以形成无电离组合的状况。与此同时,图 6-1 统计了 NTS1 站(纬度 34.4°N,经度 109.22°E)2016 年 8 月 14 日至 20 日单历元可用卫星数目分布,从图 6-1 中可以看出,可用卫星数目小于 4 颗的历元占总历元的 65% 以上。因此,在 Galileo 载波相位时间传递的数据处理过程中,面临着可用卫星数目不足 4 颗的情况,进而导致法方程秩亏而无法求解的现象。因此,针对这些问题,本节从测站坐标和对流层参数两个方面先验约束的 Galileo 载波相位时间传递方法,给出了相关的数学模型,并结合相关算例对该方法进行了性能验证和精度评定。

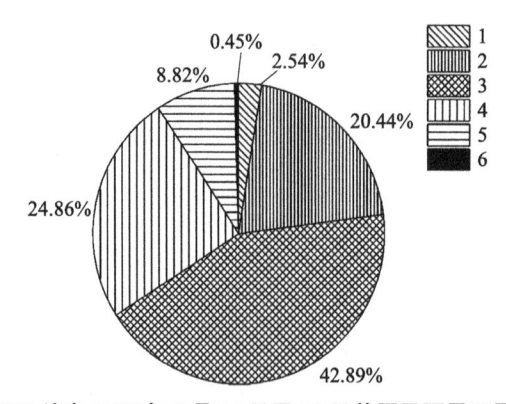

图 6-1 NTS1 站在 2016 年 8 月 14 日至 20 日单历元可用卫星数目分布图

6.1.2 附加钟差相关参数约束的 Galileo 时间传递数学模型

6.1.2.1 测站坐标参数

一般地,对于基于 GNSS 载波相位时间传递而言,所使用的 GNSS 接收机通常需要连接 UTC(k)或者高精度原子钟时间和频率信号,并将其静止地安置在时间实验室,其测站坐标在一定时期内也是相对固定的。通过对测站坐标的精确测量,可以形成有效的先验信息,并将其应用到 GNSS 载波相位数据处理中,以便提高 GNSS 载波相位时间传递函数模型的强度,进一步增强接收机钟差的求解精度。因此,可利用先验的测站坐标信息构建如下模型:

$$L_c = H_c X_c + e_c \tag{6.1}$$

式中,L_c 为事先测量获得的测站三维坐标;X_c 为 GNSS 载波相位时间传递中的待估坐标参量;H_c 为相应的系数矩阵;考虑到事先测量的坐标值与待估的坐标参量间可能存在一定的误差,因此给定一定的误差矩阵 e_c 予以约束。

6.1.2.2 对流层参数

如 2.3.2 节所述,当 GNSS 卫星信号穿越大气层时受到对流层的影响使其传播速度减慢,传播路径发生弯曲,因此,为了获取高精度的接收机钟差参数需要准确地修正对流层延迟的影响。在实际数据处理中,通常是将对流层延迟分为干延迟和湿延迟两个分量针对性地予以处理。对于干延迟部分而言,虽然其占了对流层延迟的绝大部分,但可以利用已有的经验模型对其进行准确的模拟,其主要依赖于气压、测站纬度及重力加速度等参数。然而,剩余的湿延迟虽只占较小一部分,但却是对流层延迟中变化最快的一部分,因此在数据处理中通常对湿延迟进行参数化处理并对其进行估计。对流层延迟的变化与天气事件的发生、发展、演变有直接关系,但却与卫星信号频率无关。因此也孕育了新的交叉学科——地基 GNSS 气象学,与此同时,国际 IGS 等服务组织也提供了测站的对流层延迟产品,期待为更加广泛的用户提供服务。

因此,可以利用提前获得的对流层延迟等信息约束 Galileo 载波相位时间传递中的对流层参数,其数学模型可写成

$$L_t = H_t X_t + e_t \tag{6.2}$$

式中,L_t 为事先获得的对流层延迟量;X_t 为 Galileo 载波相位时间传递中的待估对流层参数;e_t 为相应的误差矩阵。

将上述所建立的先验信息数学模型作为虚拟观测量,并结合 Galileo 原始观测量,即可构建基于钟差相关参数约束的 CP 时间传递的数学模型,其表达式可写为

$$\begin{bmatrix} L_k \\ L_i \end{bmatrix} = \begin{bmatrix} H_k \\ H_i \end{bmatrix} X + \begin{bmatrix} e_k \\ e_i \end{bmatrix} \tag{6.3}$$

式中,L_k 为双频 Galileo 观测量的简写形式,H_k 为相应的系数矩阵,e_k 为误差项,

此三个量的确定可参见式(2.12);L_i 为事先获得的测站三维坐标和(或)对流层先验信息。

通过式(6.3)所构建的基于钟差相关参数约束的 CP 时间传递数学模型,并结合第 2 章所述的相关误差处理及参数估计方法,即可获得顾及相关参数约束的接收机钟差解。

6.1.3 算例分析

为了验证基于钟差相关参数约束的 Galileo 载波相位时间传递算法的有效性,本节以中国科学院国家授时中心和美国海军天文台的 Galileo 观测数据所建立的时间传递链路作为研究对象进行算例分析,其相关的测站名称、接收机型号及时间频率源等信息如表 6-1 所示,实验选取了 2016 年 8 月 14 日的观测数据。考虑到实验过程中时间频率变化对时间传递性能的影响和时间传递的实际应用,本节选取了 USN8—USN9 共钟短基线和 USN8—NTS1 长基线两条时间实际传递链路。

表 6-1 顾及钟差相关参数约束的 Galileo 时间传递中所选站点信息表

测站名称	接收机型号	天线型号	时间频率源
USN8	SEPT POLARX4TR	TPSCR.G5	UTC(USNO)
USN9	NOV OEM6	TPSCR.G5	UTC(USNO)
NTS1	SEPT POLARX4TR	SEPCHOKE_MC	UTC(USNO)

在实际 Galileo 载波相位时间传递的数据处理中,为了削弱测站周边环境对接收机获得的卫星信号质量的影响,卫星截止高度角设定为 8°,Galileo 卫星产品采用德国地学中心 GFZ 提供的卫星轨道及钟差产品。利用 Galileo E1、E5 频点的双频观测数据消除电离层一阶项的影响。与此同时,为了保证测站三维坐标的先验信息精度,利用测站多模 GNSS 观测数据中的 3 天 GPS PPP 解的均值构建先验坐标信息,其精度在水平方向优于 1 cm,垂直方向优于 2 cm。考虑到对流层参数与卫星信号频率无关,对流层约束信息也是从 GPS 数据的 PPP 后处理结果中获得,其精度在三个测站上均优于 2 cm。在数据处理过程中,按照式(6.3)建立的模型对测站坐标和对流层参数约束。为了全面分析附加钟差相关参数约束的 Galileo 时间传递性能,本算例从实时和事后两种数据处理模式分别予以评估,共形成了四种实验方案。

方案 1 无附加条件的原始 Galileo 载波相位时间传递数据处理方案(Raw);

方案 2 附加对流层参数约束的 Galileo 载波相位时间传递数据处理方案(Trop);

方案 3 附加测站三维坐标约束的 Galileo 载波相位时间传递数据处理方案(Coord);

方案 4 同时附加测站三维坐标和对流层参数约束的 Galileo 载波相位时间传递数据处理方案（T+C）。

图 6-2 给出了实时模式下的两条时间传递链路的四种数据处理方案的结果，其中图 6-2(a)为 USN8－USN9 共钟短基线链路的结果，图 6-2(b)为 USN8－NTS1 长基线链路的结果。考虑到实时模式下 GNSS 载波相位时间传递初始阶段存在收敛时段，为了对比分析四种数据处理方案的结果，定义在方案 1 中坐标收敛到 0.1 m 时所处的历元为收敛完成的初始历元，其他方案也参照此历元。

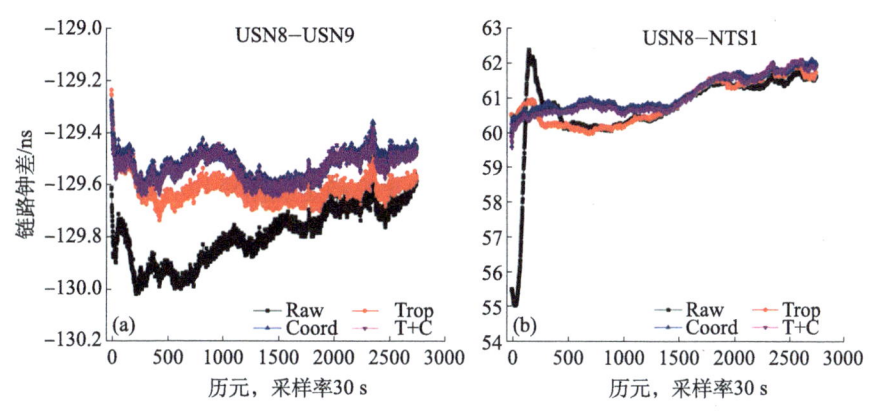

图 6-2 实时模式下的两条时间传递链路不同方案的 Galileo CP 钟差序列

对于 USN8－USN9 的共钟短基线而言，由于基线两端的测站均采用了 UTC(USNO)的相同时间频率源，其链路钟差理论上主要包含相关的硬件延迟，其链路钟差在短期内也是相对比较稳定的，因此通过分析不同数据处理方案所获得的硬件延迟的精度即可评估这些方案的数据处理性能。从图 6-2(a)中可以看出，四种方案在收敛后的前期依然存在不稳定的现象。整体上，方案 1 链路的钟差序列存在明显的趋势项，附加约束条件的其他方案的钟差序列均有所改善，其收敛速度也明显加快，钟差序列呈现相对稳定的变化趋势。通过对链路钟差序列的统计（如表 6-2 所示）可以看出，相对于不加任何约束的方案 1，其他附加约束条件的方案在标准差指标上均有明显的改善，三种方案分别改善了 51.4%，47.6%，49.5%。

表 6-2 实时模式的 USN8－USN9 链路钟差序列的统计结果 （单位：ns）

方案	标准差	最小值	中值	最大值
方案 1(Raw)	0.105	−130.019	−129.784	−129.562
方案 2(Trop)	0.051	−129.740	−129.628	−129.239
方案 3(Coord)	0.055	−129.643	−129.516	−129.276
方案 4(T+C)	0.053	−129.650	−129.530	−129.291

从图 6-2(b)中可以看出,虽然方案 1(Raw)在测站坐标上已经收敛到了 0.1 m,但是其钟差序列并没有完全收敛,其速度明显慢于其他附加条件约束的方案,钟差序列的变化趋势也不及其他方案的稳定。对于 USN8－NTS1 长基线链路的评价,很难用一把测量精度更好的"尺子"来评估不同数据处理方案的性能。与此同时,考虑链路其配备的不同时间和频率信号在时间传递过程中也是连续运行的,而不是固定不变的。因此,也不能用常规的统计手段进行分析。值得关注的是,虽然在时间传递中不同的时间频率源连续运行,但是其影响对于四种不同的数据处理方案是相同的。因此,我们用阿伦方差评价不同数据方案的性能。考虑到图 6-2(b)中方案 1(Raw)在初始阶段存在不稳定的时间段,所以在对比分析不同方案的阿伦方差时,只计算第 500 个历元后的钟差序列。图 6-3 给出了四种方案的阿伦方差对比结果,表 6-3 给出了相应的参数值。结合图表可以看出,平均时间(Average Time,Tau)间隔在 1000 s 以内时,四种方案的频率稳定度差异并不明显,Tau 在大于 1000 s 时,附加约束条件的数据处理方案明显优于方案 1,尤其是 Tau 在 15360 s 处更为明显。

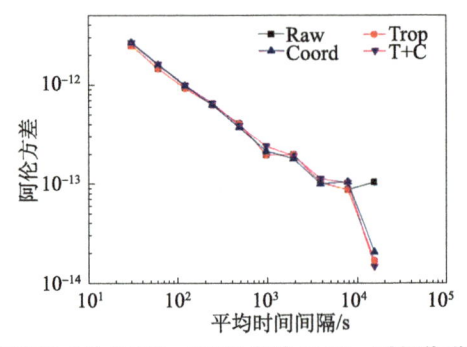

图 6-3 实时模式的 USN8－NTS1 链路 Galileo 时间传递的阿伦方差

表 6-3 实时模式的 USN8－NTS1 链路 Galileo 时间传递的阿伦方差

平均时间间隔/s	方案 1(Raw)	方案 2(Trop)	方案 3(Coord)	方案 4(T+C)
30	7.23E－13	7.23E－13	7.22E－13	7.24E－13
60	3.56E－13	3.55E－13	3.56E－13	3.55E－13
120	2.07E－13	2.07E－13	2.06E－13	2.07E－13
240	1.09E－13	1.07E－13	1.07E－13	1.07E－13
480	6.36E－14	5.79E－14	5.76E－14	5.73E－14
960	4.73E－14	3.76E－14	3.79E－14	3.72E－14
1920	1.73E－14	1.87E－14	1.74E－14	1.72E－14
3840	1.48E－14	1.40E－14	1.17E－14	1.21E－14
7680	1.42E－14	1.14E－14	1.26E－14	1.23E－14
15360	9.98E－15	1.09E－14	8.71E－15	9.05E－15

图 6-4 给出了事后模式的两条时间传递链路不同方案 Galileo CP 时间传递钟差序列对比结果。由于事后模式中可利用参数估计方法对数据进行反复处理以便消除 CP 技术中初始时段的收敛过程,因此其链路钟差序列相对于实时模式较为稳定。从图 6-4(a) 的 USN8—USN9 短基线的钟差序列中可以看出,实时模式中附加约束条件的三类钟差序列与未加约束的钟差序列的差异并不明显,表 6-4 的统计结果也显示出同样的结论。其原因主要是在事后模式中,各类观测误差处理均较为完善,特别是载波相位模糊度参数的估计相对于实时模式估计的更加准确,附加约束条件后优势并不显著,图 6-4(b) 的四种方案的钟差序列也呈现出类似现象。

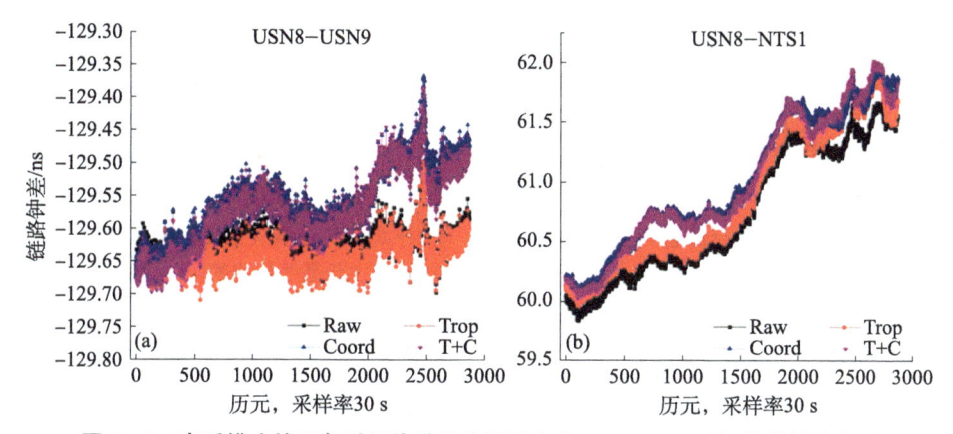

图 6-4 事后模式的两条时间传递链路不同方案 Galileo CP 时间传递钟差序列

表 6-4 事后模式的 USN8—USN9 链路时间传递的统计结果 （单位:ns）

方案	标准差	最小值	中值	最小值
方案 1(Raw)	0.023	−129.697	−129.629	−129.501
方案 2(Trop)	0.025	−129.710	−129.645	−129.498
方案 3(Coord)	0.056	−129.688	−129.566	−129.368
方案 4(T+C)	0.057	−129.697	−129.574	−129.386

对比分析图 6-4(a) 中四种不同方案的钟差序列,可以明显地看出附加测站坐标参数约束的两种方案使得链路的钟差序列相对于其他两种方案均产生一定的倾斜,说明测站坐标参数容易造成钟差序列发生异常,这与前人基于 GPS 载波相位时间传递中得出的结论相一致。为了更加深入分析测站坐标的不同分量对于 Galileo CP 时间传递的影响,在三个坐标分量中分别加入了 1 m 的误差,通过将其与未加入误差的钟差序列标准差相比较,三个分量的 1 m 的误差引起的钟差序列标准差百分比如图 6-5 所示,从图 6-5 中可以看出,测站坐标的 Y 分量对钟差序列的影响最大,X 方向次之,Z 方向最小。因此,在附加测站坐标参数的 Galileo CP 时间传递

中,需要使用更加准确的坐标,尤其是Y方向的坐标精度更需要保证。

类似地,图6-6和表6-5给出了事后模式的USN8－NTS1长基线链路的阿伦方差,结合两者,同样可以看出附加约束条件的Galileo CP时间传递方法相对于不加约束的在事后模式中的优势并不显著,究其原因主要是事后模式中各个参数都能通过函数模型得到较好的估计,而先验的测站坐标和对流层参数信息对待估参数的贡献并不显著。特别是对于坐标约束而言,应该提高其先验信息的精度。

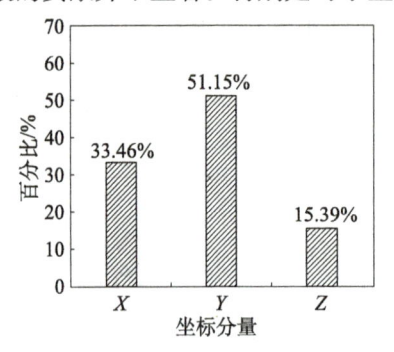

图6-5 测站坐标分量对链路钟差序列影响百分比

图6-6 事后模式的USN8－NTS1长基线链路的阿伦方差

表6-5 事后模式的USN8－NTS1长基线链路时间传递的阿伦方差

平均时间间隔/s	方案1(Raw)	方案2(Trop)	方案3(Coord)	方案4(T+C)
30	7.60E－13	7.66E－13	7.60E－13	7.66E－13
60	4.44E－13	4.48E－13	4.44E－13	4.48E－13
120	2.79E－13	2.81E－13	2.79E－13	2.81E－13
240	1.72E－13	1.72E－13	1.71E－13	1.73E－13
480	1.30E－13	1.28E－13	1.30E－13	1.29E－13
960	4.76E－14	5.41E－14	4.69E－14	5.39E－14
1920	3.90E－14	4.56E－14	3.76E－14	4.54E－14
3840	3.52E－14	4.02E－14	3.29E－14	4.15E－14
7680	2.21E－14	2.15E－14	2.45E－14	2.56E－14
15360	2.03E－14	1.54E－14	1.93E－14	1.58E－14

6.1.4 实验小结

本节提出了附加钟差相关参数约束的Galileo载波相位时间传递方法,分别从测站三维坐标和对流层参数的角度出发,构建了先验约束信息和数学模型,以中国科学院国家授时中心和美国海军天文台建立的两条时间传递链路作为研究对象,从实时和事后两种模式验证了该方法的时间传递性能。

在实时模式中,附加钟差相关参数约束的Galileo载波相位时间传递方案较未加约束的数据处理方案呈现显著的优势。对于共钟短基线 USN8－UNS9 链路而言,附加对流层参数、测站坐标参数及两个参数均约束的结果较未加约束的标准差分别提升 51.4%,47.6% 和 49.5%。在长基线 USN8－NTS1 链路中,附加先验信息约束结果的频率稳定度明显优于未加约束的结果,特别是在 Tau 大于 10000 s 时更加突出。

在事后模式中,由于采用序贯最小二乘正反滤波的数据处理策略,消除了 Galileo CP 时间传递初始阶段的收敛过程,函数模型中各个待估参数也能更加准确地解算。因此,附加钟差相关参数约束的 Galileo CP 时间传递的优势并不显著。不论是共钟短基线还是长基线的结果,均说明了这一点。

通过对比三种不同的参数约束方案(方案 2、方案 3 和方案 4)可以看出,虽然对流层参数只提供了一维先验信息,但其参数约束的效果与测站坐标三维信息的参数约束效果相当,因此在附加钟差相关参数约束的 Galileo CP 时间传递中,应重点关注对流层参数信息的约束。与此同时,通过对测站三维坐标信息精度的分析,可以认为 Y 坐标分量的精度对时间传递的性能影响更大。

6.2 附加钟差模型增强的 GNSS 时间传递方法

6.2.1 引言

传统的 GNSS CP 时间传递方法与大地测量中的 PPP 方法类似,其数学模型及相关参数处理过程也基本相同,不同之处在于 PPP 方法更加关注测站三维坐标信息参数的获取,而 GNSS CP 时间传递中主要以如何高精度地获取接收机钟差参数解为兴趣点。在大地测量领域,由于测站的三维坐标信息参数为数据处理的目标参数,因此是将接收机钟差等参数作为误差源进行处理的。通常情况下,利用白噪声的随机过程对接收机钟差进行模拟并予以估计,这种处理方法一方面可以吸收其他误差处理过程中未被误差模型完全改正的残余误差项,即使存在较大的误差项,也容易被其吸收,对坐标参数估计的影响也会相应地减弱;另一方面这种方法适用于大地测量实际应用中大量配备诸如石英钟等低性能接收机内部晶振的现状,因为低性能的内部晶振的稳定度通常较差,其在测量过程中的变化量也比较大,若利用建模的方式进行处理显然会影响 PPP 方法在大地测量中的适用性。

与 PPP 方法在大地测量中的应用不同,GNSS 时间传递技术主要是实现位于两地的高性能时间频率源之间的信息传递,但是传统 CP 方法和大地测量中经典的 PPP 的数据处理相同,并未兼顾时间频率源的物理信息,特别是忽略了接收机钟差参数在相邻历元间变化可能较为平稳的有效信息。

事实上,近年来随着 IGS 跟踪站网络硬件设备的不断升级,已有近百个跟踪站

(接收机端)配置了高准确度和高频稳度的氢原子钟、铷原子钟或铯原子钟。在大地测量领域中,广大学者通过对这些高性能的接收机钟进行建模和预报的研究,并基于此削弱了 PPP 定位中接收机钟差、测站高程以及天顶对流层延迟三者之间的相关性,进一步提升了测站高程方向的测量精度。在时间频率领域中,广大学者针对钟差建模和预报开展了广泛的研究,郭海荣等利用顾及随机噪声的卡尔曼滤波进行不同时长的钟差预报研究,得出了一些有意义的结论;黄观文结合原子钟自身的物理特性,构造了抗差二次多项式钟差拟合模型,取得了较好的效果;王宇谱等利用附有周期项的二次多项式模型对卫星钟差的趋势项与周期项进行拟合和提取,并采用抗差最小二乘配置实现了钟差模型的建立。在时间传递应用中,于合理等学者利用卡尔曼滤波对高稳定度的原子钟钟差进行建模,显著提高时间传递结果的精度和稳定性。

总体而言,国内学者对于星载原子钟的建模和预报研究较多,对于地面上用于时间传递的原子钟研究相对较少,特别是针对国际时间实验室中已经驾驭过的时间频率源特征的建模和时间传递的研究甚少。因为在实际应用中,时间传递工作绝大多数集中在时间实验室所建立和维持的 UTC(k)时间频率信号之间,这些时间频率信号较普通的氢原子钟、铷原子钟或铯原子钟的性能更优,同时利用时频频率的驾驭方法对其信号进行了实时控制,去掉了明显钟的趋势项。因此,针对这些问题,本章通过对常用钟差模型的研究和分析,提出了一种附加钟模型信息约束时间传递方法,并通过算例分析了本节所提算法在 UTC(k)时间传递中的优越性和精度。

6.2.2 常用的钟差模型

6.2.2.1 多项式模型

多项式模型主要是指利用原子钟钟差序列的线性项建立的数学模型,通常分为一阶模型、二阶模型及高阶模型。其简单实用、物理意义明确,通常可表示为如下形式:

$$x_i = a_0 + a_1 t_i + a_2 t_i^2 + \cdots + a_m t_i^m + e_i \quad (0 \leqslant i \leqslant n) \tag{6.4}$$

其中,x_i 为 t_i 时刻的原子钟钟差值;$a_0, a_1, a_2, \cdots, a_m$ 为 m 阶参数的系数,m 为多项式的阶数;e_i 为模型误差。

6.2.2.2 谱分析模型

一般地,在顾及线性项的情况下,钟差的谱分析模型可以表示为

$$x_i = a_0 + b_0 t_i + \sum_{k=1}^{p} A_k \sin(2\pi f_k t_i + \varphi_k) + e_i \tag{6.5}$$

其中,a_0、b_0 分别为线性项的系数;f_k 为对应周期项的频率;A_k、φ_k 分别为对应周期项的振幅和相位;p 为显著周期项函数的个数;e_i 为 x_i 的残差;p 和 f_k 可由频谱分析的方法确定。

6.2.2.3 灰色模型

灰色模型是邓聚龙教授于 20 世纪 80 年代创立的一种信息处理方法，主要是利用元素序列之间的关联程度分析和建立相关模型的数学分析方法，因此其对样本的大小没有过分要求，其数据处理量也相对较小。灰色预测系统主要是指部分信息已知、部分信息未知的系统。信息完全已知状态设为"白色"，信息缺乏状态设为"黑色"，它是以中间的灰色模块为基础，通过对原始数据进行累加或累减生成新的数据序列，然后对生成的数据序列进行建模。在实际应用中，对于一组原始钟差序列：

$$x^{(0)} = \{x^{(0)}(1), x^{(0)}(2), x^{(0)}(3), \cdots, x^{(0)}(n)\} \tag{6.6}$$

令

$$x^{(1)}(k) = \sum_{i=0}^{k} x^{(0)}(k), \quad k = 1, 2, \cdots, n \tag{6.7}$$

通过式(6.7)的一次累加操作，形成的新数列可对应为

$$x^{(1)} = \{x^{(1)}(1), x^{(1)}(2), x^{(1)}(3), \cdots, x^{(1)}(n)\} \tag{6.8}$$

在 GM(p,q) 模型中，p 表示基于对新数列进行微分操作的阶数，q 表示模型中变量的格式。考虑到在 UTC(k) 的远程精密时间传递中，其时间频率源信号都获得了时间实验室较好的驾驭和维护，因此本章采用 GM(1,1) 模型，即对新数列进行一阶微分操作，同时由于接收机钟差序列是一维数据，因此变量也仅有一个。即对 $x^{(1)}$ 进行一阶微分处理：

$$\frac{\mathrm{d} x^{(1)}}{\mathrm{d} t} + a \cdot x^{(1)} = u \tag{6.9}$$

式中，a 为发展系数，u 为灰作用量，均为模型参数。当 $n \geqslant 4$ 时，可采用回归分析的方法对这两个参数进行求解，进而建立起钟差序列的灰色预测模型：

$$\hat{y}^{(1)}(n+p) = \left(y^{(0)}(1) - \frac{u}{a}\right) \cdot \mathrm{e}^{-a \cdot (n+p-1)} + \frac{u}{a} \tag{6.10}$$

基于此，可实现短期钟差的预测：

$$\hat{y}^{(0)}(n+p) = \hat{y}^{(1)}(n+p) - \hat{y}^{(1)}(n+p-1) \tag{6.11}$$

式中，p 为预测元素的个数。

灰色模型的优点是不需要大样本的原始数据，只需要少量的已知数据（理论上只要原始数列有 4 个以上数据）就可以建立灰色模型，减少了数据使用量，提高了建模效率。

6.2.3 附加钟差模型增强的时间传递方法

考虑到时间传递工作大多集中在位于两地的高性能的原子钟或者 UTC(k) 之间，其时间频率在相邻历元间的变化也相对比较平稳，因此本章提出了附加钟差模

型增强的时间传递方法。其主要思想是,虽然在时间传递过程中的时间频率源是实时变化的,但是其在相邻历元间是存在一定的相关性的,特别是相邻程度越大,相关性也越大,所以可以通过前面历元获取的接收机钟差序列信息,利用相邻历元间的关联关系建立钟差序列的预报模型,并预测下一历元的接收机钟差值,然后将其作为虚拟观测值构建该历元的 GPS CP 时间传递模型,最终获得接收机钟差的最小二乘解。考虑到灰色模型不需要大样本的钟差序列,建模效率高等特点,本节着重介绍灰色模型 GM(1,1)的附加钟差模型增强的时间传递方法,其数学模型可写为

$$\begin{bmatrix} L_o \\ L_m \end{bmatrix} = \begin{bmatrix} A_o \\ A_m \end{bmatrix} \cdot X + \begin{bmatrix} e_o \\ e_m \end{bmatrix} \tag{6.12}$$

式中,L_o 为 GPS 观测量的简写形式,A_o 为相应的系数矩阵,e_o 为误差项,此三个量的确定也可参见式(2.12)。L_m 为基于钟差模型的当前历元钟差预测量,A_m 为系数矩阵。

由于灰色模型 GM 需要一定量的钟差序列积累才能准确地实现模型的建立,因此在实际数据处理中,当钟差序列积累到一定长度后,再启动钟差灰色模型来增强 GPS 时间传递的可操作性,利用滑动窗口模式实时建立钟差预报的灰色模型。图 6-7 给出了钟差灰色模型建模的滑动窗口设计示意图,窗口的滑动步长设定为一个历元,考虑到传统 GPS CP 方法存在一定的初始收敛阶段,因此将收敛结束历元距离初始历元的时间长度设定为该滑动窗口的大小,同时实现该窗口下的第一次灰色模型建立并预测下一历元的钟差量,在下一历元处结合式(6.12)完成第一次附加钟差模型增强的时间传递中接收机钟差的估计。接着将上一次灰色模型的滑动窗口移动一个步长,结合该估计量,完成下一次的钟差预报,依次循环。

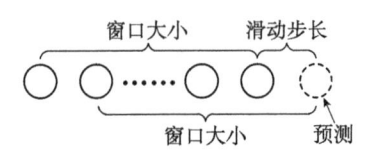

图 6-7 钟差灰色模型建模的滑动窗口设计

6.2.4 算例分析

为了验证附加钟差模型增强的时间传递方法的性能,选取五个参与国际 UTC 计算的时间实验室所属 GPS 观测站作为研究对象进行实验分析,这些观测站均外接有各自实验室建立和保持的 UTC(k),其接收机型号、天线型号、时间频率源以及位置信息如表 6-6 所示。考虑到配备有 UTC(PTB)时间频率源的 PT11 站通常作为国际时间传递工作的中心站,因此在本实验也以 PT11 站为中心建立了四条国际时间传递链路作为时间传递实验分析的对象,其链路名称及长度如表 6-7 所示,实验选取了 MJD 58331 到 MJD 58341 共计 11 天的观测数据。

表 6-6　附加钟差模型增强的时间传递中所选站点信息

站名	GNSS 接收机型号	天线型号	时间频率源	位置
PT11	SEPT POLARX4TR	LEIAR25.R4	UTC(PTB)	52.2°N,10.4°E
TLT4	SEPT POLARX4TR	SEPCHOKE_B3E6	UTC(TL)	24.9°N,121.1°E
WAB2	SEPT POLARX5TR	SEPCHOKE_B3E6	UTC(CH)	46.9°N,7.5°E
USN9	NOV OEM6	TPSCR.G5	UTC(USNO)	38.9°N,77.1°W
NTSC	SEPT POLARX4TR	SEPCHOKE_MC	UTC(NTSC)	34.4°N,109.2°E

表 6-7　时间传递链路长度

时间传递链路	链路长度/km
WAB2—PT11	635.3
USN9—PT11	6274.8
NTSC—PT11	7170.5
TLT4—PT11	8382.7

考虑到接收机钟差模型的精度直接决定了钟差预报值所形成的虚拟观测值的质量，因此本节首先利用传统的 GPS CP 方法对所选站点的接收机钟差进行求解，将其作为"真值"对基于滑动窗口的灰色预报模型获得预报值精度进行验证分析。图 6-8 给出了五个测站的灰色预报模型GM(1,1)的接收机钟差(Forecast)与传统 GPS CP 方法估计的(Original)钟差序列对比结果，其中竖轴表示接收机内部时间参考与 IGST 之间的钟差。为了更加清楚地显示两个钟差的序列的不同，统一将预报序列向上平移了 1 ns。从图 6-8 中可以看出，在五个测站上，接收机钟差的预报序列与实际计算序列变化趋势均呈现出显著的一致性。

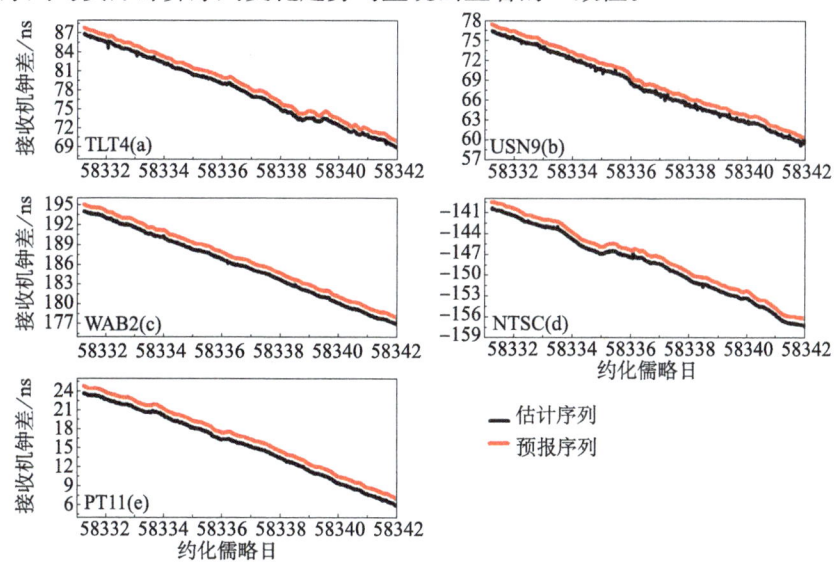

图 6-8　接收机钟差的灰色预报模型序列与传统 GPS CP 方法估计序列对比图

为了深入分析预报序列的精度,对接收机钟差的预报序列相对于实际计算序列的残差进行了分析,图 6-9 给出了残差的分布情况及其相关的统计信息,图中黑线表示正态分布曲线。从图 6-9 中可以明显地看出,灰色预报模型 GM(1,1) 所获得的预报量的残差在所有测站处均较好地符合正态分布规律,其平均值在 −0.0011～0.0007 ns。与此同时,通过对残差标准差的统计,得到其数值在 TLT4 站、USN9 站、WAB2 站、NTSC 站和 PT11 测站分别为 0.0783 ns、0.0680 ns、0.0425 ns、0.0540 ns 和 0.0452 ns,所有测站处的标准差的平均值为 0.0576 ns。与此同时,图 6-10 代表性地给出了 WAB2 站和 PT11 站两种方案的接收机钟差历元间一次差分序列对比结果。从图 6-10 中可以对比看出,灰色预报模型 GM(1,1) 预测的钟差序列噪声更低,其历元间的相关性也更强。

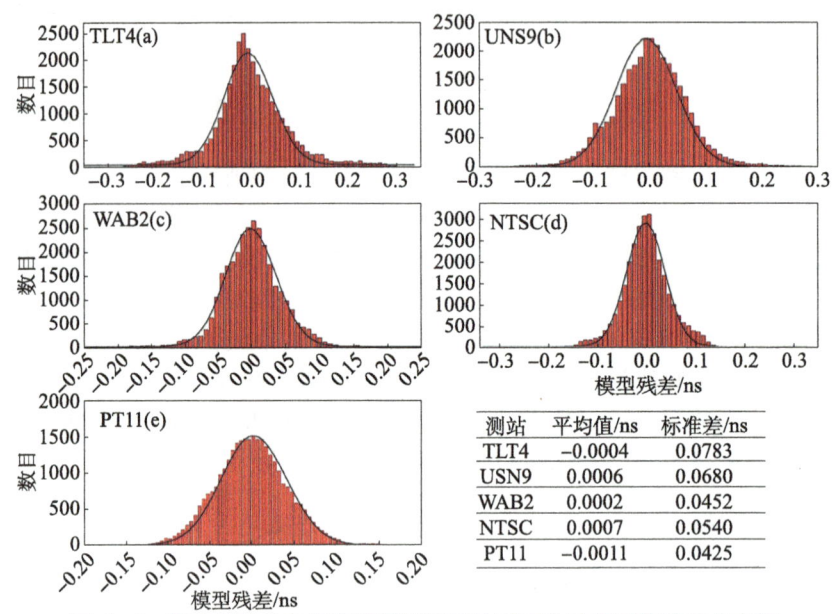

测站	平均值/ns	标准差/ns
TLT4	−0.0004	0.0783
USN9	0.0006	0.0680
WAB2	0.0002	0.0452
NTSC	0.0007	0.0540
PT11	−0.0011	0.0425

图 6-9　接收机钟差灰色预报模型序列相对于估计序列的残差分布图

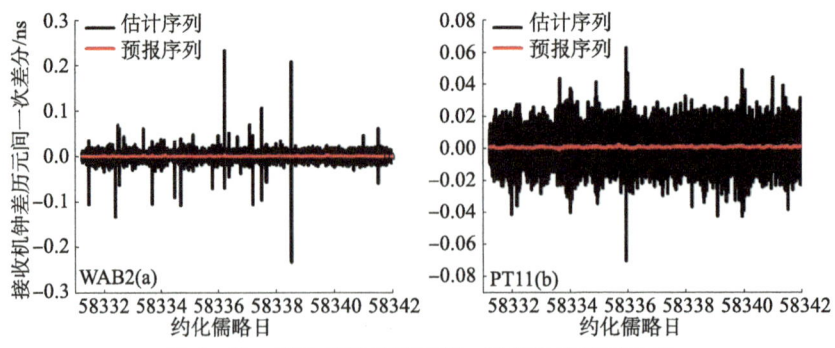

图 6-10　接收机钟差历元间一次差分序列对比图

第6章 附加先验信息约束的 GNSS 时间传递方法

从灰色预报模型 GM(1,1) 所预报的接收机钟差序列的这些结果中可以看出，该模型能够有效利用接收机钟差在相邻历元间的相关性进行钟差的预报，进一步形成低噪声、高精度的虚拟观测值，为实现附加钟差模型增强 GPS 时间传递奠定了坚实的基础。

接下来，本节着重对附加灰色模型 GM(1,1) 增强的 GPS CP 时间传递方法进行算例分析，其研究对象为上文所建立的四条 UTC(k) 的国际时间传递链路，并设计了两种数据处理方案进行对比分析。

方案1 利用传统的 GPS CP 时间传递方法进行数据处理，其接收机钟差参数是按照白噪声的随机过程进行处理的(Raw);

方案2 利用附加灰色模型 GM(1,1) 增强的 GPS CP 时间传递方法进行数据处理(Model)。

图 6-11 给出了两种方案获得的四条时间传递链路的钟差序列对比结果，从图 6-11 中可以看出，两种方案钟差序列的量值和变化趋势较为一致。为了验证附加灰色模型 GM(1,1) 增强的 GPS CP 时间传递方法的有效性，从时间传递链路的噪声水平、"天跳"量以及频率稳定度三个方面分别对两种方案的链路钟差序列予以验证。

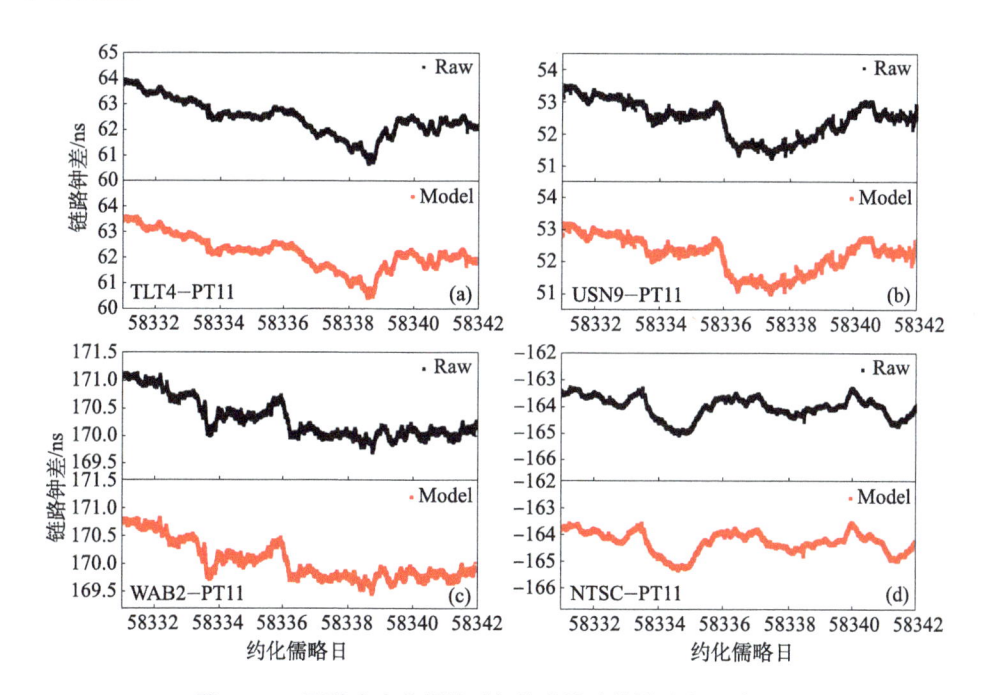

图 6-11 两种方案获得的时间传递链路的钟差序列对比图

在时间传递链路的噪声水平方面,分别利用卡尔曼滤波通过两种数据处理方案获得的链路钟差序列的平滑,将各自序列的平滑值作为"真值"进一步求得链路钟差序列 RMS。表 6-8 统计了两种方案在四条时间传递链路上的 RMS。从表 6-8 中可以看出,附加灰色模式GM(1,1)增强的 GPS CP 时间传递方法较传统 GPS CP 技术在链路噪声水平上略有改善,最大改善在 NTSC—PT11 链路上,其改善幅度为 7.692%,四条链路的平均改善幅度 3.679%。

表 6-8 时间传递链路的钟差序列相对于平滑值的 RMS 统计

数据处理方案	时间传递链路/ns			
	TLT4—PT11	USN9—PT11	WAB2—PT11	NTSC—PT11
方案 1(Raw)	0.048	0.048	0.035	0.039
方案 2(Model)	0.047	0.047	0.034	0.036
改善幅度/%	2.083	2.083	2.857	7.692

鉴于 GPS CP 技术中的"天跳变"现象严重影响了精密时间传递的连续性。因此,将相邻两天间"天跳"量作为评价指标进行对附加灰色模型 GM(1,1)增强的 GPS CP 时间传递方法性能的评估。为了削弱链路钟差序列的粗差对于"天跳"量的影响,参照第 3 章中的计算策略,分别取相邻两天连接处 23:55:00—23:59:30 和 00:00:00—00:04:30 子弧段钟差量的平均值计算其"天跳"量。图 6-12 给出了从两种方案获得的链路钟差计算得到的"天跳"量对比结果。从图 6-12 中可以看出,在四条链路 11 天的时间传递实验中,所有连接点(10 个)处附加灰色模型 GM(1,1)增强的 GPS CP 时间传递方法的"天跳"量较传统方法均有明显的减小。"天跳"量绝对值的平均量由传统方案的 0.019 ns 减小到 0.017 ns,平均改善幅度为 13.1%。通过对其进行统计,获得传统方案的"天跳"量的平均值和标准差分别为 0.9 ps 和 26.1 ps,而附加灰色模型 GM(1,1)的 GPS CP 时间传递方案"天跳"量的平均值和标准分别为 -0.2 ps 和 22.8 ps。

时间传递链路的频率稳定度是检验时间传递方案的重要指标,图 6-13 给出了两种方案获得的阿伦方差对比结果。从图 6-13 中可以明显地看出,附加灰色模型 GM(1,1)增强的 GPS CP 时间传递方法较传统方法的稳定度更优,在四条时间传递链路不同时间间隔处均有体现,特别在10000 s 内更加明显。表 6-9 统计了附加灰色模型 GM(1,1)增强的 GPS CP 时间传递方案较传统方案在 10000 s 的改善幅度。从表 6-9 中可以看出,改进后的模型能够显著改善时间传递的频率稳定度,其平均幅度在 TLT4—PT11、USN9—PT11、WAB2—PT11、NTSC—PT11 链路上分别为 10.229%、11.984%、10.646%、8.354%。

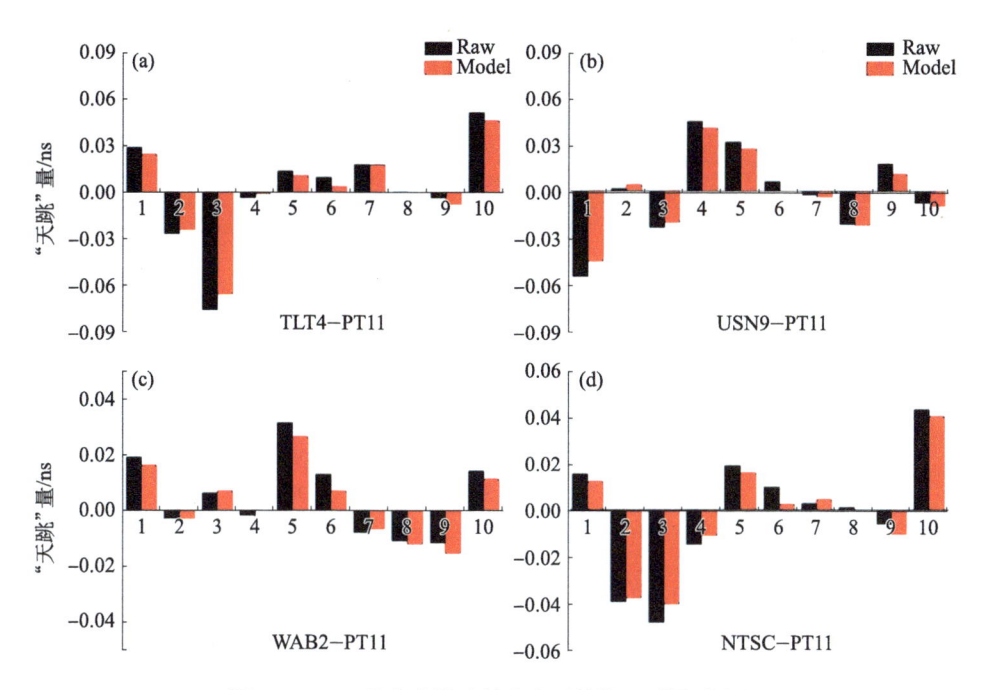

图 6-12 两种方案链路钟差序列的"天跳"量对比图

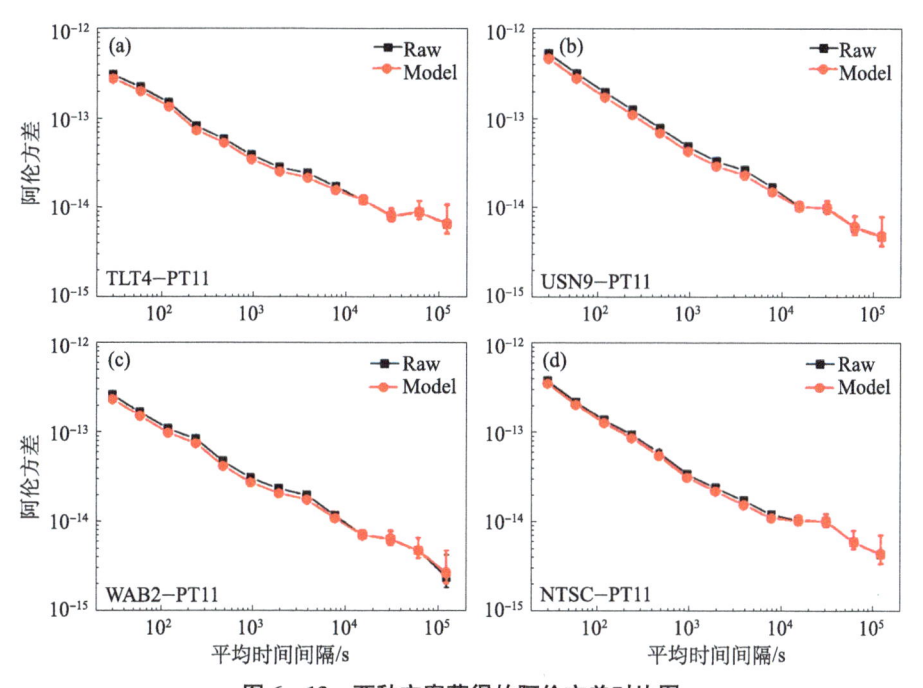

图 6-13 两种方案获得的阿伦方差对比图

表 6-9 改进方案相对于传统方案的频率稳定度改善幅度

平均时间间隔 /s	时间链路/%			
	TLT4－PT11	USN9－PT11	WAB2－PT11	NTSC－PT11
30	10.081	12.071	10.493	7.559
60	9.516	12.103	9.979	7.350
120	9.889	12.171	10.864	8.040
240	10.852	12.206	11.026	8.351
480	10.091	12.178	11.595	8.047
960	10.565	12.078	11.527	8.626
1920	10.831	11.705	11.588	8.523
3840	11.648	11.966	11.671	10.440
7680	8.587	11.374	7.066	8.248
平均值	10.229	11.984	10.646	8.354

6.2.5 实验小结

本节针对传统 GPS CP 时间传递方法中忽视了时间频率源在历元间相关性的问题，提出了附加钟差模型增强的 GPS CP 时间传递方法，并给出了函数模型和数据处理方法，最后利用参与 UTC 计算的五个国际时间实验室的 GPS 观测数据对该方法的性能进行了实验验证，可得出如下结论与建议。

一方面，灰色预测模型 GM(1,1)可以有效利用接收机钟差在历元间的相关性，实时、高效地对接收机钟差进行预报，预报量的残差在所选测站上较好地符合正态分布规律，残差平均值位于-0.0011～0.0007 ns，标准差在 TLT4 站、USN9 站、WAB2 站、NTSC 站和 PT11 站分别为 0.0782 ns、0.0680 ns、0.0452 ns、0.0540 ns 和 0.0452 ns，平均值为 0.0581 ns，与此同时，灰色预报模型 GM(1,1)获得的钟差序列噪声更低，其历元间的相关性也更强。

另一方面，附加灰色模型 GM(1,1)增强的 GPS CP 时间传递方法顾及了接收机钟差在历元间的相关性，使得其较传统时间传递方法在时间传递链路的噪声水平、"天跳变"程度以及频率稳定度三个方面均呈现出优越性。在时间传递链路的噪声水平方面，新方法在四条链路上的平均改善幅度为 3.679%。在"天跳"量的对比中，附加灰色模型 GM(1,1)增强的 GPS CP 时间传递方法获得的"天跳"量较传统方法均有明显减小，"天跳"量绝对值的平均量由传统方案的 0.019 ns 减小为 0.017 ns，平均改善幅度为 13.1%。此外，附加灰色模型 GM(1,1)增强的 GPS CP 时间传递方法显著改善时间传递的频率稳定度，其平均幅度在 TLT4－PT11、USN9－PT11、WAB2－PT11、NTSC－PT11 链路上分别为 10.229%、11.984%、10.646%、8.354%。

因此，鉴于附加钟差模型增强的时间传递方法的优势，建议在时间传递的实际工作中应该充分挖掘时间频率源的自身特点,并基于此提升传统 GPS CP 技术的时间传递性能。

6.3 本章小结

针对传统 GNSS CP 时间传递中在先验信息顾及方面的不足,本章以 GNSS CP 时间传递的性能提升为出发点,以接收机钟差的高精度求解为抓手,从 GNSS CP 函数模型中的钟差相关参数和钟差本身出发,分别构建了附加先验信息约束的 CP 时间传递方法,给出了相关函数模型和数据处理方法,并通过算例对该方法进行了性能验证,取得了较好的效果。

在附加钟差相关参数约束的 Galileo 载波相位时间传递方法中,本章从测站三维坐标和对流层参数的角度出发,构建了先验约束信息和数学模型,以长基线和共钟短基线为研究对象分别从实时和事后两种模式验证了该方法的时间传递性能。在实时模式中,附加钟差相关参数约束的 Galileo 载波相位时间传递方案相对于未加约束的数据处理方案呈现显著的优势。在共钟短基线 USN8－UNS9 链路中,附加对流层参数、测站坐标参数及两个参数均约束的结果较未加约束的标准差分别提升51.4%、47.6%和49.5%。在长基线 USN8－NTS1 链路中,附加先验信息约束结果的频率稳定度明显优于未加约束的结果,特别是在大于 10000 s 时更为明显。在事后模式中,附加钟差相关参数约束的 Galileo CP 时间传递的优势并不显著。

在附加钟差参数先验信息的 CP 时间传递中,本章提出的钟差模型增强的 GPS 时间传递方法充分利用了接收机钟差相邻历元间的相关性,给出了函数模型和数据处理方法,通过算例验证了该方法的优越性。结果表明,附加灰色模型 GM(1,1)增强的 GPS CP 时间传递方法较传统时间传递方法在时间传递链路的噪声水平、"天跳变"程度以及频率稳定度三个方面均呈现出优越性。在时间传递链路的噪声水平方面,该方法在四条链路上的平均改善幅度为 3.679%。在"天跳"量的对比中,附加灰色模型 GM(1,1)增强的 GPS CP 时间传递方法获得的"天跳"量较传统方法均有明显减小,平均改善幅度为 13.1%。与此同时,在频率稳定度方面,该方法在 TLT4－PT11、USN9－PT11、WAB2－PT11、NTSC－PT11 链路上的平均改善幅度分别为 10.229%、11.984%、10.646%、8.354%。

第 7 章

增强信息约束的 GNSS 精密时间传递方法

7.1 引　言

在 GNSS 远程时间传递中，GNSS CV 方法以其计算简单、易于实现等特点，得到了国内外学者的广泛关注。在数据处理中，GNSS CV 方法主要是利用了时间传递链路两端不同测站之间的相关性，通过共视同一颗 GNSS 卫星来削弱时间传递中的观测误差，进一步提升 GNSS 时间传递的精度。对于传统 GNSS 载波相位时间传递而言，则是通过在两个测站分别观测误差的改正和精密计算来获取接收机钟差参数，进一步实现远程亚纳秒量级的时间传递精度。因此，在传统 GNSS 载波相位时间传递数据处理中并没有利用时间传递链路两端测站的相关性。

事实上，虽然在 GNSS 载波相位时间传递中可以对观测误差进行准确改正，但是误差改正模型大多是基于经验模型建立的，其对于不同的测站的误差改正并不彻底，难免存在部分残差未能准确修正。因此，在 GNSS 载波相位时间传递中可以参考共视时间传递的思想，利用时间传递两端观测站的相关性对一些诸如卫星轨道和钟差、对流层误差进行消除或削弱，以便进一步提升传统 GNSS 载波相位时间传递的性能。因此，本章提出了基于增强信息约束的 GNSS 精密时间传递方法，通过对其数学模型的构建进行研究，并结合时间传递实验对其性能进行了分析。下面将对其进行进一步介绍。

7.2　GNSS 增强信息获取

一般地，GNSS 载波相位时间传递中的常用的伪距和载波观测量可以分别表示为

$$P = \rho + c \cdot dt_r + d_{trop} + d_{ion} + M(P) + \varepsilon(P) \tag{7.1}$$

$$\Phi = \rho + c \cdot dt_r + d_{trop} - d_{ion} + M(\Phi) + N + \varepsilon(\Phi) \tag{7.2}$$

其中，P 和 Φ 分别为伪距和载波相位观测量；ρ 为卫星与接收机间的几何距离；c 为光速；dt_r 为接收机钟差；d_{ion} 和 d_{trop} 分别为电离层和对流层延迟；M 表示诸如固体潮汐、海洋潮汐、地球自转、相对论效应、天线相位中心及多路径误差；N 为模糊度；ε 为测量噪声。

在时间传递的实际工作中，位于链路两端的测站位置相对固定，其坐标参数可以高精度地获得，因此可以将其作为先验信息进行固定，以此来获得对未知参数求解的优势。在 GNSS 增强信息获取中，我们暂将时间传递的一端的测站记为参考站，另一端记为用户站。因此，可将式(7.1)和式(7.2)进行相关误差改正后进一步写成

$$\hat{L}_{1P} = L_{1P} - model_{1P} = A_1 X_1 + B_1 \, dt_{r1} + d_{1trop} + d_{1ion} \\ + unmodel_{1P} + \varepsilon(P_1) \tag{7.3}$$

$$\hat{L}_{1\phi} = L_{1\phi} - model_{1\phi} = A_1 X_1 + B_1 \, dt_{r1} + C_1 N_1 + d_{1trop} \\ - d_{1ion} + unmodel_{1\phi} + \varepsilon(\phi\_1) \tag{7.4}$$

式中，角标"1"代表参考站；A,B,C 分别为系数矩阵；$model$ 代表模型化误差，诸如固体潮汐、海洋潮汐、地球自转、相对论效应、天线相位中心等误差；$unmodel$ 表示非模型化的误差，诸如多路径效应及其他残差；$\hat{L}$ 表示扣除误差后的星地距。

对于参考站而言，考虑到其测站坐标拥有可以高精度事先确定的优势，可以获得卫星与测站之间的实际距离，将其与扣除观测误差后观测量中的卫地距作差，即可获得增强信息，记为 δV，其主要包含的改正信息有电离层延迟、对流层延迟、接收机钟差、载波相位模糊度及其他非模型化的误差改正量。伪距和载波相位观测量的增强信息可分别写为

$$\delta V_{1P} = \hat{L}_{1P} - A_1 X_1 = B_1 dt_1 + d_{1trop} + d_{1ion} + unmodel_{1P} + \varepsilon(P_1) \tag{7.5}$$

$$\delta V_{1\phi} = \hat{L}_{1\phi} - A_1 X_1 = B_1 dt_1 + C_1 N_1 + d_{1trop} - d_{1ion} + unmodel_{1\phi} + \varepsilon(\phi_1) \tag{7.6}$$

7.3 基于增强信息约束的 GNSS 时间传递方法

在时间传递中，时间传递链路的另一端用户站也可按照式(7.1)和式(7.2)获得类似式(7.3)和式(7.4)的表达式：

$$\hat{L}_{2P} = L_{2P} - model_{2P} \\ = A_2 X_2 + B_2 \, dt_2 + d_{2trop} + d_{2ion} + unmodel_{2P} + \varepsilon(P_2) \tag{7.7}$$

$$\hat{L}_{2\phi} = L_{2\phi} - model_{2\phi}$$

$$= A_2 X_2 + B_2 \, dt_2 + C_2 N_2 + d_{2trop} - d_{2ion} + unmodel_{2\phi} + \varepsilon(\phi_2) \quad (7.8)$$

式中，角标"2"代表用户站。

当采用参考站获得的增强信息进行该链路的时间传递中，其观测方程可以进一步写为

$$\hat{L}_{2P} - \delta V_{1P} = [A_2 X_2 + B_2 \, dt_2 + d_{2trop} + d_{2ion} + unmodel_{2P} + \varepsilon(P_2)]$$
$$- [B_1 dt_1 + d_{1trop} + d_{1ion} + unmodel_{1P} + \varepsilon(P_1)] \quad (7.9)$$

$$\hat{L}_{2\phi} - \delta V_{1\phi} = [A_2 X_2 + B_2 dt_2 + C_2 N_2 + d_{2trop} - d_{2ion} + unmodel_{2\phi}$$
$$+ \varepsilon(\phi_2)] - [B_1 dt_1 + C_1 N_1 + d_{1trop} - d_{1ion}$$
$$+ unmodel_{1\phi} + \varepsilon(\phi_1)] \quad (7.10)$$

当分别位于时间传递链路两端的参考站与用户站观测相同卫星时，接收机钟差参数与模糊度参数的系数矩阵是相同的，即

$$B_2 = B_1 \quad (7.11)$$
$$C_2 = C_1 \quad (7.12)$$

基于此，式(7.9)和式(7.10)可进一步写成

$$\hat{L}_{2P} - \delta V_{1P} = A_2 X_2 + B_2 (dt_2 - dt_1) + (d_{2trop} - d_{1trop}) + (d_{2ion} - d_{1ion})$$
$$+ (unmodel_{2P} - unmodel_{1P}) + [\varepsilon(P_2) - \varepsilon(P_1)] \quad (7.13)$$

$$\hat{L}_{2\phi} - \delta V_{1\phi} = A_2 X_2 + B_2 (dt_2 - dt_1) + C_2 (N_2 - N_1) + (d_{2trop} - d_{1trop})$$
$$+ (d_{2ion} - d_{1ion}) + (unmodel_{2\phi} - unmodel_{1\phi}) + [\varepsilon(\phi_2) - \varepsilon(\phi_2)]$$
$$(7.14)$$

为了便于描述，可将式(7.13)和式(7.14)中的部分项进行简写：

$$\Delta dt_{1,2} = dt_2 - dt_1 \quad (7.15)$$
$$\Delta N = N_2 - N_1 \quad (7.16)$$
$$\Delta d_{trop} = d_{2trop} \quad (7.17)$$
$$\Delta d_{ion} = d_{2ion} - d_{1ion} \quad (7.18)$$
$$\Delta unmodel_P = unmodel_{2P} - unmodel_{1P} \quad (7.19)$$
$$\Delta unmodel_\phi = unmodel_{2\phi} - unmodel_{1\phi} \quad (7.20)$$
$$\hat{L}_{2P(new)} = \hat{L}_{2P} - \delta V_{1P} \quad (7.21)$$
$$\hat{L}_{2\phi(new)} = \hat{L}_{2\phi} - \delta V_{1\phi} \quad (7.22)$$

因此，式(7.13)和式(7.14)可以转换为

$$\hat{L}_{2P(new)} = A_2 X_2 + B_2 \Delta dt_{1,2} + \Delta d_{trop} + \Delta d_{ion} + \Delta unmodel_P + \Delta \varepsilon(P) \quad (7.23)$$

$$\hat{L}_{2\phi(new)} = A_2 X_2 + B_2 \Delta dt_{1,2} + C_2 \Delta N + \Delta d_{trop} + \Delta d_{ion}$$
$$+ \Delta unmodel_\phi + \Delta \varepsilon(\phi) \quad (7.24)$$

分别对比式(7.23)、式(7.24)与式(7.3)、式(7.4)可以看出，两组方程的形式

是完全一致的,包括其待估参数和系数矩阵。式(7.23)和 式(7.24)在实际的数据处理过程中,参数 $\Delta dt_{1,2}$ 和 Δdt_2 都可以利用白噪声过程进行模拟,ΔN 和 N_2 在不发生周跳的情况下估计为常数。事实上,在式(7.23)和式(7.24)中,参考站和用户站的绝大多数误差可以被大幅消除或者削弱,因此,该模型具有较高的理论精度。当参考站与用户站距离较近时,对流层误差和多路径误差的相关性更优,其方程可以进一步写成

$$\hat{L}_{2P(new)} = A_2 X_2 + B_2 \Delta dt_{1,2} + \Delta\varepsilon(P) \tag{7.25}$$

$$\hat{L}_{2\phi(new)} = A_2 X_2 + B_2 \Delta dt_{1,2} + C_2 \Delta N + \Delta\varepsilon(\phi) \tag{7.26}$$

在基于增强信息约束的 GNSS 时间传递的实际数据处理中,具体步骤可以按照图 7-1 进行,整体上可以分为两部分:增强信息的获取和时间传递量的获取。首先,将参考站准确的坐标进行约束,同时对其原始观测值进行预处理和误差改正,进一步产生增强信息。该增强信息中不仅包含了观测量的相关误差改正值,也蕴含着载波相位观测值的周跳信息,其对模糊度参数的求解具有一定的价值。然后,用户站对其原始观测数据进行预处理和误差改正。最后,在用户站上,结合在参考站获取的增强改正信息,进一步获取精密时间传递的结果。

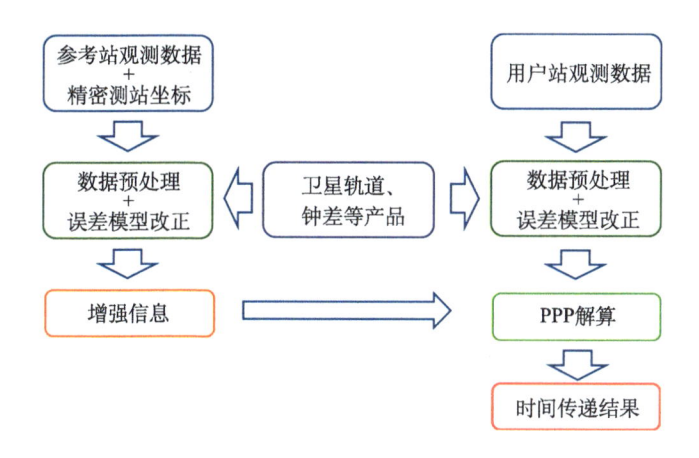

图 7-1 基于增强信息约束的 GNSS 时间传递的数据处理流程图

7.4 基于增强信息约束的 GNSS 时间传递实验

为了验证本章所提出的基于增强信息约束的 GNSS 时间传递方法的有效性,本书收集了三个时间实验室 2016 年年积日 211 至 213 共计 3 天的 GPS 观测数据,形成了零基线和长基线两条时间传递链路。零基线时间传递链路(NTP1-NTP2)位于中国科学院国家授时中心,其采用同一组 GNSS 天线和相同的时间频

源 UTC(NTSC)，但是 GNSS 接收机不同。长基线时间传递链路(BRUX－PTBB)利用国际重要的时间传递节点 PTB 和 ORB 的观测数据，其几何距离约 353 km。实验所涉及的四个测站的详细信息如表 7-1 所示。需要说明的是，在时间传递试验的增强信息获取过程中，所用到的参考站先验坐标信息是利用精密单点定位(PPP)的方法获得的周解，其精度优于 1 cm。

表 7-1 基于增强信息约束的 GNSS 时间传递试验所用站点信息

站点名称	时间频率源	接收机类型	天线类型
NTP1	UTC(NTSC)	SEPT POLARX4TR	SEPCHOKE_MC
NTP2	UTC(NTSC)	SEPT POLARX4TR	SEPCHOKE_MC
BRUX	UTC(ORB)	SEPT POLARX4TR	JAVRINGANT_DM
PTBB	UTC(PTB)	ASHTECH Z-XII3T	ASH700936E

在基于增强信息约束的 GNSS 时间传递中，增强信息的获取是实现其时间传递的先决条件。因此，在实验中首先对增强信息的有效性进行验证。图 7-2 给出了零基线的两个测站 NTP1 站和 NTP2 站获取的增强改正信息对比结果。从图 7-2 中可以看出，除了存在一定的系统性偏差外，两个测站上所获得的不同卫星的增强改正信息的变化趋势吻合较好。当采用基于增强信息约束的时间传递时，两个测站间共同的卫星和钟差残差、对流层参考及其他非模型化的误差可以被高效地消除或者大幅减弱。与此同时，图 7-3 给出了两个测站上所获得的不同卫星的增强改正信息的差异，从图 7-3 中可以看出，其增强改正信息之差的时间序列大多属于随机误差。对于不同的卫星，该差值的平均值小于 0.12 m。

在本时间传递实验中，包含了零基线共钟时间传递链路和长基线时间传递链路。对于共钟时间传递链路而言，考虑到链路两端的测站接入的是相同时间频率源，其时间传递结果主要蕴含两站的相对硬件延迟。通过对不同时间传递方法获得的相对硬件延迟稳定性的评估，可以获得不同方法的性能。图 7-4 给出了基于增强信息约束的时间传递方法和传统双频时间传递方法获得的零基线时间传递结果。从图 7-4 中可以看出，新方法获得的时间序列较传统方法更加稳定。进一步对 3 天的时间传递结果进行定量分析，发现新方法获得的方差分别为 0.0020 m、0.0017 m、0.0028 m，而传统方法获得的方差分别为 0.0035 m、0.0014 m、0.0064 m。对于长基线时间传递链路而言，可以利用 IGS 给出的测站钟差获取其时间传递结果，并将其作为一种外符合参考来评价不同方法的时间传递性能。图 7-5 给出了不同方法获得的长基线时间传递结果对比。从图 7-5 中可以看出，用新方法获得的较传统方法更优。当 3 天的时间传递结果参考于 IGS 解时，新方法获得的 RMS 分别为 0.031 m、0.034 m、0.020 m，传统方法获得的 RMS 则分别为 0.037 m、0.043 m、0.038 m。

第 7 章 增强信息约束的 GNSS 精密时间传递方法

图 7-2 不同卫星在 NTP1 和 NTP2 站所获得的增强改正信息对比图

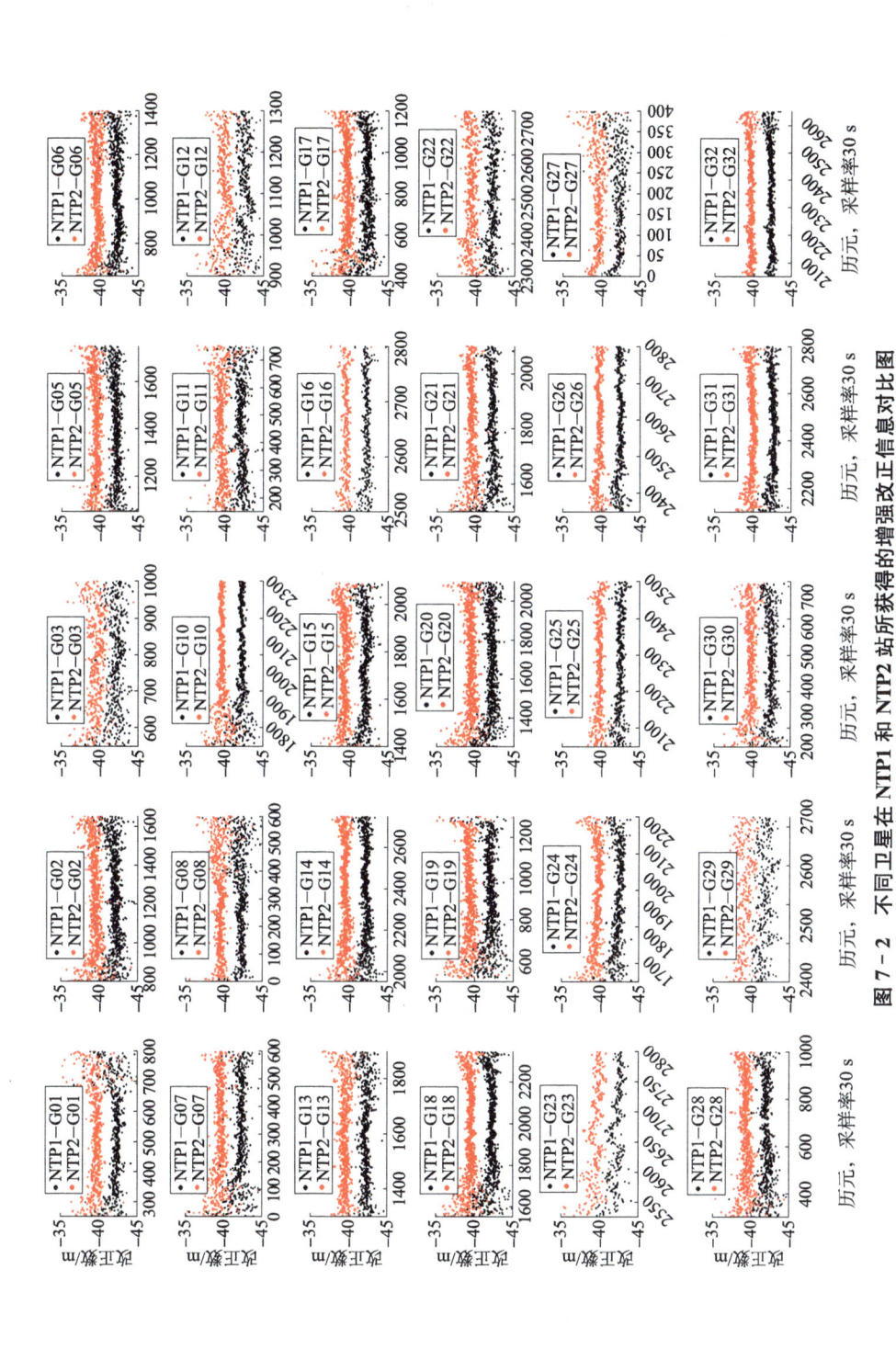

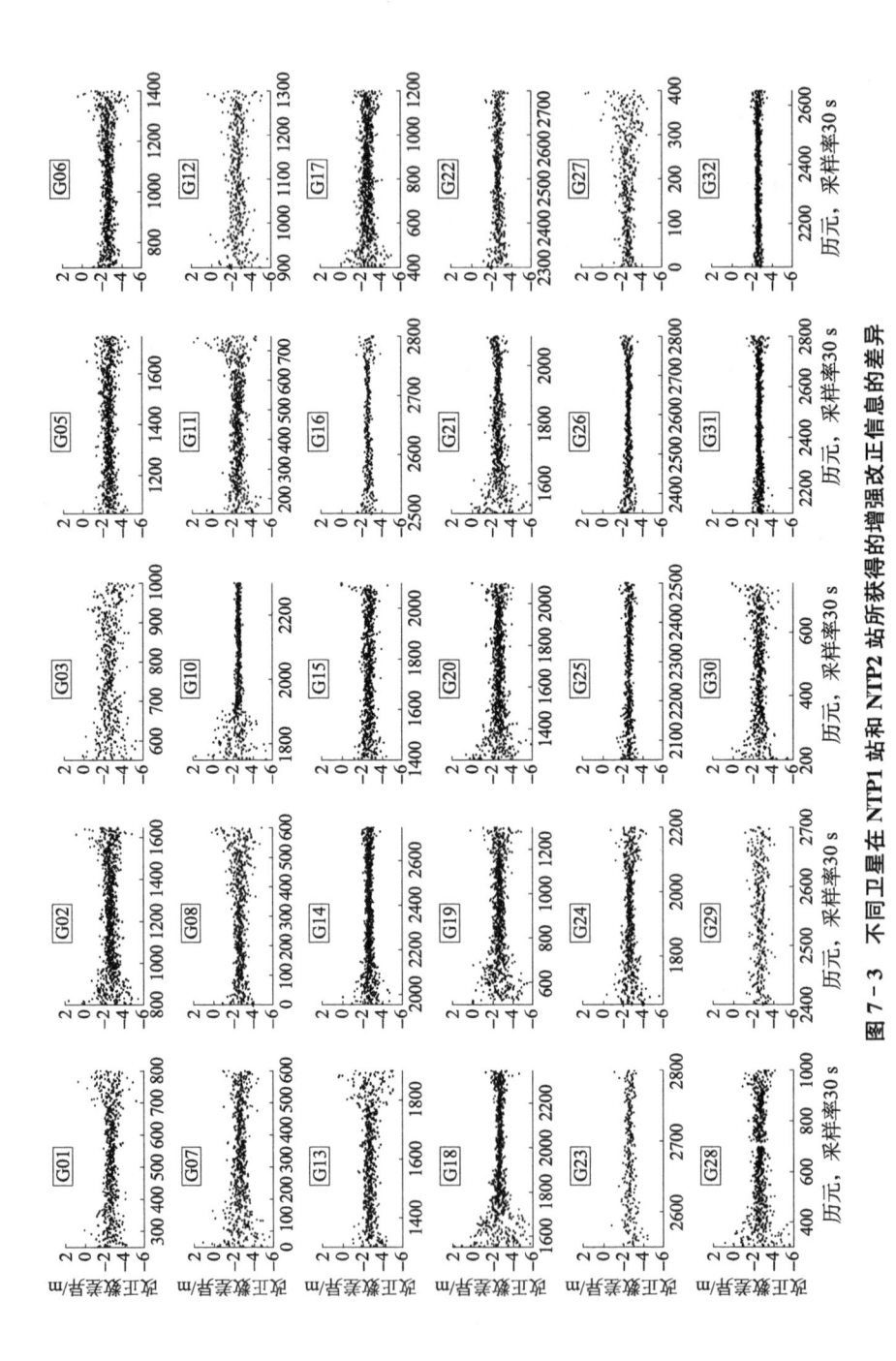

图 7-3 不同卫星在 NTP1 站和 NTP2 站所获得的增强改正信息的差异

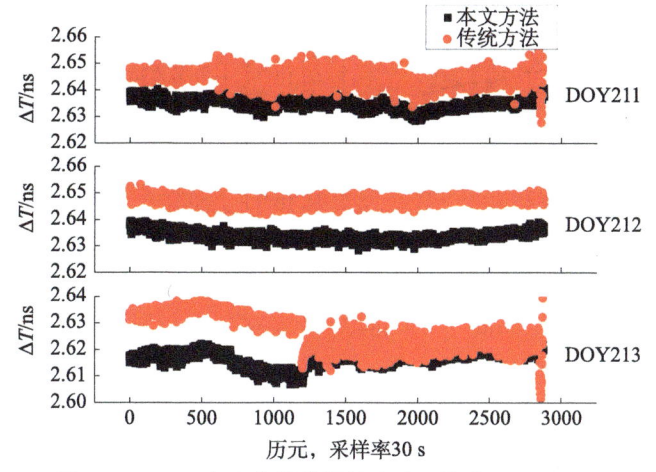

图 7-4 不同方法获得的零基线时间传递结果对比图
(ΔT 为时间传递结果，DOY 为年积日)

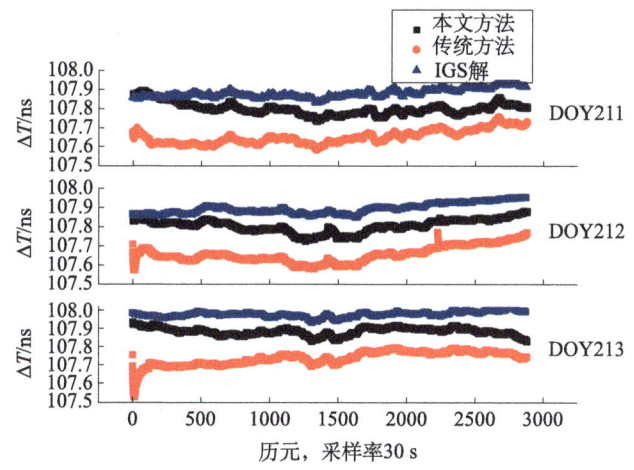

图 7-5 不同方法获得的长基线时间传递结果对比图
(ΔT 为时间传递结果，DOY 为年积日)

  时间传递的频率稳定度是评价不同时间传递方法的另一个重要指标，图 7-6 给出了不同方法获得的时间传递链路结果频率稳定度对比结果。其中，图 7-6 左边为零基线，右边为长基线。从图 7-6 中可以看出，不论是零基线还是长基线，本章提出的基于增强信息约束的 GNSS 时间传递方法在不同时间间隔上的频率稳定度均优于传统方法。表 7-2 列出了对应的时间间隔的阿伦方差。从表 7-2 中也可以发现，基于增强信息约束的 GNSS 时间传递方法优于传统方法，其 3 天的平均改善幅度在零基线上分别为 53.8%、4.8%、59.9%，长基线上分别为 2.3%、18.7%、15.6%。

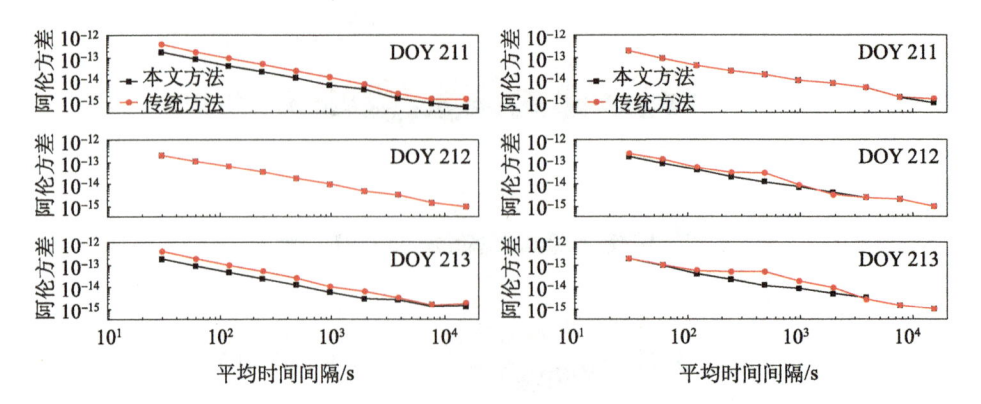

图 7-6 不同方法在零基线和长基线时间传递链路上的频率稳定度对比图

表 7-2 不同方法在零基线和长基线时间传递链路上的频率稳定度

链路类型	Tau/s	DOY211 本文方法	DOY211 传统方法	DOY212 本文方法	DOY212 传统方法	DOY213 本文方法	DOY213 传统方法
零基线	30	1.75E-13	4.25E-13	1.67E-13	1.79E-13	1.19E-13	3.90E-13
	60	8.57E-14	1.91E-13	8.52E-14	8.63E-14	8.90E-14	1.82E-13
	120	4.43E-14	9.82E-14	4.25E-14	4.39E-14	4.63E-14	9.30E-14
	240	2.45E-14	2.76E-14	2.20E-14	2.32E-14	2.41E-14	5.06E-14
	480	1.32E-14	1.43E-14	1.04E-14	1.11E-14	1.24E-14	2.54E-14
	960	6.00E-15	6.82E-15	5.55E-15	5.67E-15	6.75E-15	1.01E-14
	1920	3.93E-15	2.64E-15	2.09E-15	2.46E-15	2.95E-15	6.63E-15
	3840	1.59E-15	1.48E-15	1.38E-15	1.52E-15	2.61E-15	3.13E-15
	7680	9.63E-16	2.06E-15	6.02E-16	6.48E-16	1.52E-15	1.68E-15
	15360	6.59E-16	1.61E-15	3.54E-16	4.52E-16	1.26E-15	1.96E-15
长基线	30	3.11E-13	3.13E-13	3.19E-13	3.61E-13	3.03E-13	3.15E-13
	60	1.78E-13	1.77E-13	1.80E-13	2.30E-13	1.78E-13	1.19E-13
	120	1.10E-13	1.12E-13	1.13E-13	1.34E-13	1.02E-13	1.25E-13
	240	7.06E-14	7.68E-14	6.65E-14	9.40E-14	6.39E-14	1.16E-13
	480	5.56E-14	6.02E-14	4.49E-14	8.85E-14	4.20E-14	1.21E-13
	960	3.70E-14	3.73E-14	3.29E-14	3.70E-14	3.42E-14	5.99E-14
	1920	2.95E-14	3.11E-14	2.21E-14	1.88E-14	2.47E-14	3.72E-14
	3840	2.23E-14	2.34E-14	1.49E-14	1.53E-14	1.73E-14	1.53E-14
	7680	1.07E-14	1.05E-14	1.23E-14	1.37E-14	9.62E-15	1.08E-14
	15360	6.67E-15	9.33E-15	8.28E-15	8.30E-15	7.54E-15	8.19E-15

第 7 章　增强信息约束的 GNSS 精密时间传递方法

在时间传递的数据处理过程中,是将对流层残差作为待估参数进行估计的,因此为了进一步评估基于增强信息约束的 GNSS 精密时间传递方法的性能,有必要对不同基线时间传递链路的对流层参数进行分析。图 7-7 和图 7-8 分别给出了不同方法在零基线和长基线时间传递链路上的对流层残差。对于零基线链路而言,由于共用同一个 GNSS 天线,其链路对流层残差理论上等于零。从图 7-7 和图 7-8 可以看出,基于增强信息约束的 GNSS 时间传递方法所获得的对流层残差较传统方法更加接近于零,进一步证明了该方法的有效性。

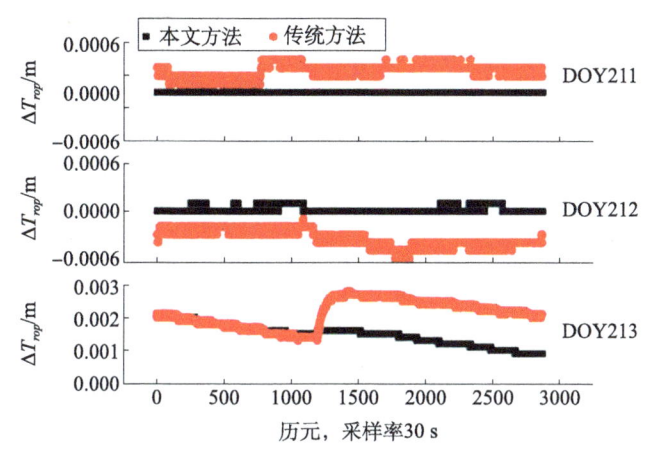

图 7-7　不同方法在零基线时间传递链路上的对流层残差
（ΔT_{rop} 为对流层残差,DOY 为年积日）

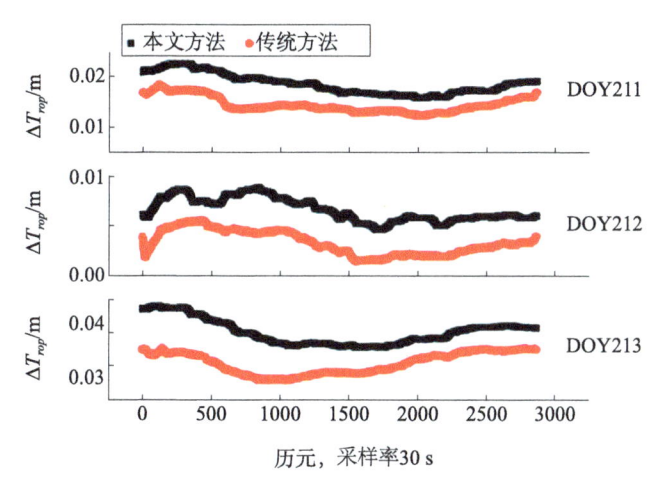

图 7-8　不同方法在长基线时间传递链路上的对流层残差
（ΔT_{rop} 为对流层残差,DOY 为年积日）

7.5 本章小结

针对传统 GNSS 精密时间传递中对于链路两端测站相关性利用不足的现状，本章提出了基于增强信息约束的 GNSS 精密时间传递方法，给出了增强改正信息的获取方法和时间传递的数学模型，并利用零基线和长基线时间传递链路对比分析了新方法和传统方法的性能。结果表明，基于增强信息约束的 GNSS 精密时间传递方法较传统方法在时间传递的稳定性、频率稳定度方面均有优势，其获得的对流层参数更加接近实际。

第 8 章

多模 GNSS 的载波相位时间传递方法

8.1 引　　言

近年来,随着美国 GPS 现代化进程的不断深入、俄罗斯 GLONASS 的复苏、欧盟 Galileo 系统的建设,以及中国 BDS 从区域化向全球化的发展,全球导航卫星系统(GNSS)正呈现百花齐放的局面,卫星导航的星空也是群星璀璨,卫星导航用户的可用信号资源极其丰富。目前,四大全球导航卫星系统并存与发展的局面已初步形成,从而促使 GNSS 载波相位时间传递技术从原来的单 GPS 向融合多模 GNSS 发展。融合多模 GNSS 载波相位时间传递可增加数据冗余,获取更多、更准确的地球物理信号,减弱诸如多路径误差、恒星日周期误差等系统相关的误差,显著改善有信号遮蔽或者干扰情况下的时间传递性能。

事实上,早在 2006 年,Dach 等学者较早分析了联合 GPS 和 GLONASS 的时间传递方法,认为通过采用多系统的观测数据可以有效减少钟差参数解的冗余,并指出融合解需要重点研究接收机端的系统间偏差。Defraigne 等学者利用 Atomium 软件对联合 GPS、GLONASS 的时间传递做了深入研究,认为对于 GLONASS 频分多址信号体制下的频间偏差的正确处理有助于提升联合 GPS 和 GLONASS 的时间传递的性能。并通过分析提出了附加先验标定信息约束的序贯最小二乘法实现了联合 GPS、GLONASS 时间传递的统一,实验结果显示联合解明显地改善了单系统钟差解的噪声水平,进一步提升了时间传递的性能。Jiang 等学者通过实验分析 GLONASS 频间偏差对于联合 GPS、GLONASS 时间传递的影响,应将联合 GPS、GLONASS 的时间传递方法应用到国际 UTC 的传递实验中。孙清峰和蔡昌盛等通过实验对比分析了联合不同 GNSS 进行时间传递的优势,他们认为融合四系统的方案有助于提升时间传递的频率稳定度。

众多学者的研究一方面证实了多模 GNSS 时间传递对于提升时间传递性能的

优势,另一方面推动了融合多模 GNSS 在时间传递领域中的应用。然而,先前的多模 GNSS 时间传递大多集中在 GPS 和 GLONASS 方面,对于新兴的 BDS 和 Galileo 系统涉及较少。在融合方法上,也主要聚焦在时间传递结果的融合上,对于数学模型端的研究相对较少,并未充分发挥多模 GNSS 时间传递的优势。因此,本章着重研究基于融合 GPS、BDS、Galileo 系统三种 CDMA 体制下载波相位时间传递方法,重点分析其统一数学模型的构建,对不同时间传递中的权比分配和质量控制进行了研究,同时也对不同系统间的偏差进行了分析研究。

8.2 融合多模 GNSS 载波相位时间传递原理

8.2.1 数学模型构建

8.2.1.1 函数模型

一般地,对于单 GPS 而言,其载波相位时间传递的函数模型可参考式(2.9),表示为

$$\begin{cases} P_i^G = \rho_i^G + c(dt_r^G - dt_{i,s}^G) + d_{trop} + \varepsilon_{i,P}^G \\ L_i^G = \rho_i^G + c(dt_r^G - dt_{i,s}^G) + d_{trop} + N^G + \varepsilon_{i,L}^G \end{cases} \tag{8.1}$$

式中,P_i^G 和 L_i^G 为 GPS 双频伪距和载波相位观测量的无电离层组合;ρ_i^G 为卫星与测站之间的距离;$dt_{i,s}^G$ 为 GPS 的卫星钟差;d_{trop} 为对流层参数;N^G 为 GPS 的载波相位模糊度组合;$\varepsilon_{i,P}^G$ 和 $\varepsilon_{i,L}^G$ 为 GPS 伪距和载波观测噪声;接收机钟差参数 dt_r^G 表示接收机内部参考时钟与 GPS 系统时间之间的钟差,可进一步写成

$$dt_r^G = t - t_{sys}^G \tag{8.2}$$

对于单 BDS、Galileo 系统而言,其载波相位时间传递的函数模型与式(6.1)类似。同样地,其接收机钟差参数也可表示为

$$dt_r^C = t - t_{sys}^C, \quad dt_r^E = t - t_{sys}^E \tag{8.3}$$

事实上,对于在类似于式(8.1)单 GNSS 的时间传递的函数模型中,虽然其分别表示基于不同 GNSS 的时间传递方法,但是在不同的函数模型中有众多参数诸如测站位置、对流层参数与具体所采用的哪一个 GNSS 并没有直接关系,并且通过增加卫星数目可以提升其参数估计的精度及稳健性。与此同时,对于不同的接收机钟差参数而言,均表示相同的接收机内部参考时钟与其采用的 GNSS 系统时间之差,可通过对接收机钟差参数的转化,将基于不同单 GNSS 时间传递的数学模型统一到相同 GNSS 上来,实现融合多模 GNSS 的载波相位时间传递。

这里,以 GPS 为例,将 BDS、Galileo 系统参考于自身 GNSS 系统时间的接收机钟差统一到以 GPS 系统时间为参考的接收机钟差,可以写为

$$\begin{cases} dt_r^C = t - t_{sys}^C = (t - t_{sys}^G) + (t_{sys}^G - t_{sys}^C) = dt_r^G + ISB_{sys}^{GC} \\ dt_r^E = t - t_{sys}^E = (t - t_{sys}^G) + (t_{sys}^G - t_{sys}^E) = dt_r^G + ISB_{sys}^{GE} \end{cases} \tag{8.4}$$

式中，ISB_{sys}表示两个GNSS系统间偏差(Inter System Bias, ISB)。

因此，基于式(8.4)对于不同GNSS的接收机钟差参数的转换，可以实现融合多模GNSS统一的时间传递函数模型：

$$\begin{cases} P_i^G = \rho_i^G + c(dt_r^G - dt_{i,s}^G) + d_{trop} + \varepsilon_{i,P}^G \\ L_i^G = \rho_i^G + c(dt_r^G - dt_{i,s}^G) + d_{trop} + N^G + \varepsilon_{i,L}^G \\ P_i^C = \rho_i^C + c(dt_r^G + ISB_{sys}^{GC} - dt_{i,s}^C) + d_{trop} + \varepsilon_{i,P}^C \\ L_i^C = \rho_i^C + c(dt_r^G + ISB_{sys}^{GC} - dt_{i,s}^C) + d_{trop} + N^C + \varepsilon_{i,L}^C \\ P_i^E = \rho_i^E + c(dt_r^G + ISB_{sys}^{GE} - dt_{i,s}^E) + d_{trop} + \varepsilon_{i,P}^E \\ L_i^E = \rho_i^E + c(dt_r^G + ISB_{sys}^{GE} - dt_{i,s}^E) + d_{trop} + N^E + \varepsilon_{i,\phi}^E \end{cases} \quad (8.5)$$

通过对式(8.5)进一步线性化，利用参数估计方法可对其中的未知参数进行求解。需要说明的是，式中的未知参数主要包括：

$$\overline{X} = [x, y, z, dt_r^G, ISB_{sys}^{GC}, ISB_{sys}^{GE}, T_{trop}, N^G, N^C, N^E] \quad (8.6)$$

式(8.5)中唯一的接收机钟差参数dt_r^G是所有系统的综合解，是GNSS载波相位时间传递中最为关键的参数。

8.2.1.2 随机模型

在融合多模GNSS的载波相位时间传递函数模型式(8.5)中，所包含未知参数的相对于单系统模型不仅增加了相应的模糊度参数，还增加了不同GNSS之间的系统间偏差参数(ISB)。对于ISB的求解，可以将其模拟成随机游走过程进行估计，其动态过程噪声表示为

$$Q_{ii} = q_{ISB} \Delta t \quad (8.7)$$

其中，q_{ISB}为GNSS系统间偏差参数的概率谱密度；Δt为时间弧段的长度。

8.2.2 算法流程

对于配备有多模GNSS接收机的载波相位时间传递链路而言，其原始观测数据通常也包含了不同GNSS的观测数据。因此，不论是基于目前单模GNSS系统时间传递的现状充分利用这些观测数据，还是基于多模观测数据提升GNSS载波相位时间传递性能的角度出发，对于这类观测数据可以利用如下的算法流程实现多模GNSS的载波相位时间传递，如图8-1所示。

第一步：获得多模GNSS观测数据，并对其进行分析。按照单模GNSS的处理方式，对其进行数据预处理，主要包括原始观测值的粗差剔除、周跳探测等措施。接下来，按照单系统模式对观测误差进行处理。最终可构建出诸如式(8.1)的单模GNSS的载波相位时间传递函数模型。

第二步：若对不同GNSS进行组合，则按照单模GNSS的模式分别对未知参数进行估计，对于时间传递链路而言，最终可以获得基于不同GNSS的接收机钟差参数，这样可以保持与现有GNSS载波相位时间传递的一致。与此同时，如果需要对

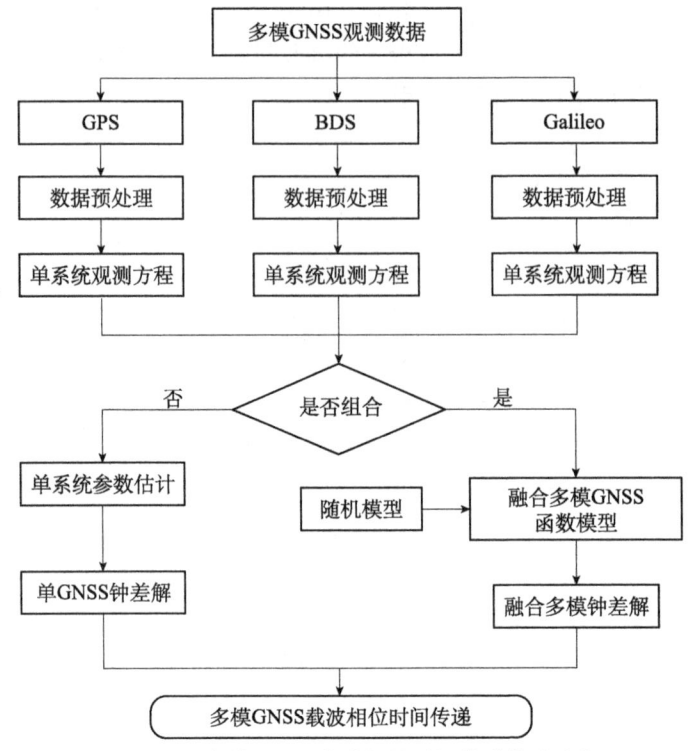

```
                    ┌──────────────────┐
                    │  多模GNSS观测数据  │
                    └──────────────────┘
           ┌────────────┬──────────────┬─────────────┐
       ┌───────┐    ┌───────┐      ┌─────────┐
       │  GPS  │    │  BDS  │      │ Galileo │
       └───────┘    └───────┘      └─────────┘
       ┌────────┐   ┌────────┐     ┌────────┐
       │数据预处理│   │数据预处理│     │数据预处理│
       └────────┘   └────────┘     └────────┘
       ┌──────────┐ ┌──────────┐   ┌──────────┐
       │单系统观测方程│ │单系统观测方程│   │单系统观测方程│
       └──────────┘ └──────────┘   └──────────┘
```

图 8-1　多模 GNSS 载波相位时间传递算法流程

多模 GNSS 进行组合,则利用单系统观测方法,建立诸如式(8.5)的融合多模 GNSS 载波相位时间传递模型,实现观测方程端的融合,同时基于相应的随机模型对未知参数进行估计,最终可以获得融合多模 GNSS 的接收机钟差参数。

第三步:基于相应的接收机钟差,最终获得不同模式下的链路 GNSS 时间传递结果。通过上述流程的构建,既可以实现目前单模 GNSS 载波相位时间传递,又可以从观测方程的角度出发,实现融合多模 GNSS 的时间传递;不仅充分利用了多模 GNSS 观测数据,还实现了单模 GNSS 向融合多模 GNSS 的平稳过渡。

8.2.3　算例与分析

为了验证融合多模 GNSS 载波相位时间传递算法的性能,本节从构建长基线和短基线时间传递链路的角度出发进行了算例分析。实验选取了比利时皇家天文台和中国科学院国家授时中心共计三个测站的多模 GNSS 观测数据,相关测站的详细信息如表 8-1 所示。基于此建立了两条时间传递链路:BRUX－NTS1(7537.5 km)和 NTS1－NTS2(4.7 m)。需要说明的是,NTS1 站和 NTS2 站所属的时间频率源均是中国科学院国家授时中心的 UTC(NTSC)标准时间频率,其所形成的短基线链路属于共钟时间传递链路,有效削弱了时间传递过程中时间频率源的变化对算法性能评估的影响。

表 8-1 融合多模 GNSS 时间传递试验中所选站点信息

测站名	时间实验室	时间频率源	接收机型号	天线型号
NTS1	NTSC	UTC(NTSC)	SEPT POLARX4TR	SEPCHOKE_MC
NTS2	NTSC	UTC(NTSC)	SEPT POLARX4TR	SEPCHOKE_MC
BRUX	ORB	UTC(ORB)	SEPT POLARX4TR	JAVRINGANT_DM

在融合多模 GNSS 时间传递的数据处理中,采用 GPS L1/L2,BDS B1/B2 和 Galileo E1/E5a 的双频观测值构建了融合多模 GNSS 时间传递函数模型,多模 GNSS 精密卫星轨道和钟差信息选取了 CODE 分析中心的产品,卫星截至高度角均设定为 7°。考虑到 BDS 的 GEO 卫星的轨道精度与 IGSO 和 MEO 之间存在一定的不一致性,同时 BRUX 测站也无法完全跟踪到 GEO 星,为了削弱这种影响,在数据处理中 GEO 卫星的观测不参与计算。其他观测误差源及数据处理策略可参见第 2 章中的相关内容。

算例选取了 MJD 58006 到 MJD 58008 共计 3 天的数据,其采样率均为 30 s。为了对比分析融合多模 GNSS 载波相位时间传递算法的性能,同时进行了单模 GNSS 载波相位时间传递试验。因此,形成了以下两种数据方案分析 GNSS 载波相位时间传递的性能。

方案 1　分别利用单模 GNSS(GPS-only,BDS-only,Galileo-only)进行载波相位时间传递;

方案 2　利用融合多模 GNSS(Multi-GNSS)载波相位时间传递算法进行数据处理。

融合多模 GNSS 进行载波相位时间传递最为明显的优势在于可以增加可用卫星的数目,增强时间传递的稳健性。图 8-2 给出了融合多模和单模 GNSS 载波相位时间传递中可用卫星数目对比结果。考虑到 NTS1 站和 NTS2 站距离较近,其跟踪的卫星数目也基本相同,因此仅给出了 NTS1 站(左)和 BRUX 站(右)的可用卫星数目。从图 8-2 中可以明显看出,在高度角为 7°的情况下,融合多模 GNSS 载波相位时间传递中的可用卫星数目的平均值在 NTS1 站达到了 18.1,其数量明显优于单系统,达到了 GPS 单系统的两倍。同样的情况还可以从 BRUX 站看出,融合多模 GNSS 方案的可用卫星数目也从 GPS 单系统的 9.4 增加到 17.3。与此同时,融合多模 GNSS 的方案不仅增加了可用卫星数目,更是改善了可用卫星的空间分布。通常情况下,高度角大于 30°的卫星受测站周边环境影响小于低高度角的卫星,图 8-3 随机给出了单个历元两个测站的天空图。从图 8-3 中可以清楚地看出,大于 30°卫星数目在 NTS1 站从单 GPS 的 5 颗增加到了多模 GNSS 的 12

颗,在BRUX站也由5颗增加到了10颗。对于这种增加,在测站位于观测环境较差的城市峡谷中的需求更加迫切。

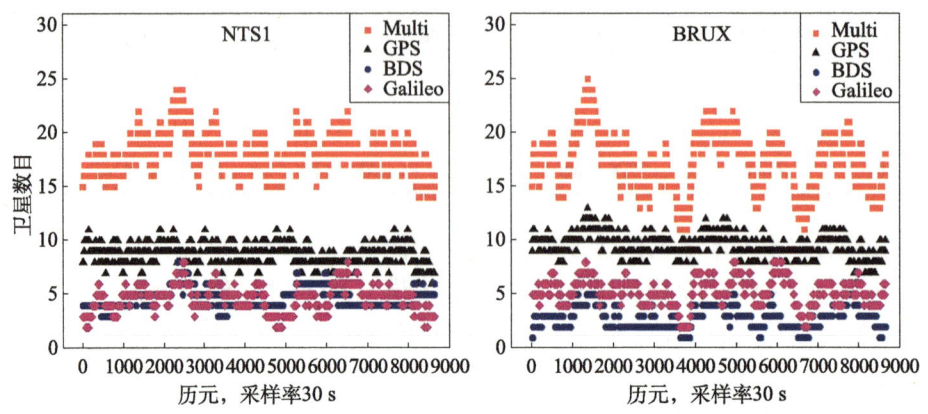

图8-2 融合多模和单模GNSS载波相位时间传递中可用卫星数目对比图

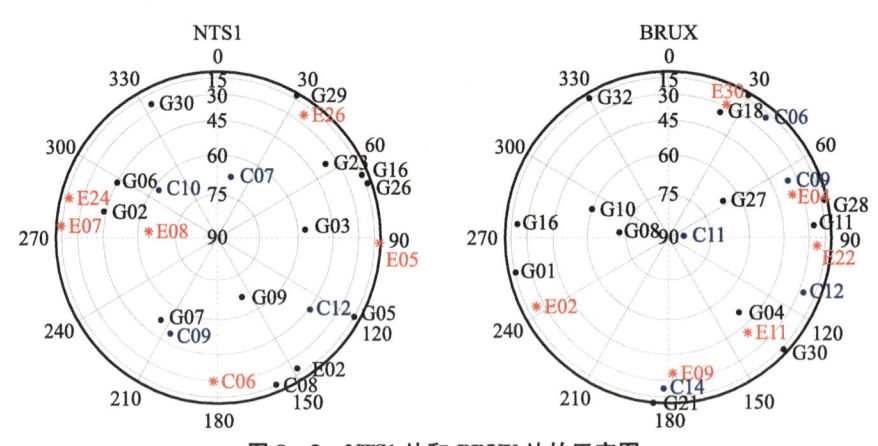

图8-3 NTS1站和BRUX站的天空图

GNSS卫星的数目和空间分布对于接收机钟差的影响可以用钟差精度因子TDOP(Time Dilution Of Precision)表示。好的精度因子实际上是指卫星在空间分布不集中于一个区域,而是在不同方位区域均匀分布,其数值也相对小,形成的单位矢量形体体积较大,进而提升了接收机钟差参数的估计精度。图8-4给出了NTS1站和BRUX站的多模、单模TDOP对比图。从图8-4中可以看出,融合多模GNSS的TDOP得到了显著改善,相对于卫星数目较多的单GPS方案,其TDOP在NTS1站处由1.13减小到了0.54,在BRUX站处由0.81减小到了0.39。因此,通过融合多模GNSS进行载波相位时间传递,其接收机TDOP明显得到了改善。

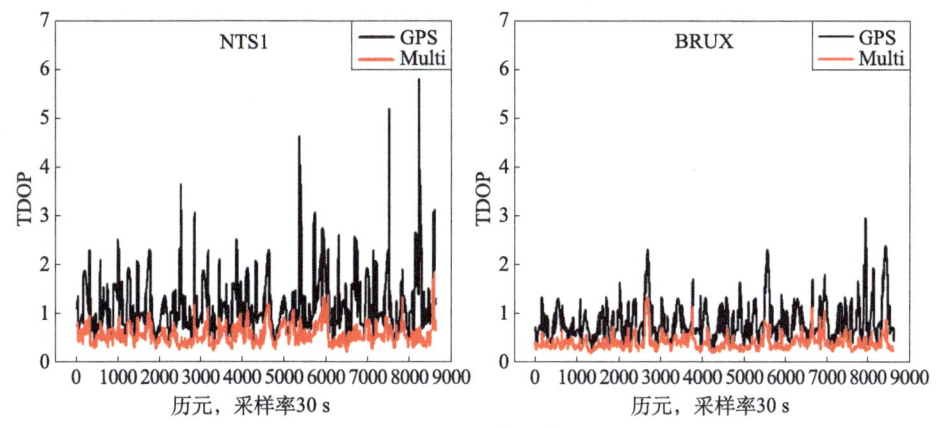

图 8-4　NTS1 站和 BRUX 站的多模、单模 TDOP 对比图

图 8-5 给出了 NTS1－BRUX 和 NTS1－NTS2 链路不同数据处理方案的钟差序列对比结果。其中，竖轴表示链路的钟差，单位为 ns。图 8-5 左边表示 NTS1－BRUX 链路，右边表示 NTS1－NTS2 链路。从图 8-5 中可以明显地看出，不论是单 GPS、单 BDS、单 Galileo 方案，还是融合多模 GNSS 的方案，其链路钟差序列的变化趋势相对比较一致。融合多模 GNSS 方案的钟差序列相对于单 GNSS 方案呈现显著的稳健特征，特别是相对于单 BDS 尤为突出。与此同时，从图 8-5 中可清楚地看出，不同的单模 GNSS 方案的链路钟差序列之间均表现出一定的偏差，其主要是由于不同 GNSS 在接收机内部电子环路的硬件延迟导致的，这类问题可通过校准对其进行改善。与此同时，虽然在融合多模 GNSS 载波相位时间传递算法中，将系统参考时间均归算到了 GPS 系统时间上，但是这两种方案的链路钟差序列也存在较小的偏差，其主要是由于融合多模 GNSS 算法获得的坐标参数值与单 GPS 的参数值并非完全相同，这种差异容易被接收机钟差参数吸收。事实上，即使对于同一测站而言，融合多模 GNSS 获取的坐标值与单 GPS 的三维坐标分量也会存在毫米—厘米量级的差异。

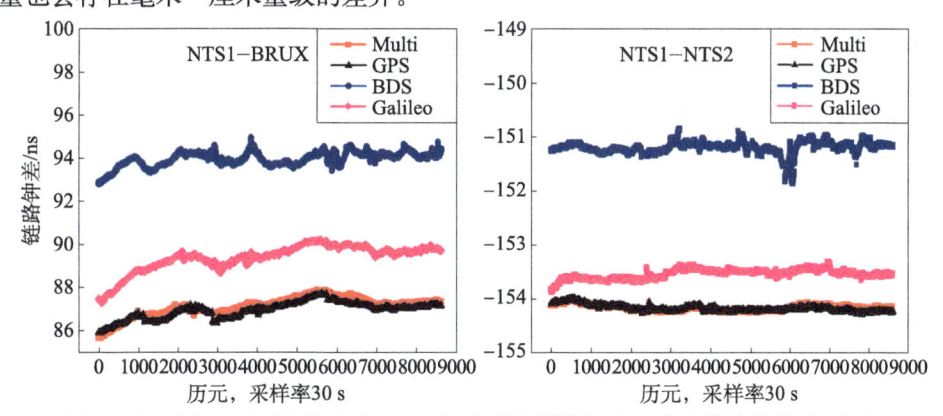

图 8-5　NTS1－BRUX 和 NTS1－NTS2 链路不同数据处理方案的钟差序列对比图

考虑到在时间传递的实际工作中,链路两端的时间频率源不相同,并且在时间传递过程中,其也是实时变化的,很难获取链路钟差的"真值"进行算法的评估。为了削弱这种影响,进一步评估融合多模 GNSS 时间传递算法的性能,本节利用卡尔曼滤波对不同时间传递方案的钟差序列进行平滑,将平滑值作为"真值"进行时间传递算法的评估。表 8-2 统计了不同数据处理方案钟差序列相对于平滑值的 RMS。从表 8-2 中可以看出,融合多模 GNSS 的 RMS 明显优于单模 GNSS 的 RMS,呈现出较低的噪声水平。对于 NTS1-BRUX 长基线链路而言,融合多模 GNSS 方案相对于单 GPS、单 BDS 和单 Galileo 方案的噪声水平明显得到了改善,其幅度分别为 18.8%、59.4% 和 35.0%。在 NTS1-NTS2 短基线时间传递链路中,相对于其他单模 GNSS 方案,融合多模 GNSS 方案也分别提升了 14.3%、53.8% 和 40.0%。与此同时,考虑到 NTS1-NTS2 链路均是外接 UTC(NTSC)的时间频率源,其链路钟差序列主要包含的是两个测站的硬件延迟量,从实验设计的角度上形成了一种外符合参考用于评估不同的时间传递方法。因此,表 8-3 给出了不同数据处理方案的标准差和平均值。从表 8-3 中可以看出,融合多模 GNSS 方案的标准差较单 GPS、单 BDS、单 Galileo 方案均有明显改善,其幅度分别为 6.7%、52.6%、38.2%。

表 8-2 不同数据处理方案钟差序列相对于平滑值的 RMS　　（单位:ns）

时间传递链路	Multi	GPS	BDS	Galileo
NTS1-BRUX	0.013	0.016	0.032	0.020
NTS1-NTS2	0.006	0.007	0.013	0.010

表 8-3 NTS1-NTS2 链路标准差和平均值统计表　　（单位:ns）

类别	Multi	GPS	BDS	Galileo
标准差	0.055	0.059	0.116	0.089
平均值	154.177	154.184	151.201	153.555

时间传递链路的频率稳定度是时间传递中重要的技术指标。为了分析融合多模 GNSS 载波相位时间传递方法在频率稳定度方面的性能,图 8-6 给出了 NTS1-BURX 链路不同数据处理方案的阿伦方差对比结果,表 8-4 列出了相应的阿伦方差值。结合图 8-6 和表 8-4 可以看出,融合多模 GNSS 的载波相位时间传递明显改善了时间传递链路的频率稳定度,特别是相对于单 BDS 和单 Galileo 尤为明显。考虑到在时间间隔大于 10000 s 的情况下,链路频率稳定度计算的误差较大,图 8-7 给出了融合多模 GNSS 方案的频率稳定度相对于单 GPS、单 BDS 和单 Galileo 方案在不同时间间隔下的改善幅度。相对于单 GPS 方案,其最小提升幅度为 3.8%,平均幅度为 12.9%。相对单 BDS 方案的改善更加显著,最小提升幅度为 49.5%,平均幅度为 62.3%。相对于单 Galileo 方案的最小提升幅度为 18.2%,

平均幅度为 36.0%。

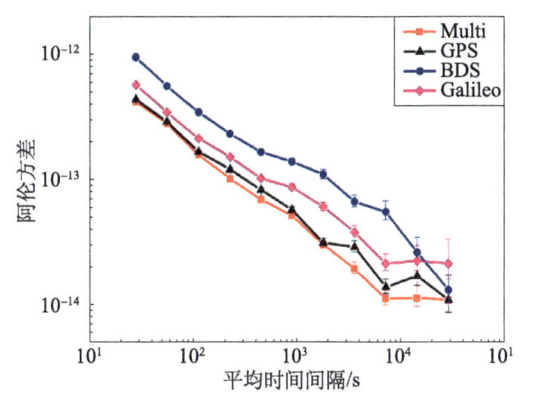

图 8-6 NTS1－BRUX 链路不同数据处理方案的阿伦方差对比图

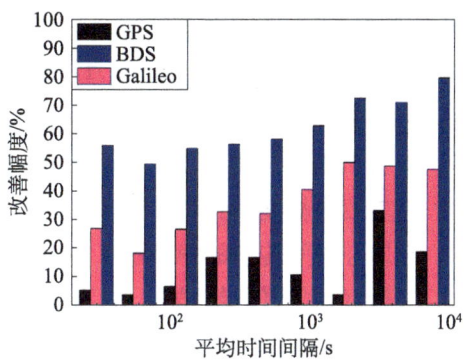

图 8-7 融合多模 GNSS 方案的频率稳定度相对于单模 GNSS 的改善幅度

表 8-4 NTS1－BRUX 链路不同数据处理方案的阿伦方差值

平均时间间隔/s	Multi	GPS	BDS	Galileo
30	4.10E−13	4.33E−13	9.31E−13	5.61E−13
60	2.78E−13	2.89E−13	5.51E−13	3.40E−13
120	1.54E−13	1.65E−13	3.42E−13	2.10E−13
240	1.00E−13	1.20E−13	2.30E−13	1.49E−13
480	6.86E−14	8.23E−14	1.64E−13	1.01E−13
960	5.10E−14	5.71E−14	1.37E−13	8.58E−14
1920	3.00E−14	3.12E−14	1.09E−13	6.01E−14
3840	1.93E−14	2.89E−14	6.63E−14	3.78E−14
7680	1.12E−14	1.38E−14	5.52E−14	2.14E−14
15360	1.13E−14	1.70E−14	2.62E−14	2.24E−14
30720	1.09E−14	1.09E−14	1.31E−14	2.13E−14

8.2.4 实验小结

本节针对目前大多时间实验室逐步配备了多模 GNSS 接收机用于远程时间传递的现状，提出融合多模 GNSS 载波相位时间传递方法，从其数学模型的构建、算法流程的实现等角度出发分析了融合多模 GNSS 载波相位传递法，最后以比利时国家天文台和中国科学院国家授时中心的多模 GNSS 观测数据建立的长、短基线时间传递链路作为研究对象进行了方法性能的评估，从融合多模 GNSS 时间传递的噪声水平和频率稳定度两个角度出发，得出如下结论和建议。

(1)融合多模 GNSS 的载波相位时间传递方法可以有效增加可用卫星的数目，改善跟踪站的卫星分布对于接收机钟差参数的影响。在 NTS1 测站,融合多模 GNSS 方案的平均可用卫星数目由单 GPS 的 8.7 颗增加到了 18.1 颗,其 TDOP 也由 1.13 降低为 0.54,改善幅度达到了 52.2%。同样地,在位于欧洲的 BRUX 测站,融合多模 GNSS 方案也显著增加了可用卫星的数目,其 TDOP 由 0.81 降为 0.39,其改善幅度达到了 51.9%。

(2)在时间传递的噪声水平方面,融合多模 GNSS 时间传递方法呈现低噪声、高稳健性的时间传递性能。在 NTS1－BRUX 链路上,融合多模 GNSS 时间传递的 RMS 较单 GPS、单 BDS、单 Galileo 系统分别提升了 18.8%、59.4%、35.0%。在短基线链路 NTS1－NTS2 上,融合多模 GNSS 方案的标准差较单模 GNSS 分别提升了 18.8%、59.4%、35.0%。

(3)在时间传递的频率稳定度方面,融合多模 GNSS 时间传递方法较单模 GNSS 呈现出更加稳定的特征。对于长基线时间传递链路 NTS1－BRUX 而言,融合多模 GNSS 方案的频率稳定度在 10000 s 内的时间间隔的平均提升幅度较单 GPS、单 BDS、单 Galileo 系统分别为 12.9%、62.3%、36.0%,与噪声水平方面的表现基本一致。

因此,考虑到融合多模 GNSS 的载波相位时间传递的优势,建议在现有的多模 GNSS 链路中,充分利用不同 GNSS 的特征,从观测方程融合的角度出发,给出融合多模 GNSS 的时间传递结果。一方面有助于时间传递性能的提升,另一方面可以实现由目前单模 GNSS 向融合多模 GNSS 时间传递的平稳过渡。

8.3　基于抗差－方差分量的多模 GNSS 时间传递

8.3.1　多模 GNSS 时间传递的权比分配中存在的问题

从 8.2 节的讨论可以看出,融合多模 GNSS 的载波相位时间传递方法较传统的单模 GNSS 方法显著提升了其时间传递的性能。然而,在实际融合算法的实施过程中,由于不同 GNSS 卫星星座定轨方法的不同,使得 BDS 和 Galileo 系统的卫星轨道和钟差产品与 GPS 的并非完全一致,与此同时,考虑到不同 GNSS 信号体制等方面存在的差异性,导致其观测值的质量也并不相同。因此,如果在数据处理中将三个系统的观测值均按照相等权的方式进行处理显然并不合理。与此同时,卫星信号从空间发出到被地面接收机捕获,受外界环境的干扰导致伪距观测量中不可避免存在粗差。由于伪距观测量在 CP 时间传递中起到了测量卫地间绝对时间量的作用,其含有的粗差若不能有效控制,极易对时间传递的性能造成严重影响。针对这些问题,本节主要讨论融合多模 GNSS 时间传递中的权比分配和质量控制问题,提出了抗差－方差分量的多模 GNSS 时间传递方法(Robust Variance Component Estimation,RVCE),以便更进一步提升时间传递的性能,充分发挥融合多模 GNSS 的优势。

8.3.2 基于抗差－方差分量的多模 GNSS 时间传递方法

对于融合多模 GNSS 载波相位时间传递中的各个 GNSS 系统间的权比分配,可以采用赫尔默特方差分量估计方法进行估计,其主要思想是利用平差后的残差进行单位权方差估计,基于此获得不同类型观测值的后验权。对于观测值中可能存在的粗差问题,本节采用基于等价权的抗差估计进行时间传递中质量控制。下面将分别对这两种方法进行简要说明。

8.3.2.1 赫尔默特方差分量估计

在融合 GPS、BDS、Galileo 的载波相位时间传递中,函数模型(式(8.5))中包含有三类相互独立的观测值,L 中包含有三类相互独立的观测值 L_G, L_C, L_E,它们的权矩阵分别为 P_G, P_C, P_E,并且 $P_{ij}=0$,它们的误差方程分别为

$$\begin{cases} V_G = A_G \hat{X} - L_G \\ V_C = A_C \hat{X} - L_C \\ V_E = A_E \hat{X} - L_E \end{cases} \tag{8.8}$$

根据以上推导过程,由协方差传播定律得

$$D(V_i) = (P_i^{-1} + A_i N^{-1} N_i N^{-1} A_i^T - 2A_i N^{-1} A_i^T)\sigma_{0_i}^2 \\ + \sum_{j=1, \neq i}^{m} \left[(A_i N^{-1} N_j N^{-1} A_i^T)\sigma_{0_j}^2 \right] \tag{8.9}$$

则有

$$\begin{aligned} E(V_i^T P_i V_i) &= \text{tr}(P_i P_i^{-1} + P_i A_i N^{-1} N_i N^{-1} A_i - 2P_i A_i N^{-1} A_i^T)\sigma_{0_i}^2 \\ &\quad + \sum_{j=1, \neq i}^{m} \left[\text{tr}(P_i A_i N^{-1} N_j N^{-1} A_i^T)\sigma_{0_j}^2 \right] \\ &= [n_i - 2\text{tr}(N^{-1} N_i) + \text{tr}(N^{-1} N_i)^2]\sigma_{0_i}^2 \\ &\quad + \sum_{j=1, \neq i}^{m} \left[\text{tr}(P_i A_i N^{-1} N_j N^{-1} A_i^T)\sigma_{0_j}^2 \right] \end{aligned} \tag{8.10}$$

基于此,融合 GPS、BDS、Galileo 观测值的载波相位时间传递的赫尔默特估计公式可表示为

$$S \cdot \hat{\sigma}^2 = W \tag{8.11}$$

式中,各变量的表达式可写为

$$W = [V_G^T P_G V_G \quad V_C^T P_C V_C \quad V_E^T P_E V_E]^T \hat{\sigma}^2 = [\hat{\sigma}_{0_G}^2 \quad \hat{\sigma}_{0_C}^2 \quad \hat{\sigma}_{0_E}^2]^T \quad (8.12)$$

$$S = \begin{bmatrix} s_{GG} & s_{GC} & s_{GE} \\ s_{CG} & s_{CC} & s_{CE} \\ s_{EG} & s_{EC} & s_{EE} \end{bmatrix} \quad (8.13)$$

其元素可由下式求得

$$\left.\begin{aligned} s_{i,i} &= n_i - 2\mathrm{tr}(N^{-1}N_i) + \mathrm{tr}(N^{-1}N_i N^{-1}N_i) \\ s_{i,j} &= n_i - \mathrm{tr}(N^{-1}N_i N^{-1}N_j) \\ N &= A^T P A \end{aligned}\right\} \quad (8.14)$$

因此,不同 GNSS 的方差分量可以基于下式求得

$$\hat{\sigma}^2 = S^{-1} W \quad (8.15)$$

若所求得的 $\hat{\sigma}_{0_i}^2$ 与 $\hat{\sigma}_{0_j}^2$ 不相等或者相差较大,说明定权不合理,需重新定权。

8.3.2.2 基于等价权的抗差估计

受到外界环境、接收机性能等多方面的影响,GNSS 观测量中难免存在一些粗差。这些粗差直接影响了有效观测量的正确估计,必须通过一定的方法对其进行排除削弱。一般地,对于服从污染分布的观测值,按照抗差估计原则,抗差准则函数可表示为

$$\sum_{i=1}^{P} \sum_{j=1}^{n_j} (P_i)_j \rho (V_i)_j = \min \quad (8.16)$$

其抗差解式可写为

$$\sum_{i=1}^{P} A_i^T P_i [\varphi(V_i)] = 0 \quad (8.17)$$

根据等价权原理,可令

$$(\overline{P}_i)_j = (P_i)_j \varphi(V_i)_j / (V_i)_j \quad (8.18)$$

则有

$$\sum_{i=1}^{P} A_i^T \overline{P}_i V_i = 0 \quad (8.19)$$

比较抗差解式和最小二乘解式,可以看出,对于经典分类方差估计均可通过引入适当的 φ 函数来实现函数估计的抗差化。这里直接给出赫尔默特简化抗差解:

$$\hat{\sigma}_i^2 = \frac{[\varphi(V_i)]^T P_i [\varphi(V_i)]}{n_i - \mathrm{tr}(\overline{N}^{-1}\overline{N}_i)} \quad (8.20)$$

式中,$\overline{N}_i = A_i^T \overline{P}_i A_i, \overline{N} = \sum_{i=1}^{P} A_i^T \overline{P}_i A_i$。这里,$\varphi$ 函数可采用 IGG Ⅲ 方案等价权函数。

IGG Ⅲ 方案对应的权函数采用三段法,即正常区段采用最小二乘估计,可利用

区段采用平滑因子降低观测值的权,拒绝区段通过给观测值的权赋零值来淘汰粗差。

$$\bar{P}_i = \begin{cases} P_i, & |u_i| \leqslant k_0 \\ P_i \dfrac{k_0}{|v_i|}\left(\dfrac{k_1-|u_i|}{k_1-k_0}\right)^2, & k_0 < |u_i| \leqslant k_1 \\ 0, & |u_i| > k_1 \end{cases} \quad (8.21)$$

式中,u_i 为标准化以后的各类残差值;k_0 通常在 1.0~1.5 取值;k_1 通常在 2.5~3.0 取值。

8.3.3 基于抗差-方差分量的多模 GNSS 时间传递实施流程

在抗差-方差分量的多模 GNSS 时间传递的实际数据处理中,主要包含三个步骤。

第一步:基于式(8.5)构建融合多模 GNSS 的载波相位时间传递函数模型,和三个 GNSS 系统之间的初始权(通常可将其设定为等权),获得误差方程,并完成第一次最小二乘平差,由此获得待估参数的初值 $\hat{x}$。

第二步:结合初值 $\hat{x}$ 和观测方程(式(8.5))计算观测值的残差 v,计算单位权方差 σ_0^2,进一步对残差进行标准化处理,获得标准的观测值残差 V。

第三步:利用选定的等价权函数 φ 和观测值残差 V,结合式(8.20)计算分类方差的抗差初值 $\sigma_G^2, \sigma_C^2, \sigma_E^2$,实现了方差分量的抗差估计,进一步结合式(8.18)计算三类观测值的验后等价权。

第四步:根据获得的验后等价权重新进行平差,获得新的参数估值 $\hat{x}$,并重复第二步和第三步,迭代至前后两次计算的参数估值和分类方差值稳定。

8.3.4 算例与分析

为了验证基于 RVCE 的融合多模 GNSS 时间传递算法的有效性,本节选取了全球分布的五个多模 GNSS 观测站作为研究对象,均能跟踪到 GPS、BDS、Galileo 卫星信号,为融合多模 GNSS 时间传递奠定了数据基础。这些测站所配备的接收机型号、天线型号以及时间频率源等信息如表 8-5 所示。其中,NTS1 站和 BRUX 站分别隶属于中国科学院国家授时中心和比利时皇家天文台,是国际协调世界时(UTC)计算的参与单位,均外接有 UTC(k)时间和频率信号,其他测站外接有高性能的氢原子钟。考虑到时间传递链路是时频传递领域中最为基本的单位,因此,基于所选的测站建立了四条多模 GNSS 时间传递链路,其长度从 883.7 km 到 7537.5 km 不等(如表 8-6 所示),同时保证了每条时间传递链路上至少有一个时间频率源是外接有 UTC(k)的时间和频率信号。

表 8-5 基于 RVCE 的融合多模 GNSS 时间传递实验中所选站点信息表

站名	GNSS 接收机型号	天线型号	时间频率源
NTS1	SEPT POLARX4TR	SEPCHOKE_MC	UTC(NTSC)
BRUX	SEPT POLARX4TR	JAVRINGANT_DM	UTC(ORB)
KAT1	SEPT POLARX5	LEIAR25.R3	EXTERNAL H-MASER
CEDU	SEPT POLARX5	AOAD/M_T	EXTERNAL H-MASER
ONS1	TRIMBLE NETR9	LEIAR25.R3	EXTERNAL H-MASER

表 8-6 基于 RVCE 的融合多模 GNSS 时间传递实验中所形成的链路信息

时间链路名称	链路长度/km
ONS1—BRUX	883.7
NTS1—KAT1	5704.2
NTS1—CEDU	7294.5
BRUX—NTS1	7537.5

基于 RVCE 的融合多模 GNSS 时间传递实验共设计了以下两种数据处理方案：

方案 1　传统的融合多模 GNSS 时间传递方法,其设定的不同系统间的权比为等权,同时对观测值中可能存在的粗差不做处理(Raw);

方案 2　基于 RVCE 的融合多模 GNSS 时间传递方法,利用方差分量估计确定不同系统间的权比,同时利用抗差估计处理观测值中可能存在的粗差(RVCE)。

考虑到 GNSS 载波相位时间传递中,直接估计的参数是接收机的钟差,其代表的是接收机内部时间参考与 GNSS 系统时间之差,是时间传递中最为重要的参数。因此,首先代表性地给出 ONS1 站和 CEDU 站两种方案获得的接收机钟差序列,如图 8-8 所示。从图 8-8 中可以看出,Raw 方案的接收机钟差序列中存在一定的粗差,而基于 RVCE 的方案有效控制了这些粗差,获得了较为平滑接收机钟差序列,为高性能的时间传递奠定了坚实的基础。

图 8-9 给出了基于两种数据处理方案获得的四条时间传递链路的钟差序列对比结果。为了更清楚地对比分析,将 RVCE 方案的钟差序列均进行了平移,其中 ONS1—BRUX(a)的平移量为 10 ns,NTS1—KAT1(b)为 20 ns,NTS1—CEDU(c)为 20 ns,BRUX—NTS1(d)为-2 ns。从图 8-9 中可以看出,两种方案获得的链路钟差序列的变化较为吻合,RVCE 方案在部分历元处获得的钟差值较 Raw 方案的更加符合其趋势变化,尤其是在 ONS1—BURX 链路上更为明显。由于 CEDU 站和 KAT1 站接的均是未被驾驭的氢原子钟,其接收机钟差的趋势项相对

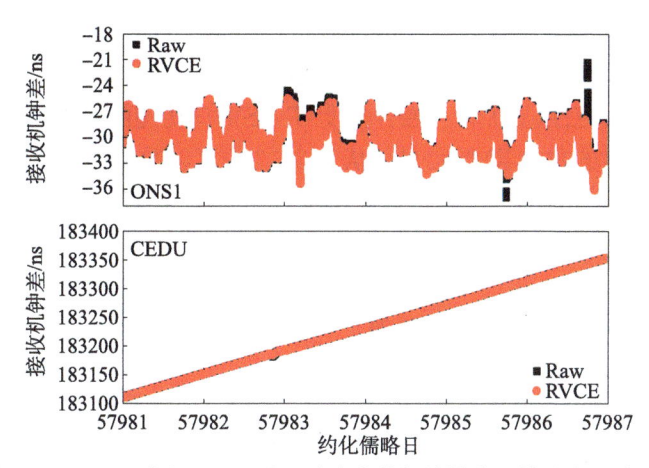

图 8-8　ONS1 站和 CEDU 站两种方案获得的接收机钟差序列对比图

比较明显,这对分析比较两种方案的性能造成了一定的困难。因此,首先利用卡尔曼滤波对各条链路的钟差序列进行平滑,获得的平滑序列不但噪声较低,而且保持了链路钟差序列的变化趋势。

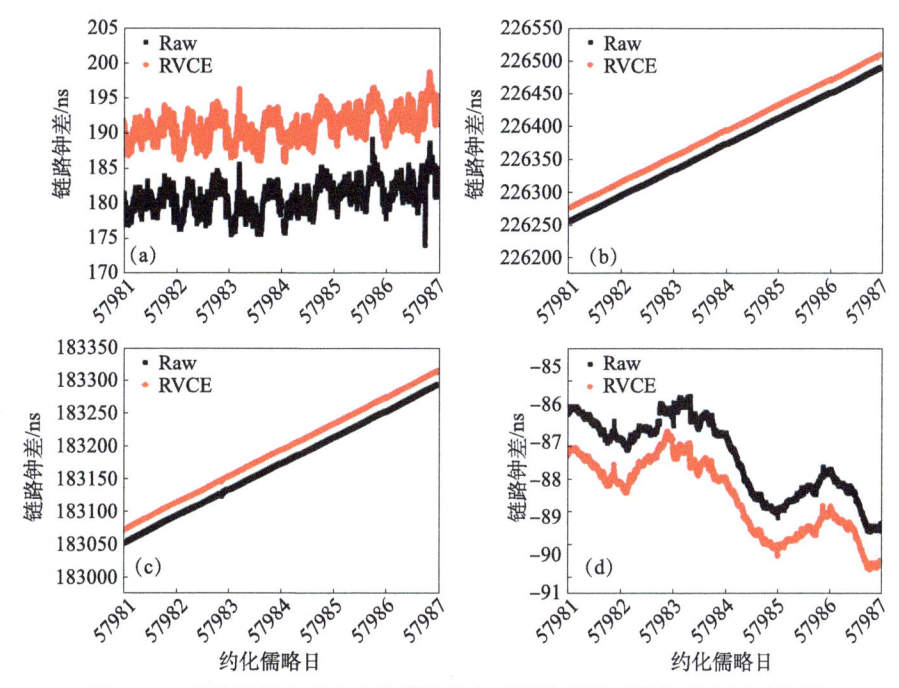

图 8-9　两种数据处理方案获得的四条时间传递链路的钟差序列对比图

图 8-10 给出了两种方案获得的各条时间传递链路钟差平滑后的残差序列。从图 8-10 中可以清楚地看出,RVCE 方案相对于传统 Raw 方案可以更加有效地

控制观测值中的粗差对于钟差估计的影响,进一步提升时间传递的性能。与此同时,RVCE 可以实时对不同 GNSS 的权重进行调整,从理论上克服了传统 Raw 方案中定权的主观性和随意性,更加符合融合多模 GNSS 时间传递的客观性。表 8-7 给出了两种方案平滑后的残差 RMS 信息。从表 8-7 中可以看出,RVCE 方案较传统的 Raw 方案的噪声水平提升了 0.75% 到 5.48%,平均幅度为 3.41%。

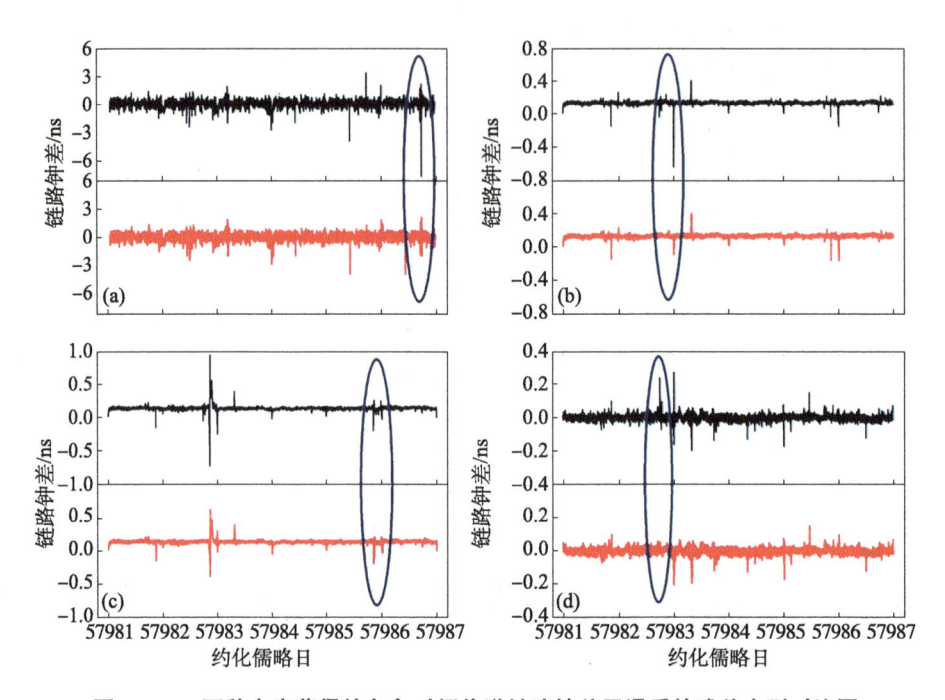

图 8-10 两种方案获得的各条时间传递链路钟差平滑后的残差序列对比图

表 8-7 两种方案链路钟差序列平滑后的残差 RMS 统计信息

时间传递链路	Raw/ns	RVCE/ns	改善幅度/%
ONS1－BRUX	0.420	0.397	5.48
NTS1－KAT1	0.133	0.132	0.75
NTS1－CEDU	0.141	0.138	2.13
BRUX－NTS1	0.019	0.018	5.26

考虑到频率稳定度是时间传递中一项重要的技术指标,图 8-11 给出了两种方案获得的四条链路频率稳定度对比结果,表 8-8 列出了不同时间间隔处的频率稳定度。

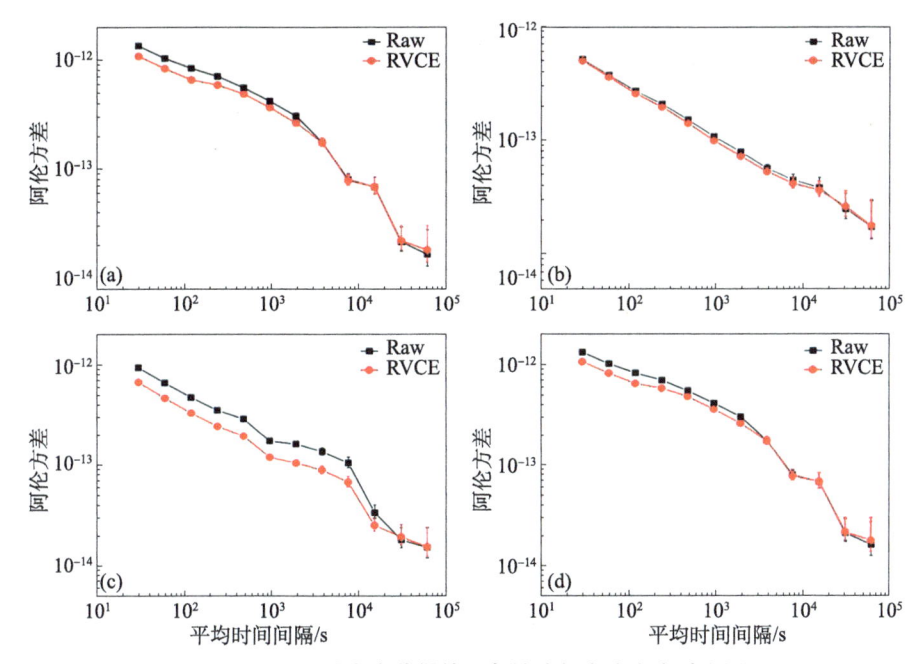

图 8-11 两种方案获得的四条链路频率稳定度对比图

表 8-8 两种方案获得的四条链路频率稳定度

平均时间间隔/s	时间传递链路								
	ONS1−BRUX		NTS1−KAT1		NTS1−CEDU		BRUX−NTS1	
	Raw	RVCE	Raw	RVCE	Raw	RVCE	Raw	RVCE
30	1.32E−12	1.06E−12	5.10E−13	4.97E−13	9.38E−13	6.69E−13	4.08E−13	3.82E−13
60	1.02E−12	8.17E−13	3.69E−13	3.55E−13	6.63E−13	4.65E−13	2.58E−13	2.37E−13
120	8.27E−13	6.46E−13	2.69E−13	2.55E−13	4.75E−13	3.30E−13	1.60E−13	1.46E−13
240	6.98E−13	5.79E−13	2.06E−13	1.95E−13	3.54E−13	2.44E−13	1.03E−13	9.68E−14
480	5.48E−13	4.79E−13	1.50E−13	1.40E−13	2.90E−13	1.94E−13	8.00E−14	7.10E−14
960	4.14E−13	3.60E−13	1.07E−13	9.90E−14	1.74E−13	1.19E−13	5.95E−14	5.48E−14
1920	3.03E−13	2.60E−13	7.88E−14	7.22E−14	1.62E−13	1.04E−13	4.33E−14	3.80E−14
3840	1.75E−13	1.74E−13	5.63E−14	5.25E−14	1.36E−13	8.91E−14	2.83E−14	2.67E−14
7680	7.92E−14	7.72E−14	4.42E−14	4.13E−14	1.05E−13	6.76E−14	2.26E−14	2.19E−14
15360	6.74E−14	6.77E−14	3.80E−14	3.61E−14	3.39E−14	2.53E−14	1.90E−14	1.57E−14
30720	2.11E−14	2.17E−14	2.46E−14	2.58E−14	1.82E−14	1.95E−14	1.22E−14	1.19E−14
61440	1.62E−14	1.78E−14	1.72E−14	1.76E−14	1.52E−14	1.55E−14	1.56E−14	1.37E−14

结合图 8-11 和表 8-8 可以清楚地看出，RVCE 方案较传统的 Raw 方案能够

获得更高的频率稳定度,在时间间隔小于 10000 s 的情况下更为明显。考虑到阿伦方差在计算过程中,随着时间间隔的增加,可用的数据点数量急剧下降,相应的计算误差也逐渐变大,从图 8-11 可看出。因此,一般更加关注 10000 s 内的频率稳定度。图 8-12 给出了 RVCE 方案较传统 Raw 方案在四条链路上的频率稳定度改善幅度。从图 8-12 中可看出,在不同链路不同时间间隔处,RVCE 均明显改善了时间传递的频率稳定度,对于 ONS1－BRUX 链路而言,平均改善幅度为 13.48%,NTS1－KAT1 链路为 5.97%,NTS1－CEDU 链路为 32.34%,BRUX－NTS1 链路为 7.76%,四条链路平均改善幅度为 14.89%。

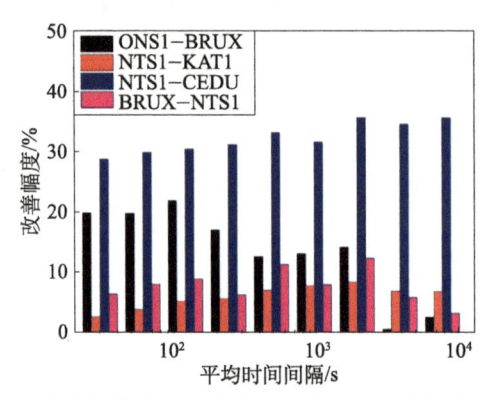

图 8-12 RVCE 方案较传统 Raw 方案在四条链路上的频率稳定度改善幅度

8.3.5 实验小结

本节主要针对融合多模 GNSS 时间传递中的权比分配问题和质量控制问题,提出了基于抗差-方差分量的融合多模 GNSS 时间传递方法,给出了相关数学模型和数据处理方法,最后利用实验对其有效性进行了验证。

基于抗差-方差分量的融合多模 GNSS 时间传递方法可有效分配不同系统在数据处理过程中的权比,从理论上给出了权比的确定方法,克服了传统融合多模 GNSS 时间传递中定权的主观性和随意性。同时,该方法可对观测值中可能存在的粗差进行有效控制,使得该方法不论在时间传递的噪声水平上,还是在链路的频率稳定度方面,均呈现出较好的性能。通过算例验证可以看出,基于抗差-方差分量的融合多模 GNSS 时间传递在链路钟差序列的噪声水平上有一定的改善,在 ONS1－BRUX 链路、NTS1－KAT1 链路、NTS1－CEDU 链路和 BRUX－NTS1 链路上分别取得了 5.48%、0.75%、2.13% 和 5.26% 的改善幅度。在频率稳定度方面,尤其是在 10000 s 内的各个时间间隔处的改善更加显著,平均幅度分别达到了 13.48%、5.97%、32.34% 和 7.76%。

8.4 多模 GNSS 时间传递中 ISB 特征及其影响

8.4.1 ISB 随机模型

从融合多模 GNSS 的载波相位时间传递的函数模型(式(8.5))中可以看出,系统间偏差 ISB 参数与时间传递中的接收机钟差参数密切相关,ISB 参数的准确处理对于提升融合多模 GNSS 的精密时间传递性能密切相关。一般地,ISB 参数可以通过随机过程进行模拟,常用的随机过程主要有白噪声过程、随机常数过程及随机游走过程,下面进行简要介绍。

在白噪声过程中,设定 ISB 参数在历元之间不存在相关性,其随机模型的数学表达式可以写为

$$Q_{ISB}(k) \sim N(0,\sigma^2) \tag{8.22}$$

其中,Q 为协因数阵;k 为历元。

随机常数过程在应用中通常是利用分段随机常数过程进行的,也就是说,将一天的弧段划分为若干弧段,在相邻弧段需要对参数进行初始化,在每个弧段内将参数设定为随机常数,其数学表达式可以写为

$$Q_{ISB}(k+1) = Q_{ISB}(k) \tag{8.23}$$

随机游走过程的数学表达式可以写为

$$Q_{ISB}(k+1) = Q_{ISB}(k) + \omega_{ISB}, \quad \omega_{ISB} \sim N(0,\sigma^2_{\omega_{ISB}}) \tag{8.24}$$

其中,ω 表示随机游走过程的过程噪声。

从上述描述中可以看出,若待估参数比较稳定,可以利用随机常数过程对其进行模拟。随机游走过程的数学表达式可以通过随机常数过程添加随机噪声的方式得到。

8.4.2 ISB 时空特征分析

为了分析多模 GNSS 时间传递中 ISB 的时空特征及其对多模 GNSS 时间传递的影响,考虑到我国 BDS-3 全球导航卫星系统建设完善,本节选择了能够跟踪到 BDS-3、BDS-2、GPS、Galileo 以及 GLONASS 信号的三个测站(BRCH 站、TP01 站、WTZZ 站),同时这些测站均位于国际时间实验室,均接入了 UTC(k)的时间频率源(三个测站信息如表 8-9 所示)。其中,BRCH 站隶属于国际 GNSS 监测评估系统的跟踪网,其位于德国联邦物理技术研究所 PTB,考虑到 PTB 为国际时间传递的重要节点,因此在本时间传递实验中,将 BRCH 站作为中心站。因此,形成了两条时间传递链路:TP01－BRCH 和 WTZZ－BRCH,其长度分别为 368.3 km 和 389.8 km。

表 8-9 多模 GNSS 时间传递中 ISB 特征分析实验中测站信息

测站	时间频率源	原子钟类型	接收机型号	天线型号
BRCH	UTC(PTB)	Hydrogen Maser	CETC-54-GMR-4016	NOV750.R4
TP01	UTC(TP)	Industrial Caesium Standard	JAVAD TRE_3	NOV704X
WTZZ	UTC(IFAG)	Hydrogen Maser	JAVAD TRE_3	LEIAR25.R3

为了分析 ISB 的时空特征，在 GNSS 实际数据处理中，采用了 BDS-3/BDS-2 的 B1I、B3I 频点的伪距和载波相位观测值，GPS 则为 L1、L2 频点，Galileo 为 E1、E5a 频点，GLONASS 为 L1、L2 频点。利用白噪声随机过程获取了 BDS-3 与 BDS-2、GPS、Galileo 的系统间偏差，分别记为 C3－C2、C3－G、C3－E、C3－R。图 8-13 给出了 BDS-3 与其他 GNSS 之间的 ISB 日平均值变化。从图 8-13 中可以看出，除了 C3－C2 外，其他系统间偏差在天与天之间存在明显的变化，主要是由于 BDS-2 和 BDS-3 的时间系统均同步于北斗系统时间(BDT)。当然，BDS-3 与 GPS、Galileo、GLONASS 系统之间存在的系统偏差也呈现出一定的系统性偏差，究其原因与 ISB 不仅包含了接收机端的偏差信息(如接收机硬件偏差、多路径误差及温度变化)，还包含了各 GNSS 的时间尺度与参考时间尺度之间的偏差。另一方面，在 GNSS 载波相位时间传递的实际应用中，通常需要利用 GNSS 的事后精密卫星轨道和钟差产品，考虑到不同分析中心在卫星产品生成过程中，每天所选用的时间参考尺度可能不同，其也是造成天与天之间变化较大的一个重要原因。

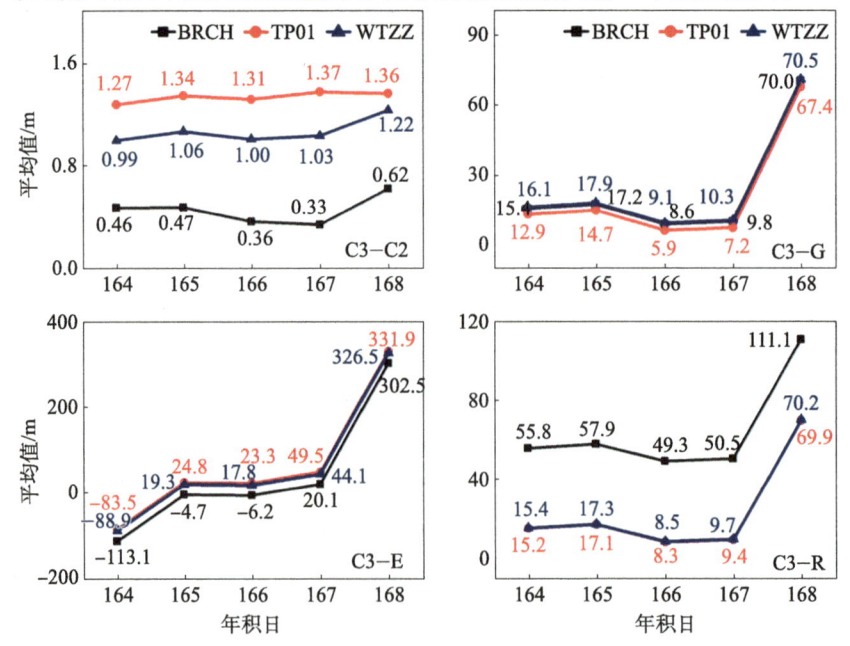

图 8-13 BDS-3 与其他 GNSS 之间的 ISB 日平均值变化

图 8-14 给出了 BDS-3 与 BDS-2 之间的系统间偏差日变化趋势。从图 8-14 中可以看出,该 ISB 时间序列在不同测站呈现出较为相似的变化趋势,其变化幅度主要分布于 $-0.15 \sim 0.15$ m。

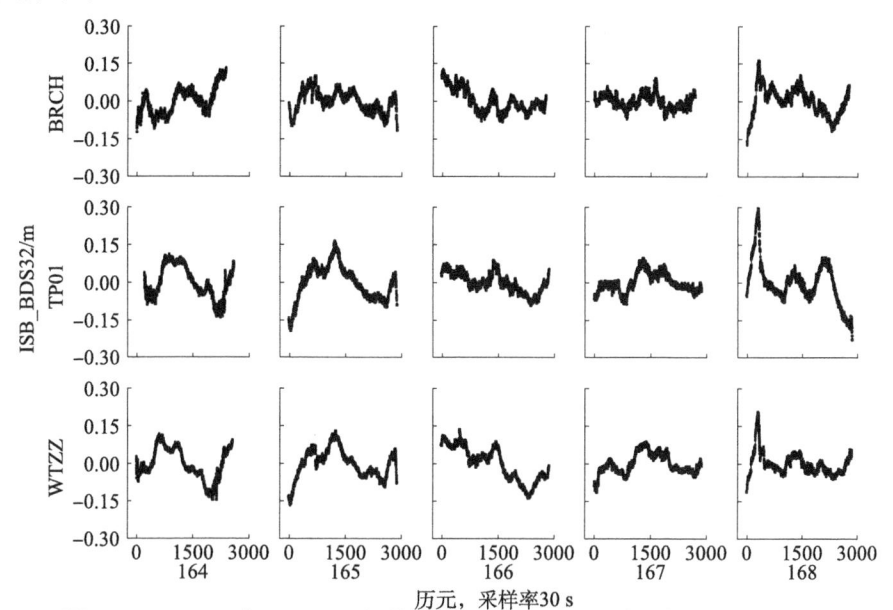

图 8-14 BDS-3 与 BDS-2 之间的系统间偏差日变化趋势(去除了日平均值)

图 8-15 给出了 BDS-3 与 GPS 之间的系统间偏差日变化趋势。同样地,ISB 在一天之内的变化也较为稳定,其变化范围在 $-0.15 \sim 0.15$ m。此外,通过比较三个测站之间不同日的变化趋势,可以清楚地观察到其较为稳定的特征。

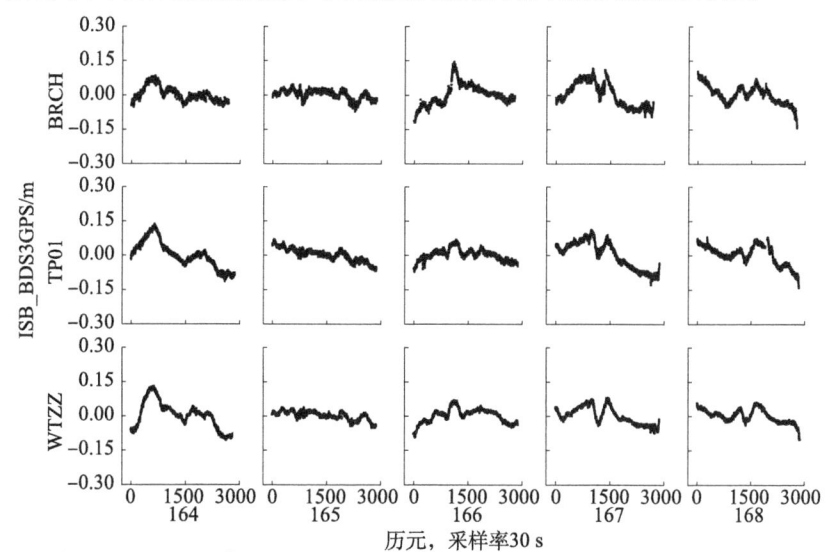

图 8-15 BDS-3 与 GPS 之间的系统间偏差日变化趋势(去除了日平均值)

图 8-16 给出了 BDS-3 与 Galileo 之间的系统间偏差日变化趋势。从图 8-16 中可以看出,在不同测站 5 日的时间序列变化趋势相对比较稳定,其呈现出良好的系统性特征。

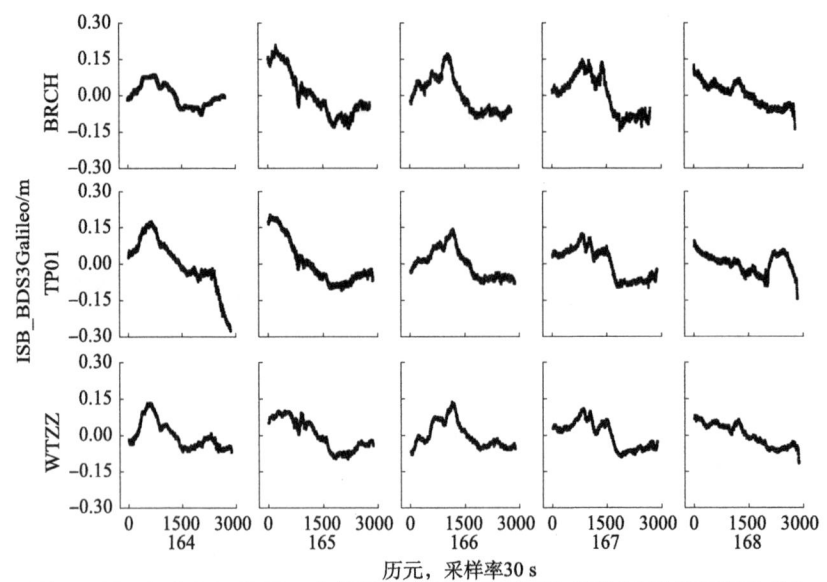

图 8-16　BDS-3 与 Galileo 之间的系统间偏差日变化趋势(去除了日平均值)

图 8-17 给出了 BDS-3 与 GLONASS 之间的系统间偏差日变化趋势。BDS-3 与 GPS、Galileo 之间的 ISB 序列特征类似,其在一天中的变化较为稳定,在不同测站也呈现出较好的系统性特征。

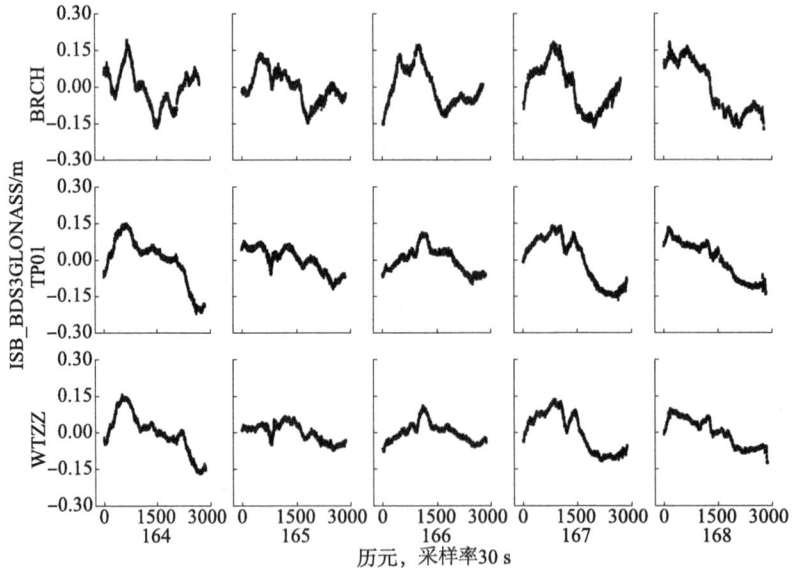

图 8-17　BDS-3 与 GLONASS 之间的系统间偏差日变化趋势(去除了日平均值)

为了定量地分析 ISB 的日变化的稳定性，图 8-18 给出了不同 ISB 序列的标准差。从图 8-18 中可以看出，C3-C2 和 C3-G 的系统间偏差明显小于 C3-E 和 C3-R 偏差，其标准差的平均值分别为 0.053 m(C3-C2)、0.039 m(C3-G)、0.066 m(C3-E) 和 0.073(C3-R)。对于不同测站，其标准差的平均值分别为 0.063 m(TP01)、0.059 m(BRCH)、0.051 m(WTZZ)。与此同时，本节利用阿伦方差分析了 ISB 在不同时间间隔处的稳定性，如图 8-19 所示。不同时间间隔处的平均阿伦方差分别为 2.13×10^{-13}(C3-C2)、1.35×10^{-13}(C3-G)、1.35×10^{-13}(C3-E)、1.46×10^{-13}(G3-R)。

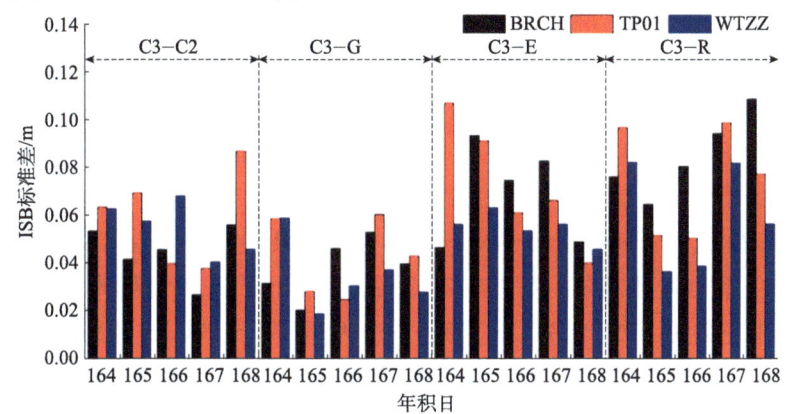

图 8-18 BDS-3 与其他 GNSS 之间 ISB 日变化的标准差

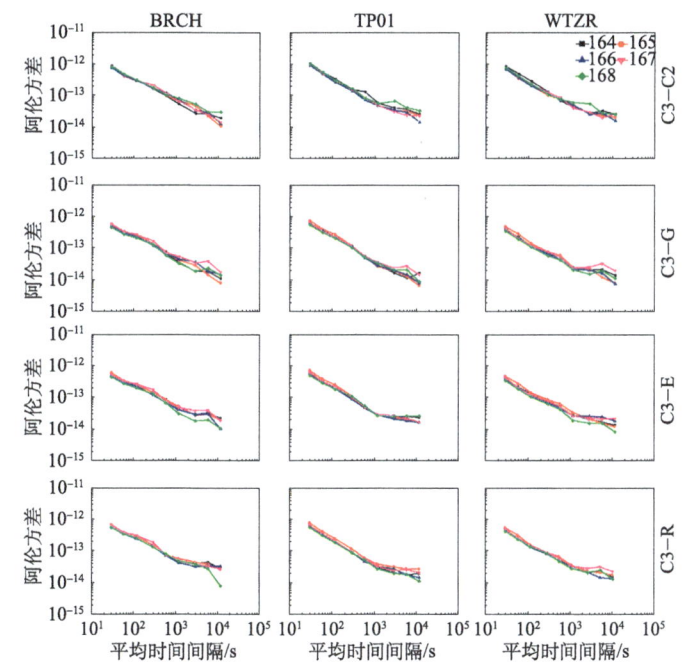

图 8-19 BDS-3 与 BDS-2、GPS、Galileo、GLONASS 之间的系统偏差阿伦方差对比图

从上述讨论中可以看出,BDS-3 与其他 GNSS 之间的系统性偏差在一天内呈现出较好的稳定性,在标准差和阿伦方差等指标上均有表现。

8.4.3 多模 GNSS 时间传递 ISB 影响分析

为了分析 ISB 对于多模 GNSS 时间传递的影响,本节利用两条时间传递链路(TP01－BRCH 和 WTZZ－BRCH)进行了时间传递实验。在实验过程中,本节采用了融合 BDS-3 与 BDS-2(C3＋C2),融合 BDS-3 与 GPS(C3＋G),融合 BDS-3 与 Galileo(C3＋E)以及融合 BDS-3 与 GLONASS(C3＋R)的双模 GNSS 时间传递方案进行验证,在数据处理中针对 ISB 参数分别按照白噪声过程、随机常数过程以及随机游走过程三种数据处理方案分别进行处理。在三种 ISB 数据处理方案中,随机常数方案中是按照每小时估计一次 ISB,记为"Hour"。随机游走方案中,功率谱密度设定为 1 mm/s$^{0.5}$,记为"Walk",白噪声过程方案记为"White"。

图 8-20 给出了四种双模 GNSS 时间传递结果,考虑到不同 ISB 的方案获取的时间传递序列大体相同,为了节省篇幅,仅给出了 ISB 白噪声方案的结果。图 8-20 中左边为 TP01－BRCH 链路,右边为 WTZZ－BRCH 链路。从图 8-20 中可以看出,四种融合方法所获得的时间传递结果的变化趋势均呈现出良好的一致性。考虑到 BDS-2 区域系统覆盖范围的限制,C3＋C2 方案其时间传递性能略差于其他方案。与此同时,两条链路上的 C3＋C2 方案与其他方案获取的时间传递结果之间均存在明显的系统性偏差。究其原因主要与测站接收机端 DCB 偏差有关。参考站 BRCH 站属于 iGMAS 数据观测网,而 WTZZ 站属于 MGEX 网。虽然 TP01 不属于 MGEX 网,但是其与 WTZZ 站接收机类型相同,可以视其属于 MGEX 网。李星星等研究了不同数据观测网中 BDS-2 和 BDS-3 的接收机端 DCB 偏差特征,发现其偏差在不同数据观测网呈现出不同的特征。

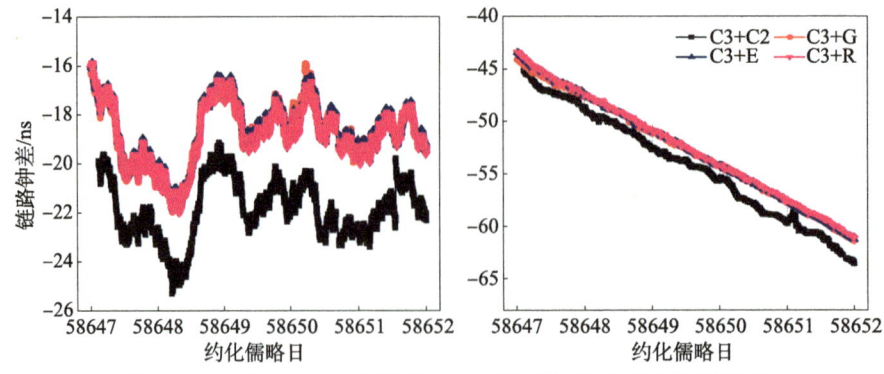

图 8-20 融合 BDS-3 与其他 GNSS 的双模 GNSS 时间传递结果

图 8-21 给出了不同 ISB 方案的时间传递结果的 RMS 对比情况,从图 8-21 中可以看出,"Hour"和"Walk"方案较传统的白噪声过程方案"White"的噪声水平更佳,尤其是在 WTZZ－BRCH 的氢钟—氢钟链路上更加明显,其 RMS 平均值分别为 0.045 ns(Hour)、0.042 ns(Walk)、0.050 ns(White)。在不同的融合方案中,两条链路的平均 RMS 则分别为 0.102 ns(C3+C2)、0.089 ns(C3+G)、0.087 ns(C3+E)和 0.089 ns(C3+R)。

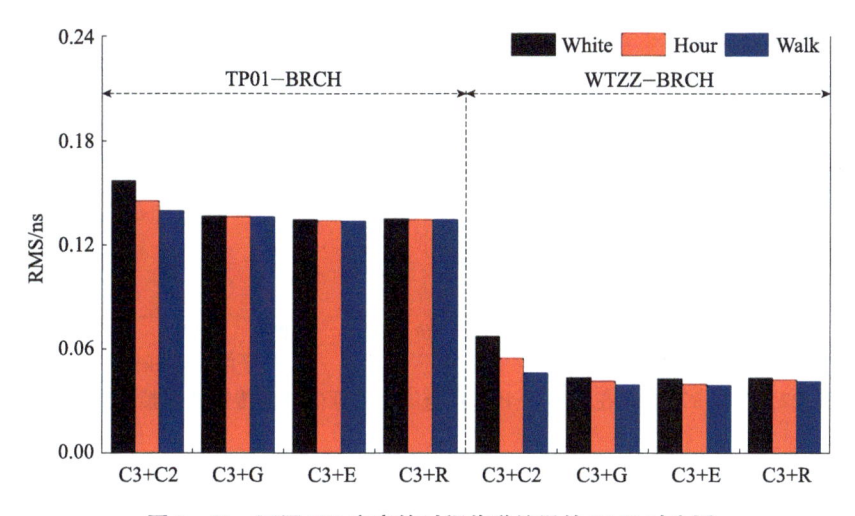

图 8-21　不同 ISB 方案的时间传递结果的 RMS 对比图

图 8-22 和图 8-23 分别给出了三种 ISB 方案在 TP01－BRCH 链路和 WTZZ－BRCH 链路上获取的时间传递结果频率稳定度对比情况。从图中可以看出,在时间传递的频率稳定度方面,"Hour"和"Walk"方案相较于"White"方案呈现出较好的结果。在 TP01－BRCH 链路上,10000 s 内的阿伦方差的平均值分别为 5.93×10^{-13}(White)、5.63×10^{-13}(Hour)、5.64×10^{-13}(Hour),在 WTZZ－BRCH 链路上则分别为 2.04×10^{-13}(White)、1.56×10^{-13}(Hour)、1.38×10^{-13}(Walk)。

整体上看,在多模 GNSS 时间传递中,ISB 呈现出较为稳定的特征,利用随机常数过程和随机游走过程较白噪声过程在时间传递中更优,主要表现在时间传递的链路噪声水平和频率稳定度方面,尤其是在氢钟—氢钟时间传递链路上更加明显。

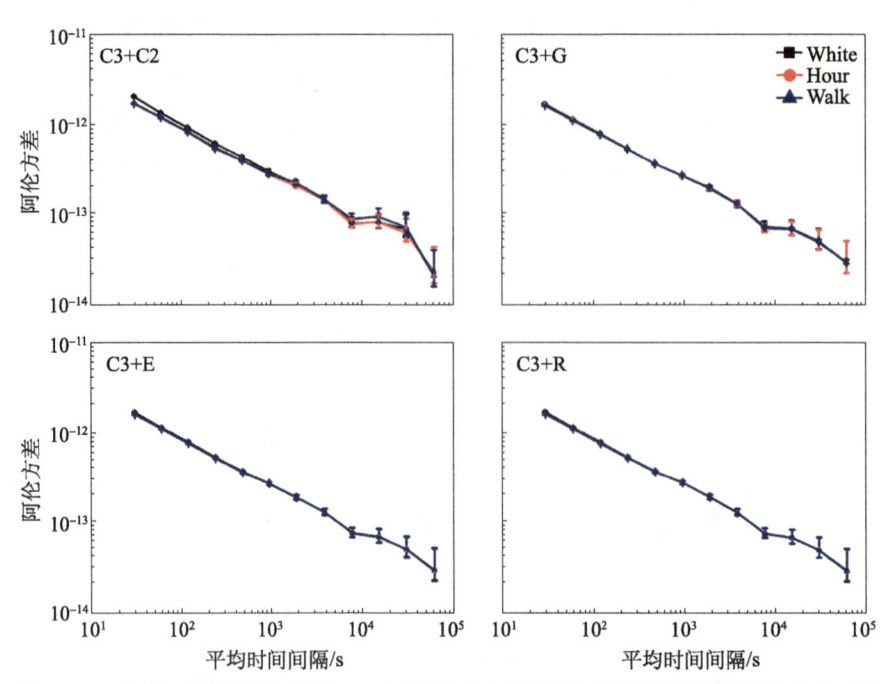

图 8-22 三种 ISB 方案在 TP01－BRCH 链路上获取的时间传递结果频率稳定度对比

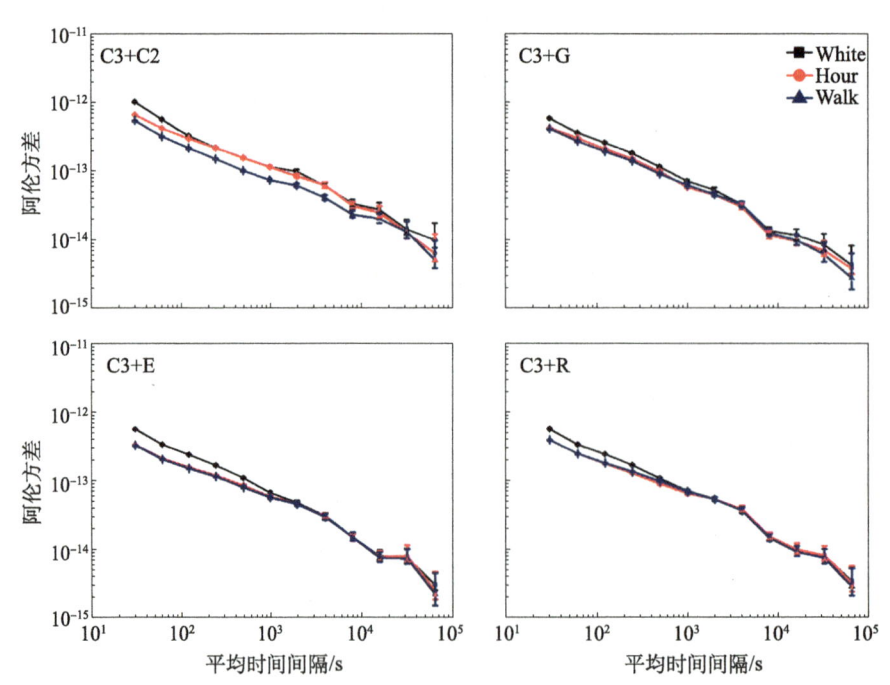

图 8-23 三种 ISB 方案在 WTZZ－BRCH 链路上获取的时间传递结果频率稳定度对比图

8.5　本章小结

随着全球各大 GNSS 快速发展,国际重要的时间实验室也都逐步配备多模 GNSS 接收机。针对这些现状,为了充分发掘多模 GNSS 时间传递的潜力,本章提出了融合多模 GNSS 载波相位时间传递方法,对数学模型的建立和算法流程的实现均进行了深入讨论,并从短基线和长基线时间传递链路的角度出发,通过算例验证了该方法的有效性。与此同时,针对多模 GNSS 时间传递中不同 GNSS 信号体制、卫星轨道和钟差产品以及星座设计等方面存在的差异性,本章提出了基于抗差－方差分量的融合多模 GNSS 时间传递方法,讨论了其数学模型,并总结了算法实施流程。通过算例可以看出,该方法有效解决了不同系统的权比分配问题和时间传递的质量控制问题。具体得出的主要结论如下。

(1)融合多模 GNSS 的载波相位时间传递方法增加可用卫星的数目,减少数据冗余,减弱诸如多路径误差、恒星日周期误差等系统相关的误差,改善跟踪站的卫星分布对于接收机钟差参数的影响。在 NTS1 站,融合多模 GNSS 的载波相位时间传递方法较单系统中表现最好的 GPS 时间传递的可用卫星数目由原来的 8.7 颗增加到了 18.1 颗,其接收机钟差精度因子 TDOP 由 1.13 降为 0.54,改善幅度达到了 52.2%。同样地,在位于欧洲的 BRUX 站,该方法也显著增加了可用卫星数目,其 TDOP 由 0.81 降为 0.39,改善幅度达到了 51.9%。

(2)融合多模 GNSS 的载波相位时间传递方法有效改善了时间传递链路的噪声水平和频率稳定度。在 NTS1－BRUX 链路上,融合多模 GNSS 时间传递的 RMS 较单 GPS、单 BDS、单 Galileo 系统分别提升了 18.8%、59.4%、35.0%。在共钟短基线 NTS1－NTS2 的链路上,融合多模 GNSS 方法所获得钟差标准差较单 GNSS 分别提升了 18.8%、59.4%和 35.0%。与此同时,融合多模 GNSS 方法对于时间传递链路的频率稳定度有明显的改善,对于时间传递实际工作中通常遇到的长基线链路而言,融合多模 GNSS 方法在 10000 s 内的时间间隔的平均提升幅度较单 GPS、单 BDS、单 Galileo 系统分别为 12.9%、62.3%、36.0%。

(3)基于抗差－方差分量的融合多模 GNSS 时间传递方法可以合理分配不同 GNSS 的权比,有效控制了观测值中的粗差对于时间传递的影响。在时间传递的噪声水平和频率稳定度方面较传统融合 GNSS 时间传递方法均有改善,在 ONS1－BRUX、NTS1－KAT1、NTS1－CEDU 和 BRUX－NTS1 链路上的噪声水平方面分别取得了 5.48%、0.75%、2.13%和 5.26%的改善幅度。在频率稳定度方面,特别是在 10000 s 内的各个时间间隔处的改善更加显著,平均幅度也分别达到了 13.48%、5.97%、32.34%和 7.76%。

(4)在融合多模 GNSS 时间传递中,系统间偏差 ISB 呈现出较为稳定的特征。

利用随机常数过程和随机游走过程对时间传递中的ISB参数进行估计呈现出良好链路噪声水平和频率稳定度。通过在WTZZ－BRCH和TP01－BRCH链路上进行实验,结果表明随机常数过程和随机游走过程较白噪声过程在WTZZ－BRCH分别改善10.4%、16.8%,在TP01－BRCH链路上的改善幅度分别为2.1%、3.5%。在时间传递的频率稳定度方面,其在WTZZ－BRCH链路上的改善幅度分别为24.01%、32.48%,在TP01－BRCH链路上分别为5.05%、4.97%。

(5)本章拓展的融合多模GNSS时间传递方法有效改善了目前多模GNSS时间传递工作中仅仅停留在结果端融合的现状,给出了统一的数学模型,不仅提升了时间传递性能,还实现了时间传递从单模到多模融合的平稳过渡。随着全球各大GNSS建设的深入推进,越来越多的时间实验室之间也将建立更多的多模GNSS时间传递链路,届时相信该算法会有更大的应用前景。

第 9 章

多频 GNSS 载波相位时间传递方法

9.1 引 言

近年来,随着 GPS 现代化的不断深入以及 GLONASS、BDS、Galileo 系统的不断完善,新一代 GNSS 逐渐拥有播发多个频点信号的能力,为多频 GNSS 载波相位时间传递提供了新的可能。GPS Block IIF 卫星能够播发 L1 (1575.42 MHz)、L2 (1227.60 MHz) 和 L5 (1176.45 MHz) 三个频率的信号,我国 BDS 可以提供 B1 (1561.098 MHz)、B2(1207.14 MHz) 和 B3(1268.52 MHz)信号的观测值。相对于其他 GNSS,欧洲的 Galileo 系统所采用的 E5(1191.795 MHz)频点的数据具有观测噪声低、受多路径影响小的特点,使得其在高精度定位、导航及授时领域具有更加广阔的应用前景。以此频率为中心,Galileo 系统设计了两个新的频率信号 E5a(1176.45 MHz) 和 E5b(1207.14 MHz),结合其 E1 频率(1575.42 MHz),Galileo 系统拥有提供四频观测值的能力。多频 GNSS 相对于基于传统双频观测值的方法能够减少数据冗余,形成更多、更优的组合,在周跳探测、模糊度固定等方面比单站双频观测值更加有效。众多学者前期研究了其在相对定位和精密单点定位方面的优势。

在时间传递方面,涂锐等学者较早地给出了 BDS 三频时间传递模型,并从稳定度和精度两个方面与传统双频时间传递模型进行了对比,为 GNSS 载波相位时间传递提供了新的思路。然而,虽然 Galileo 系统所拥有的四频观测值在多频 GNSS 时间传递中具有巨大的潜力,但是前期基于 Galileo 系统的时间传递大多仍然停留在传统的双频观测值方面,对于建立基于 Galileo 四频观测值的精密时间传递模型方面的研究相对较少。因此,本章对基于 Galileo 多频观测值的时间传递模型进行系统性研究,从双频、三频、四频模型的建立、性能进行对比性分析,并利用国际时间实验室的实测数据进行测试验证。

9.2 多频 GNSS 时间传递模型构建

多频 GNSS 载波相位时间传递技术结合了多频伪距观测量提供时间信息和载波相位观测量低噪声的优势,最终实现时间传递的功能。在传统 GNSS 载波相位时间传递中,为了消除电离层一阶项的影响,通常是利用双频伪距和载波相位观测值构建无电离层组合,其基本模型如 2.3 节所述。与传统模型不同的是,多频 GNSS 时间传递模型进一步利用三频、四频观测量形成了多种无电离层组合,这些组合有助于进一步改善时间传递的性能。下面将以 Galileo 四频观测值为例,重点对双频、三频、四频模型分别阐述。

9.2.1 双频 GNSS 时间传递模型

在传统的 GNSS 载波相位时间传递中,电离层一阶项是利用双频观测量进行消除,其函数模型可以写成

$$\begin{cases} P^s_{r,mn} = a_m P^s_{r,m} + a_n P^s_{r,n} = \rho + c \cdot (dt_{r,mn} - dt^s) + T^s_r + e^s_{r,mn} \\ L^s_{r,mn} = a_m L^s_{r,m} + a_n L^s_{r,n} = \rho + c \cdot (dt_{r,mn} - dt^s) + T^s_r + N^s_{r,mn} + \varepsilon^s_{r,mn} \end{cases} \quad (9.1)$$

其中,角标 m 和 n 表示频率。对于 Galileo 四频观测值(E1、E5a、E5b 和 E5)而言,可以形成 6 个相互独立的无电离层组合。考虑到 E5a/E5b、E5a/E5 和 E5b/E5 3 个组合的噪声放大因子明显大于其他 3 个,并不适合应用于 GNSS 载波相位的时间传递中。因此,本章重点关注 E1/E5a、E1/E5b 和 E1/E5 组合的双频 GNSS 载波相位时间传递的模型,表 9-1 给出其相关模型的系数。

表 9-1 双频 GNSS 载波相位时间传递模型系数

组合	a_1	a_2	a_3	a_4	噪声	卫星 DCB 改正
E1/E5a	2.261	−1.261	0	0	2.588	0
E1/E5b	2.422	0	−1.422	0	2.809	$DCB^s_{CP}(1,3)$
E1/E5	2.338	0	0	−1.338	2.694	$DCB^s_{CP}(1,4)$

需要说明的是,在 GNSS 载波相位时间传递模型中,需要对差分码偏差所引起的时间延迟进行改正,包括卫星部分和接收机部分两个方面。对于卫星部分,传统的 Galileo 双频时间传递所采用 E1/E5a 组合可以通过应用 IGS 分析中心所提供的 Galileo 精密卫星钟差产品的形式直接进行改正,因为这些产品在形成过程中将所采用的 E1 和 E5a 观测值偏差吸收到了卫星钟差产品当中。但是,对于 E1/E5b 和 E1/E5 组合而言,为了与所采用的卫星钟差产品保持一致,需要通过添加额外的误差改正项予以修正。为此,本章分别给出了 E1/E5b 和 E1/E5 卫星 DCB 改正:

$$DCB_{CP}^s(1,3) = \beta_{12} \cdot DCB_{12}^s - \beta_{13} DCB_{13}^s \tag{9.2}$$

$$DCB_{CP}^s(1,4) = \beta_{12} \cdot DCB_{12}^s - \beta_{14} DCB_{14}^s \tag{9.3}$$

式中,系数 $\beta_{mn} = -\dfrac{f_n^2}{f_m^2 - f_n^2}$;$DCB_{mn}^s$ 表示频率 m 和 n 之间的 DCB 参数,其具体数值可以在 IGS 分析中心查询。

GNSS 接收机部分的差分码偏差,在数据处理中将被吸收到接收机钟差参数中,可以通过链路校准的方式进行整体确定。因此,结合式(2.9)和式(9.1),双频 GNSS 载波相位时间传递中的待估参数向量 X_{CP0} 可表示为

$$X_{CP0} = [x, y, z, dt_{r,mn}, T_{wet}, N_{r,mn}^s] \tag{9.4}$$

式中,(x, y, z) 为测站坐标;T_{wet} 为对流层湿分量;$dt_{r,mn}$ 为不同双频组合的接收机钟差;$N_{r,mn}^s$ 为相应的模糊参数。

9.2.2 三频 GNSS 时间传递模型

一般地,Galileo 三频载波相位时间传递中的无电离层模型可以表述为

$$\begin{cases} P_{r,mnp}^s = b_m P_{r,m}^s + b_n P_{r,n}^s + b_p P_{r,p}^s \\ \quad = \rho + c \cdot (dt_{r,mnp} - dt^s) + T_r^s + DCB_{mnp}^s + e_{r,mnp}^s \\ L_{r,mnp}^s = b_m L_{r,m}^s + b_n L_{r,n}^s + b_p L_{r,p}^s \\ \quad = \rho + c \cdot (dt_{r,mnp} - dt^s) + T_r^s + N_{r,mnp}^s + \varepsilon_{r,mnp}^s \end{cases} \tag{9.5}$$

类似地,角标 m, n, p 分别表示频率。考虑到 E5a/E5b/E5 组合中的噪声明显大于其他三种组合,本章着重关注 E1/E5a/E5b、E1/E5a/E5 和 E1/E5b/E5 三种组合,表 9-2 列出了三频 GNSS 载波相位时间传递模型的系数及其噪声。

表 9-2 三频 GNSS 载波相位时间传递模型系数及其噪声

组合	b_1	b_2	b_3	b_4	噪声	卫星 DCB 改正
E1/E5a/E5b	2.315	−0.836	−0.479	0	2.508	$DCB_{CP1}^s(1,2,3)$
E1/E5a/E5	2.293	−0.734	0	−0.559	2.472	$DCB_{CP1}^s(1,2,4)$
E1/E5b/E5	2.373	0	−0.593	−0.780	2.567	$DCB_{CP1}^s(1,3,4)$

三频 GNSS 载波相位时间传递模型中的卫星差分码偏差改正项可以由下式分别确定

$$DCB_{CP1}^s(1,2,3) = (\beta_{12} - b_2) \cdot DCB_{12}^s - b_3 \cdot DCB_{13}^s \tag{9.6}$$

$$DCB_{CP1}^s(1,2,4) = (\beta_{12} - b_2) \cdot DCB_{12}^s - b_4 \cdot DCB_{14}^s \tag{9.7}$$

$$DCB_{CP1}^s(1,3,4) = \beta_{12} \cdot DCB_{12}^s - b_3 \cdot DCB_{13}^s - b_4 \cdot DCB_{14}^s \tag{9.8}$$

因此,三频 GNSS 载波相位时间传递中的待估参数向量 X_{CP1} 可表示为

$$X_{CP1} = [x, y, z, dt_{r,mnp}, T_{wet}, N_{r,mnp}^s] \tag{9.9}$$

9.2.3 四频 GNSS 时间传递模型

可以通过三种方式对 GNSS 四频时间传递模型进行建立。第一,采用上节描

述的任意两个双频观测模型(E1/E5a、E1/E5b 和 E1/E5)组合建立四频 GNSS 时间传递模型,本章将此种方法建立的模型标记为 CP2 模型;第二,利用任意两个三频观测模型(E1/E5a/E5b、E1/E5a/E5 和 E1/E5b/E5)组合建立四频 GNSS 时间传递模型,标记为 CP3 模型;第三,利用四频观测量(E1/E5a/E5b/E5)直接构建四频观测 GNSS 时间传递模型,标记为 CP4 模型。下面分别对其进行分析和讨论。

(1)CP2 模型:利用三个双频观测模型联合构建四频 GNSS 时间传递模型。

虽然利用三个双频观测模型可联合构建四频 GNSS 时间传递模型,但是在实施过程中,考虑接收机钟差参数吸收了不同频率上的接收机码偏差,使得不同双频观测模型所获得的接收机钟差参数并不完全相同。因此,为了保持不同双频模型接收机钟差参数间的兼容性,在组合过程中,需要引入频率间偏差参数(Inter-Frequency Bias,IFB)。因此,CP2 模型的数学表达式可写为

$$\begin{cases} P_{r,15a}^s = c_1 P_{r,1}^s + c_2 P_{r,5a}^s = \rho + c \cdot (dt_{r,15a} - dt^s) + T_r^s + e_{r,15a} \\ L_{r,15a}^s = c_1 L_{r,1}^s + c_2 L_{r,5a}^s = \rho + c \cdot (dt_{r,15a} - dt^s) + T_r^s + N_{r,15a}^s + \varepsilon_{r,15a}^s \\ P_{r,15b}^s = c_1 P_{r,1}^s + c_3 P_{r,5b}^s = \rho + c \cdot (dt_{r,15a} - dt^s) + IFB1_{CP2} + DCB_{15b}^s + T_r^s + e_{r,15b} \\ L_{r,15b}^s = c_1 L_{r,1}^s + c_3 L_{r,5b}^s = \rho + c \cdot (dt_{r,15a} - dt^s) + T_r^s + N_{r,15b}^s + \varepsilon_{r,15b}^s \\ P_{r,15}^s = c_1 P_{r,1}^s + c_4 P_{r,5}^s = \rho + c \cdot (dt_{r,15a} - dt^s) + IFB2_{CP2} + DCB_{15}^s + T_r^s + e_{r,15} \\ L_{r,15}^s = c_1 L_{r,1}^s + c_4 L_{r,5}^s = \rho + c \cdot (dt_{r,15a} - dt^s) + T_r^s + N_{r,15}^s + \varepsilon_{r,15}^s \end{cases}$$

(9.10)

式中,c 为 CP2 模型中的系数;$IFB1_{CP2}$、$IFB2_{CP2}$ 分别为 E1/E5b、E1/E5 模型与 E1/E5a 模型间的频率间偏差参数。因此,CP2 模型中待估参数 X_{CP2} 主要包括

$$X_{CP2} = [x, y, z, dt_{r,15a}, IFB1_{CP2}, IFB2_{CP2}, T_{wet}, N_{r,15a}^s, N_{r,15b}^s, N_{r,15}^s] \quad (9.11)$$

(2)CP3 模型:利用两个三频观测模型联合构建四频 GNSS 时间传递模型。

在基于三个不同的双频观测模型联合构建的四频 GNSS 时间传递模型中,仅能够构建一个四频模型。但是,在基于两个三频观测模型(E1/E5a/E5b、E1/E5a/E5 和 E1/E5b/E5)联合构建四频 GNSS 时间传递模型中,可以形成三个不同的四频 GNSS 时间传递模型。这里,将联合 E1/E5a/E5b 和 E1/E5a/E5 两个三频模型形成的四频时间传递模型标记为"CP3-1",将联合 E1/E5a/E5b 和 E1/E5b/E5 两个三频模型形成的四频时间传递模型标记为"CP3-2",将联合 E1/E5a/E5 和 E1/E5b/E5 两个三频模型形成的四频时间传递模型标记为"CP3-3",其数学表达式可分别写为

$$\begin{cases} P_{r,15a5b}^s = c_1 P_{r,1}^s + c_2 P_{r,5a}^s + c_3 P_{r,5b}^s = \rho + c \cdot (dt_{r,15a5b} - dt^s) + DCB_{15a5b}^s + T_r^s + e_{r,15a5b} \\ L_{r,15a5b}^s = c_1 L_{r,1}^s + c_2 L_{r,5a}^s + c_3 L_{r,5b}^s = \rho + c \cdot (dt_{r,15a5b} - dt^s) + T_r^s + N_{r,15a5b}^s + \varepsilon_{r,15a5b}^s \\ P_{r,15a5}^s = c_1 P_{r,1}^s + c_2 P_{r,5a}^s + c_4 P_{r,5}^s = \rho + c \cdot (dt_{r,15a5b} - dt^s) + IFB_{15a5} + DCB_{15a5}^s + T_r^s + e_{r,15a5} \\ L_{r,15a5}^s = c_1 L_{r,1}^s + c_2 L_{r,5a}^s + c_4 L_{r,5}^s = \rho + c \cdot (dt_{r,15a5b} - dt^s) + T_r^s + N_{r,15a5}^s + \varepsilon_{r,15a5}^s \end{cases}$$

(9.12)

$$\begin{cases} P_{r,15a5b}^s = c_1 P_{r,1}^s + c_2 P_{r,5a}^s + c_3 P_{r,5b}^s = \rho + c \cdot (dt_{r,15a5b} - dt^s) + DCB_{15a5b}^s + T_r^s + e_{r,15a5b} \\ L_{r,15a5b}^s = c_1 L_{r,1}^s + c_2 L_{r,5a}^s + c_3 L_{r,5b}^s = \rho + c \cdot (dt_{r,15a5b} - dt^s) + T_r^s + N_{r,15a5b}^s + \varepsilon_{r,15a5b}^s \\ P_{r,15b5}^s = c_1 P_{r,1}^s + c_3 P_{r,5b}^s + c_4 P_{r,5}^s = \rho + c \cdot (dt_{r,15a5b} - dt^s) + IFB_{15b5} + DCB_{15b5}^s + T_r^s + e_{r,15b5} \\ L_{r,15b5}^s = c_1 L_{r,1}^s + c_3 L_{r,5b}^s + c_4 L_{r,5}^s = \rho + c \cdot (dt_{r,15a5b} - dt^s) + T_r^s + N_{r,15b5}^s + \varepsilon_{r,15b5}^s \end{cases} \quad (9.13)$$

$$\begin{cases} P_{r,15a5}^s = c_1 P_{r,1}^s + c_2 P_{r,5a}^s + c_4 P_{r,5}^s = \rho + c \cdot (dt_{r,15a5} - dt^s) + DCB_{15a5}^s + T_r^s + e_{r,15a5} \\ L_{r,15a5}^s = c_1 L_{r,1}^s + c_2 L_{r,5a}^s + c_4 L_{r,5}^s = \rho + c \cdot (dt_{r,15a5} - dt^s) + T_r^s + N_{r,15a5}^s + \varepsilon_{r,15a5}^s \\ P_{r,15b5}^s = c_1 P_{r,1}^s + c_3 P_{r,5b}^s + c_4 P_{r,5}^s = \rho + c \cdot (dt_{r,15a5} - dt^s) + IFB_{15b5} + DCB_{15b5}^s + T_r^s + e_{r,15b5} \\ L_{r,15b5}^s = c_1 L_{r,1}^s + c_3 L_{r,5b}^s + c_4 L_{r,5}^s = \rho + c \cdot (dt_{r,15a5} - dt^s) + T_r^s + N_{r,15b5}^s + \varepsilon_{r,15b5}^s \end{cases} \quad (9.14)$$

式中，IFB_{15a5} 和 IFB_{15b5} 分别为 E1/E5a/E5、E1/E5b/E5 三频模型与 E1/E5a/E5b 三频模型之间的频率间偏差参数；IFB_{15a5b} 为 E1/E5a/E5 和 E1/E5b/E5 三频模型之间的频率间偏差参数。因此，该四频 GNSS 时间传递模型中的待估参数向量可分别写为

$$X_{CP3-1} = [x, y, z, dt_{r,15a5b}, IFB_{CP3-1}, T_{wet}, N_{r,15a5b}^s, N_{r,15a5}^s] \quad (9.15)$$

$$X_{CP3-2} = [x, y, z, dt_{r,15a5b}, IFB_{CP3-2}, T_{wet}, N_{r,15a5b}^s, N_{r,15b5}^s] \quad (9.16)$$

$$X_{CP3-3} = [x, y, z, dt_{r,15a5}, IFB_{CP3-3}, T_{wet}, N_{r,15a5}^s, N_{r,15b5}^s] \quad (9.17)$$

（3）CP4 模型：四频观测量直接构建四频 GNSS 时间传递模型。

与双频、三频 GNSS 时间传递模型类似，拥有四频观测量的 Galileo 系统可以直接利用四频观测量组合消除电离层一阶项的影响，进一步形成四频 GNSS 时间传递模型，其数学表达式可写为

$$\begin{cases} P_{r,mnpq}^s = c_m P_{r,m}^s + c_n P_{r,n}^s + c_p P_{r,p}^s + c_q P_{r,q}^s \\ \qquad = \rho + c \cdot (dt_{r,mnpq} - dt^s) + T_r^s + DCB_{r,mnpq}^s + e_{r,mnpq}^s \\ L_{r,mnpq}^s = c_m L_{r,m}^s + c_n L_{r,n}^s + c_p L_{r,p}^s + c_q L_{r,q}^s \\ \qquad = \rho + c \cdot (dt_{r,mnpq} - dt^s) + T_r^s + N_{r,mnpq}^s + \varepsilon_{r,mnpq}^s \end{cases} \quad (9.18)$$

其中，卫星 DCB 偏差改正项的数学表达式可写为

$$DCB_{CP4}^s(1,2,3,4) = (\beta_{12} - b_2) \cdot DCB_{12}^s - b_3 \cdot DCB_{13}^s - b_4 \cdot DCB_{14}^s \quad (9.19)$$

在 CP4 的四频 GNSS 时间传递模型中，其待估参数主要包括

$$X_{CP4} = [x, y, z, dt_{r,15a5b5}, T_{wet}, N_{r,15a5b5}^s] \quad (9.20)$$

表 9-3 总结了五种不同的四频 GNSS 时间传递模型、系数、模型噪声和相关改正项。从表 9-3 中可以看出，CP2 模型和 CP3 模型是利用双频、三频 GNSS 时间传递模型通过二次联合的方式间接形成了四频 GNSS 时间传递模型，CP4 模型则是利用四频观测量直接形成四频 GNSS 时间传递模型。从表 9-3 中可以对比看出，CP4 模型的噪声水平略小于其他模型。考虑到 Galileo 的卫星轨道和钟差产品通常是利用 E1 和 E5a 频率的观测量确定的，所以形成非 E1/E5a 模型的多频

GNSS 时间传递模型过程中，均需要改正卫星 DCB 误差项。

表 9-3 五种不同的四频 GNSS 时间传递模型信息

模型	组合	c_1	c_2	c_3	c_4	噪声	卫星 DCB 改正
CP2	E1/E5a	2.261	−1.261	0	0	2.589	0
	E1/E5b	2.422	0	−1.422	0	2.809	$DCB_{cp}^s(1,3)$
	E1/E5	2.338	0	0	−1.338	2.694	$DCB_{cp}^s(1,4)$
CP3-1	E1/E5a/E5b	2.315	−0.836	−0.479	0	2.508	$DCB_{cp1}^s(1,2,3)$
	E1/E5a/E5	2.293	−0.734	0	−0.559	2.472	$DCB_{cp1}^s(1,2,4)$
CP3-2	E1/E5a/E5b	2.315	−0.836	−0.479	0	2.508	$DCB_{cp1}^s(1,2,3)$
	E1/E5b/E5	2.373	0	−0.593	−0.78	2.567	$DCB_{cp1}^s(1,3,4)$
CP3-3	E1/E5a/E5	2.293	−0.734	0	−0.559	2.472	$DCB_{cp1}^s(1,2,4)$
	E1/E5b/E5	2.373	0	−0.593	−0.78	2.567	$DCB_{cp1}^s(1,3,4)$
CP4	E1/E5a/E5b/E5	2.317	−0.606	−0.274	−0.437	2.450	$DCB_{cp4}^s(1,2,3,4)$

9.3 实验分析

为了验证多频 GNSS 载波相位时间传递模型的性能，本节选取了五个位于国际时间实验室的 GNSS 测站 MJD 58518 到 MJD 58530 的数据进行实验分析。考虑到建立和维持 UTC(PTB) 的德国联邦物理研究所在国际时间传递中作为重要节点，在本实验中也将该机构的 PT11 测站作为中心站，建立了四条国际时间传递链路，所有链路均接入 UTC(k) 的时间频率信号。在数据处理过程中，精密卫星轨道和钟差产品采用德国 GFZ 提供的多模 GNSS 卫星产品。卫星截止高度角设定为 7°，对流层干延迟部分采用 Saastamoinen 模型，湿延迟部分利用随机游走模型进行估计，接收机钟差参数采用白噪声随机过程进行估计，其他相关观测误差改正见第 2 章所述。

9.3.1 双频模型

图 9-1 给出了三种不同双频 GNSS 时间传递模型在四条时间传递链路上的时间传递结果。从图 9-1 中可以看出，三种双频 GNSS 时间传递结果的序列变化趋势吻合度较好，但是之间存在明显的偏差，究其原因主要是由接收机钟差参数中吸收了接收机端 DCB 延迟，可以通过链路校准的形式进行处理。当然，链路校准的前提是这类偏差在一定时间范围内相对稳定。为了分析评估三个双频 GNSS 时间传递结果之间偏差的特征，我们定义 E1/E5b 与 E1/E5a 之间的偏差为 Bias1－Dual，E1/E5 与 E1/E5a 之间的偏差为 Bias2－Dual。表 9-4 统计了这两个偏差的均值和方差。从表 9-4 中可以看出，虽然两类偏差的均值和方差在不同的时间传递链路上并不完全相同，但是在整个实验过程中其呈现的变化幅度都比较稳定。

同时,对两类不同偏差而言,Bias2-Dual 较 Bias1-Dual 更加稳定,其方差在四条链路上的平均值分别为 0.022 ns 和 0.047 ns。

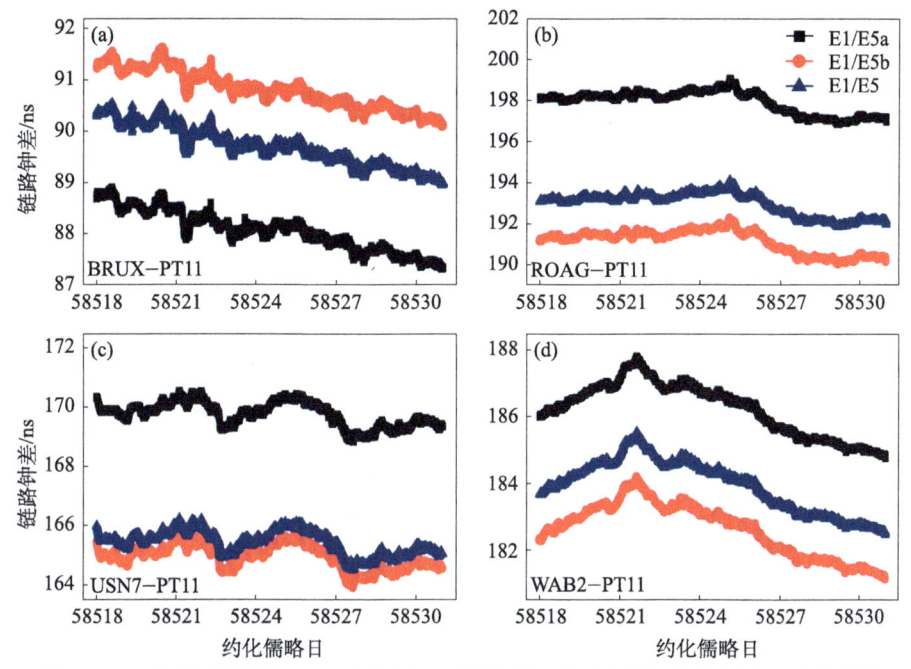

图 9-1 三种不同双频 GNSS 时间传递模型在四条时间传递链路上的时间传递结果

表 9-4 不同双频时间传递模型结果之间偏差的均值和方差　（单位：ns）

链路	Bias1-Dual 均值	Bias1-Dual 方差	Bias2-Dual 均值	Bias2-Dual 方差
BRUX-PT11	2.732	0.065	1.648	0.035
ROAG-PT11	-6.759	0.030	-4.927	0.018
USN7-PT11	-4.811	0.066	-4.295	0.019
WAB2-PT11	-3.609	0.028	-2.281	0.014

为了定量评估三种不同双频 GNSS 时间传递模型的性能,本节从链路结果的噪声水平和频率稳定度两个方面分别进行对比分析。图 9-2 给出了三种不同双频 GNSS 时间传递结果相对于平滑值的 RMS。从图 9-2 中看出,三种模型的 RMS 整体上较为类似。E1/E5a 和 E1/E5b 模型在四条链路上的平均 RMS 为 0.033 ns,E1/E5 模型为 0.034 ns,略高于前两者。如图 9-3 所示,三种不同双频 GNSS 时间传递结果的频率稳定度整体上较为类似,四条链路在 15360 s 时三种模型平均阿伦方差分别为 9.27×10^{-15}（E1/E5a）、9.92×10^{-15}（E1/E5b）以及 9.35×10^{-15}（E1/E5）。

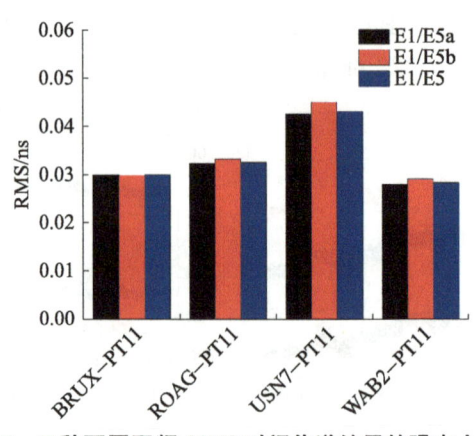

图 9-2 三种不同双频 GNSS 时间传递结果的噪声水平对比

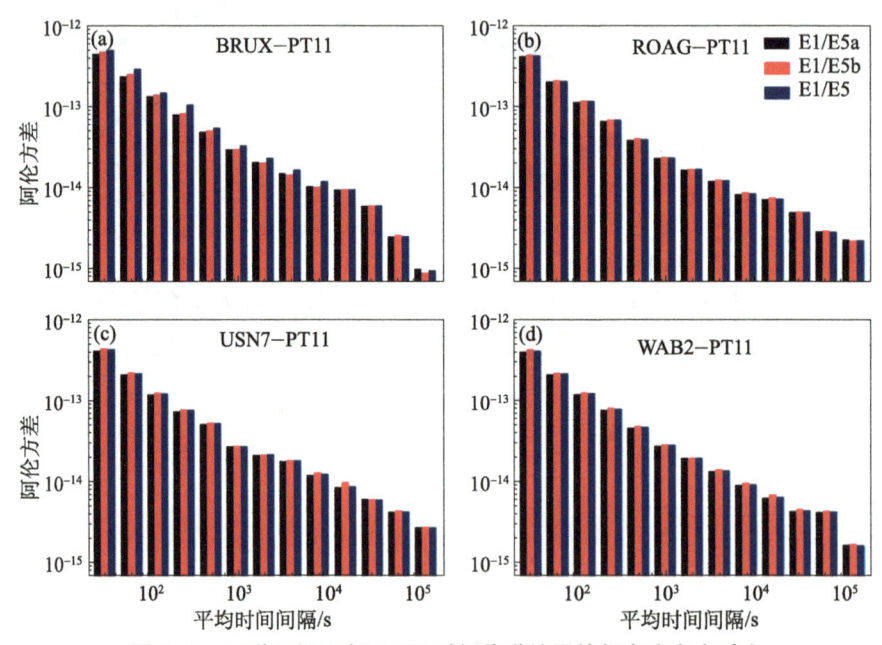

图 9-3 三种不同双频 GNSS 时间传递结果的频率稳定度对比

9.3.2 三频模型

图 9-4 给出了三种不同三频 GNSS 时间传递模型在四条时间传递链路上的时间传递结果。同样地,从图 9-4 中可以看出,三种模型的时间传递结果的序列变化趋势吻合度较好,不同模型之间仍然存在系统性偏差。本节分别将 E1/E5a/E5 和 E1/E5a/E5b 之间的偏差定义为 Bias1－Triple,E1/E5a/E5 和 E1/E5b/E5 之间的偏差定义为 Bias2－Triple。表 9-5 统计了不同三频 GNSS 时间传递模型的时间传递结果之间偏差的均值和方差,从表 9-5 中可以看出,绝对值最大的偏

差量出现在 ROAG－PT11 链路的 Bias2－Triple 中偏差中，最小偏差量出现在 BRUX－PT11 链路的 Bias1－Triple 中偏差中。整体上，Bias1－Triple 偏差的方差在四条链路上均小于 Bias2－Triple 的，其平均值分别为 0.007 ns 和 0.020 ns。

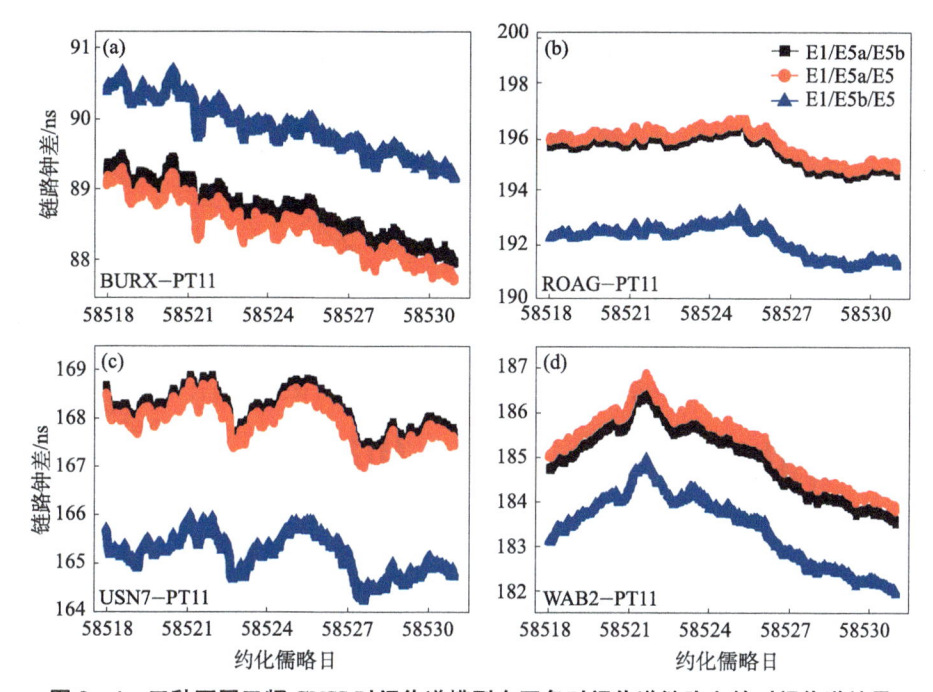

图 9－4　三种不同三频 GNSS 时间传递模型在四条时间传递链路上的时间传递结果

表 9－5　不同三频 GNSS 时间传递模型的时间传递结果之间偏差的均值和方差　　（单位：ns）

链路	Bias1－Triple 均值	Bias1－Triple 方差	Bias2－Triple 均值	Bias2－Triple 方差
BRUX－PT11	－0.222	0.010	1.193	0.027
ROAG－PT11	0.254	0.006	－3.365	0.014
USN7－PT11	－0.179	0.008	－2.897	0.027
WAB2－PT11	0.299	0.005	－1.569	0.011

图 9－5 对比分析了三频 GNSS 时间传递模型的噪声水平，从图 9－5 中可以看出，三种模型整体是较为相似的，其在四条链路上平均 RMS 分别为 0.033 ns(E1/E5a/E5b)、0.033 ns(E1/E5a/E5) 和 0.034 ns(E1/E5b/E5)。在频率稳定度方面，三种模型呈现出类似的特征，如图 9－6 所示。在四条不同时间传递链路上，三种模型在 15360 s 时的平均阿伦方差分别为 9.40×10^{-15} (E1/E5a/E5b)、9.34×10^{-15} (E1/E5a/E5)、9.64×10^{-15} (E1/E5b/E5)。

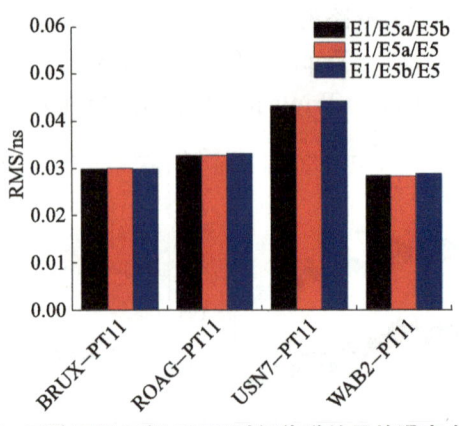

图 9-5 三种不同三频 GNSS 时间传递结果的噪声水平对比

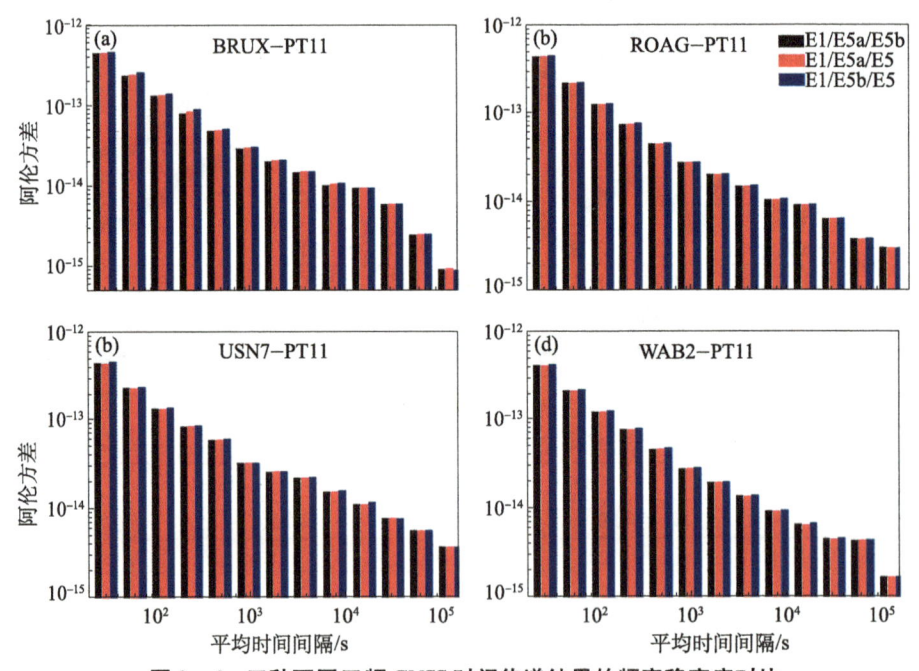

图 9-6 三种不同三频 GNSS 时间传递结果的频率稳定度对比

9.3.3 四频模型

在四频 GNSS 时间传递中,有五种通过不同方式建立的四频 GNSS 时间传递模型,包括一个由双频模型联合间接形成的四频模型、三个由三频模型联合间接形成的四频模型和由一个四频观测量直接建立的四频模型。如图 9-7 所示,五种模型的时间传递结果的序列变化趋势吻合度依然较好。在不同模型之间的偏差方面,由于 CP3-1 和 CP3-2 模型中的接收机钟差均是参考 E1/E5a/E5b 三频组合的接收机钟差,其偏差并不明显,但是其他模型之间的偏差同样比较显著。为了便于描述,本节将 CP2 与 CP4 模型之间的偏差定义为 Bias1－Quad,CP3-1 与 CP4 之间的偏差定义为 Bias2－Quad,CP3-2 与 CP4 模型之间的偏差定义为 Bias3－Quad,CP3-3 与 CP4 之间的偏差定义为 Bias4－Quad。其相关统计信息如表 9-6 所示,所有偏差方差的平均值为 0.041 ns,远远小于时间传递结果序列的方差值 0.518 ns,这有助于在链路校准过程中对其进行准确的标定。

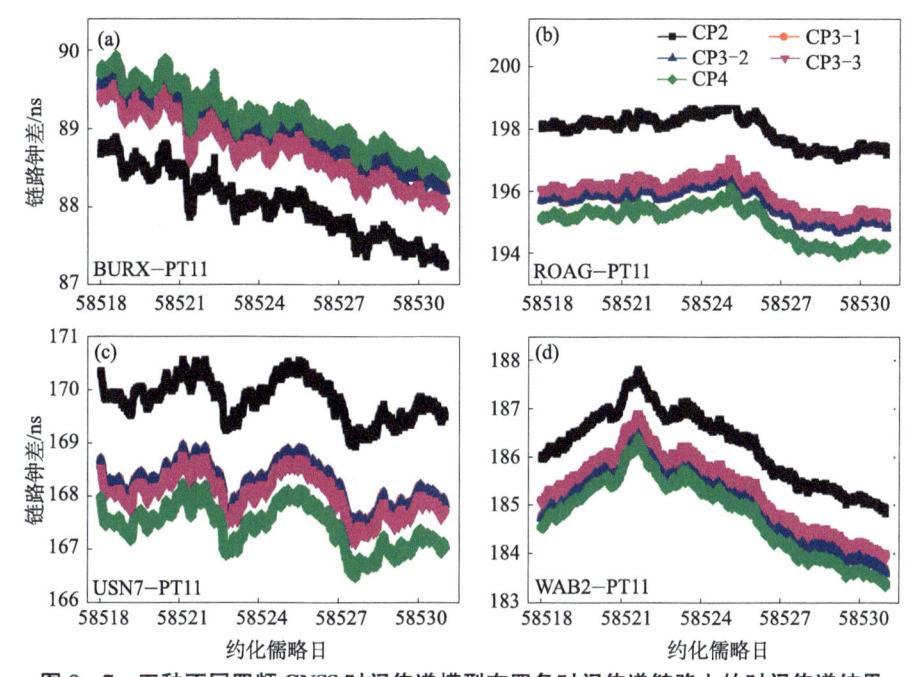

图 9-7　五种不同四频 GNSS 时间传递模型在四条时间传递链路上的时间传递结果

表 9-6　不同四频时间传递模型结果之间偏差的均值和方差　（单位:ns）

链路	Bias1－Quad 均值	Bias1－Quad 方差	Bias2－Quad 均值	Bias2－Quad 方差	Bias3－Quad 均值	Bias3－Quad 方差	Bias4－Quad 均值	Bias4－Quad 方差
BRUX－PT11	－1.107	0.037	－0.148	0.013	－0.169	0.017	－0.391	0.023
ROAG－PT11	2.969	0.094	0.681	0.068	0.672	0.064	0.923	0.061
USN7－PT11	2.401	0.050	0.766	0.037	0.763	0.035	0.582	0.034
WAB2－PT11	1.430	0.039	0.232	0.026	0.218	0.025	0.513	0.025

同样地,图 9-8 和图 9-9 分别给出了五种四频传递模型的噪声水平和频率稳定度对比结果。从图中可以看出,不同四频传递模型的噪声水平基本一致,平均 RMS 优于 0.033 ns。在频率稳定度方面,也呈现出类似的特征,在 15360 s 时,五种模型在四条链路上的平均稳定度分别为 9.29×10^{-15}(CP2)、9.40×10^{-15}(CP3-1)、9.40×10^{-15}(CP3-2)、9.35×10^{-15}(CP3-3)、9.41×10^{-15}(CP4)。

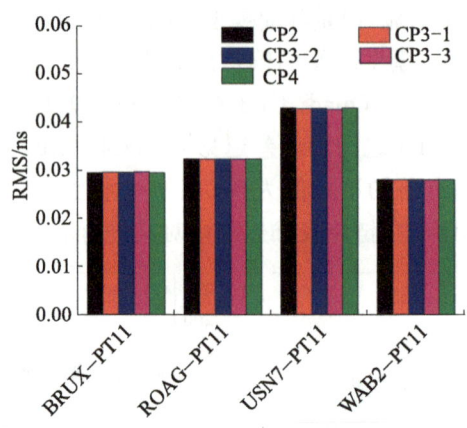

图 9-8　五种不同四频 GNSS 时间传递结果的噪声水平对比图

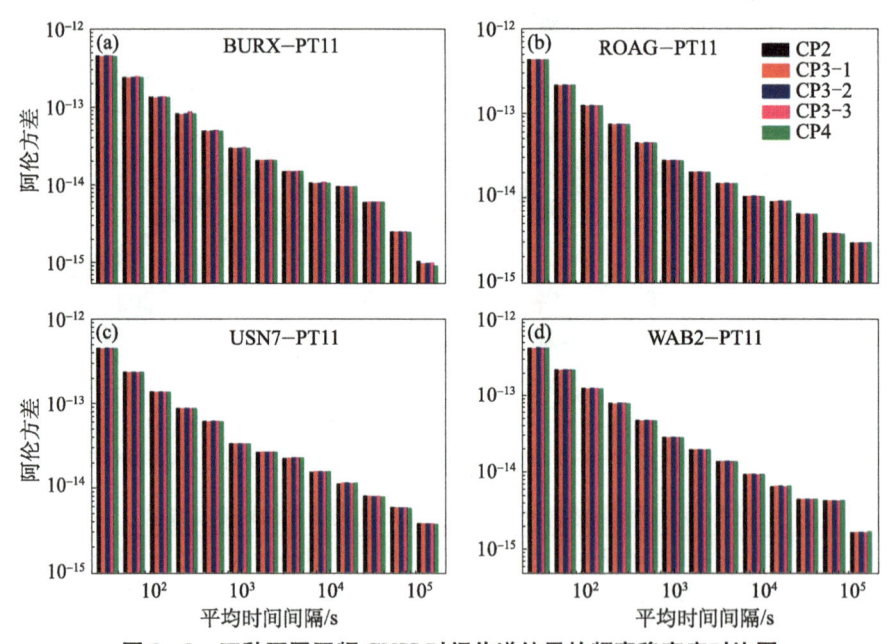

图 9-9　五种不同四频 GNSS 时间传递结果的频率稳定度对比图

9.3.4　频间偏差特征

在四频 GNSS 时间传递的 CP2 模型和 CP3 模型建立过程中，为了保持不同双频模型接收机钟差参数间的兼容性，进一步实现不同频率模型间时间传递结果的统一，在模型组合过程中，需要引入频率间偏差参数 IFB。因此，本节对 IFB 的稳定性特征进行了着重分析。图 9-10 和图 9-11 分别给出了基于 CP2 模型和 CP3 模型建立的四频 GNSS 时间传递模型的频间偏差。从图中可以看出，在五个不同测站上，$IFB2_{CP2}$ 偏差的绝对值均小于 $IFB1_{CP2}$ 偏差的。同时，两种偏差均呈现出良好的稳定性。在整个实验过程中，$IFB1_{CP2}$ 的方差在五个不同测站上的平均值为 0.287 ns，$IFB2_{CP2}$ 则为 0.203 ns，略优于前者。对于 CP3 模型而言，五个不同测站方差的平均值分别为 0.163 ns($IFB1_{CP3}$)、0.217 ns($IFB2_{CP3}$) 和 0.220 ns($IFB3_{CP3}$)。

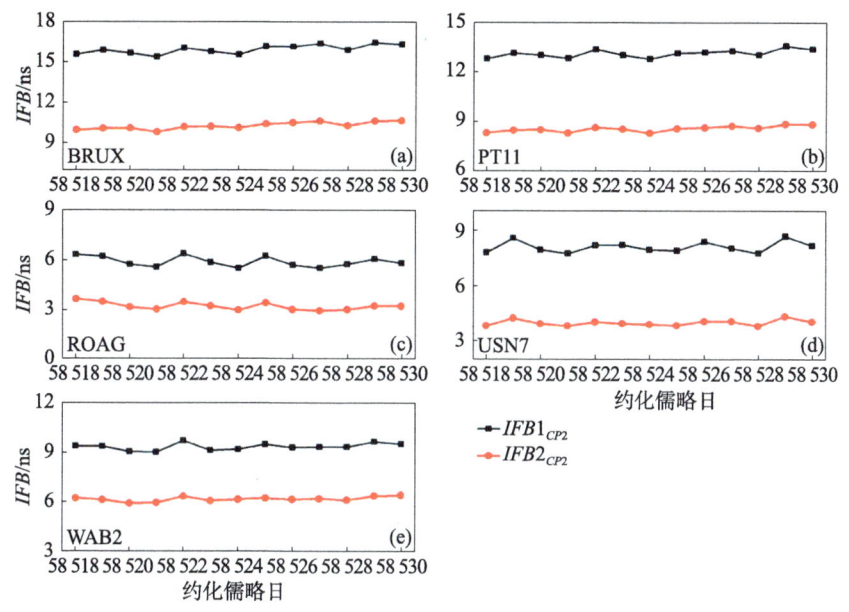

图 9-10 基于 CP2 模型的四频 GNSS 时间传递的频间偏差对比分析图

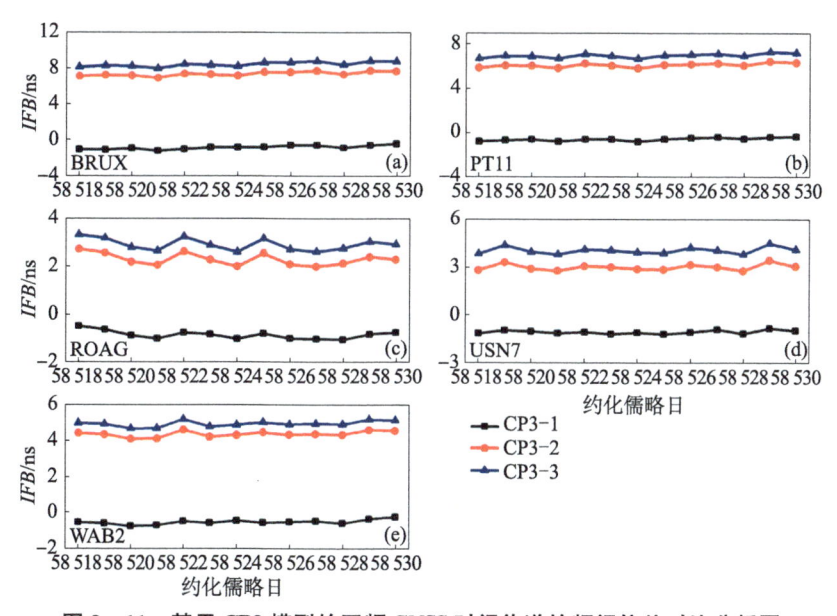

图 9-11 基于 CP3 模型的四频 GNSS 时间传递的频间偏差对比分析图

9.3.5 实验小结

在多频 GNSS 时间传递实验中,本节利用四条国际时间传递链路,分别对双频、三频、四频 GNSS 载波相位时间传递的性能及其相关系统性偏差进行了深入分析。对于三种不同的双频 GNSS 时间传递模型而言,其时间传递结果的序列呈现出良好的一致性,在时间传递的噪声水平和频率稳定度方面的表现也较为一致。在五条不同的时间传递链路上,其平均噪声水平分别为 0.133 ns(E1/E5a)、0.138 ns(E1/E5b)、0.135 ns(E1/E5)。在频率稳定度方面,其在 15360 s 时的平均阿伦方差分别为 9.27×10^{-15}(E1/E5a)、9.92×10^{-15}(E1/E5b)和 9.35×10^{-15}(E1/E5)。在三频 GNSS 时间传递实验中,三种模型也呈现出良好的一致性,不论是在时间传递结果的序列,还是在时间传递的噪声水平和频率稳定度方面。当然,不同的三频 GNSS 时间传递模型的时间传递结果之间也存在明显的偏差,这种偏差在整个时间传递中呈现出良好的稳定性,这两种偏差的方差的平均值分别为 0.007 ns 和 0.020 ns,明显小于双频模型之间偏差的方差的平均值 0.047 ns 和 0.022 ns。在四频 GNSS 时间传递实验中,通过对不同方式构建的五种四频 GNSS 时间传递模型的实验分析,发现其时间传递结果趋势较为一致,不同模型之间同样存在明显的系统偏差,其稳定性整体上优于 0.041 ns。对于采用间接方式构建的四种四频 GNSS 时间传递模型而言,其额外引入的接收机频率间偏差 IFB 也呈现出较好的稳定性,其方差的平均值分别为 0.287 ns($IFB1_{CP2}$)、0.203 ns($IFB2_{CP2}$)、0.163 ns($IFB1_{CP3}$)、0.217 ns($IFB2_{CP3}$)、0.220 ns($IFB3_{CP3}$)。

在当前的 Galileo 载波相位时间传递中,大多仍然是采用 E1/E5a 双频模型进行的。通过本章的分析,可以发现不同多频 GNSS 时间传递模型的性能基本相当,但是不同模型之间的系统性偏差均呈现出良好的稳定性,这为综合不同多频 GNSS 时间传递模型构建更加稳健的时间传递方式提供了新的契机,同时也有助于将当前 E1/E5a 双频模型的时间传递链路平稳、顺利地切换到其他任何模型上。

9.4　本章小结

GNSS 多频信号的出现为多频 GNSS 载波相位时间传递提供了新的契机。为了充分发掘多频 GNSS 载波相位时间传递的潜力,本章以 Galileo 系统为例构建了 GNSS 双频、三频、四频载波相位时间传递数学模型,并从原理角度上讨论和总结了采用不同方式构建的多频 GNSS 时间传递模型的特征,最后对四条 GNSS 国际时间传递链路的观测数据进行了性能分析和验证。

从实验结果的整体上看,GNSS 双频、三频、四频载波相位时间传递在不同链路上均呈现出良好的一致性,特别是在时间传递链路的噪声水平和频率稳定度方面。与此同时,不同模型的时间传递结果之间存在明显的系统性偏差,但是其稳定性较好,其方差在四条链路上的平均值显著小于时间传递序列的方差,为其在链路校准过程对其进一步标定提供了良好的前提条件。另一方面,稳定的系统性偏差有助于不同的多频 GNSS 时间传递模型结果之间的相互切换,对于构建融合多种多频 GNSS 时间传递结果以便进一步提升时间传递的性能具有重要的意义。

第10章 单站多站统一的 GNSS 时间传递方法

10.1 引　言

在 GNSS 载波相位时间传递的实际数据处理中,按照处理方式主要可以分为两大类:一类是基于传统 PPP 的精密时间传递方法,其主要是在时间传递链路两端的测站上分别解算接收机钟差参数,进一步对两站的接收机钟差作差来获取时间传递的结果,本章称为基于单站解的 GNSS 时间传递方法;另一类是基于 GNSS 时间传递的模式,利用了时间传递链路两端的测站在空间上的相关性,在观测量之间作单差,直接获取时间链路的时间传递量,本章称为基于多站解的 GNSS 时间传递方法。

考虑到两种方法在数据处理方法上存在的异同点,为了实现 GNSS 时间传递的高效性、连续性和稳健性,本章主要介绍基于单站、多站统一的 GNSS 时间传递方法,对其数学模型进行分析,对其构建方法进行了讨论,并利用时间传递实验对该统一方法性能进行了验证。

10.2 基于单站解的时间传递模型

在传统的 GNSS 载波相位时间传递中主要基于大地测量中精密单点定位模型进行。对于双频观测值而言,其可以通过构建无电离层组合形成时间传递模型:

$$P = \rho + c \cdot dt + d_{trop} + M_P + \varepsilon_P \tag{10.1}$$

$$\phi = \rho + c \cdot dt + d_{trop} + M + N_\phi + \varepsilon_\phi \tag{10.2}$$

式中,P,ϕ 分别为伪距和载波相位观测值的无电离层组合量;ρ 为卫星与接收机之间的几何距离;c 为光速;dt 为接收机钟差参数;d_{trop} 为对流层延迟参数;M 表示诸如固体潮汐、海洋潮汐、地球自转、相位中心改正及多路径效应等误差;N 为载波相位观测值的模糊度参数;ε 为观测噪声。

考虑到模型误差的改正,对式(10.1)和式(10.2)分别进行线性化,可以进一步将其写成

$$L_{uP} = \rho_{0u} + A_u X_u + dt_u + trop_u + model_{uP} + unmodel_{uP}$$
$$+ \varepsilon_{uP}, \quad \varepsilon_{uP} \sim N(0, \sigma_P^2) \tag{10.3}$$

$$L_{u\phi} = \rho_{0u} + A_u X_u + dt_u + \lambda N_u + trop_u + model_{u\phi} + unmodel_{u\phi}$$
$$+ \varepsilon_{u\phi}, \quad \varepsilon_{u\phi} \sim N(0, \sigma_\phi^2) \tag{10.4}$$

式中,u 表示用户站;ρ_{0u} 为卫星与接收机之间的几何距离;A 为系数矩阵;$model$ 表示诸如固体潮汐、海洋潮汐、地球自转、相对论效应、天线相位中心等模型误差改正的综合;$unmodel$ 表示诸如多路径效应和其他非模型化误差的总和;σ 为方差。

在实际的数据处理中,可以采用最小二乘估计方法对其未知参数进行估计,未知参数主要包括测站坐标参数、单个测站的接收机钟差参数、对流层残差及载波相位模糊度参数。其中,考虑到时间传递中测站基本保持不变,其坐标参数可以形成较好的先验约束条件。对接收机钟差参数可以用白噪声过程进行模拟,对流层参数可以利用随机游走过程进行模拟。载波相位模糊度参数在不发生周跳的情况下可以估计为常数。

在基于单站解的时间传递模型中,主要关注的接收机钟差参数,通过在两个测站上分别单独计算接收机钟差值,才可进一步获得两站间的时间传递结果。

10.3 基于多站解的时间传递模型

基于多站解的时间传递模型构建,可以通过两种不同的渠道形成。一种是利用时间传递链路两端的观测量直接形成站间单差模型,另一种是利用非差观测量构建基于多站解的时间传递模型。

10.3.1 基于站间单差的多站解时间传递模型

基于站间单差的多站解时间传递模型的数学表达式可以直接写为

$$\Delta L_{ur,P} = A_u X_u - \rho_r + \Delta dt_{ur} + \Delta trop_{ur} + \Delta model_{ur,P}$$
$$+ unmodel_{ur,P} + \varepsilon_{ur,P} \tag{10.5}$$

$$\Delta L_{ur,\phi} = A_u X_u - \rho_r + \Delta dt_{ur} + \lambda \Delta N_{ur} + \Delta trop_{ur}$$
$$+ \Delta model_{ur,\phi} + unmodel_{ur,\phi} + \Delta \varepsilon_{ur,\phi} \tag{10.6}$$

其中,Δ 表示参考站与用户站间的单差运算,参数表达式可以分别写为

$$\Delta L_{ur,P} = L_{uP} - L_{rP} \tag{10.7}$$

$$\Delta L_{ur,\phi} = L_{u\phi} - L_{r\phi} \tag{10.8}$$

$$\rho_r = A_r X_r \tag{10.9}$$

$$\Delta dt_{ur} = dt_u - dt_r \tag{10.10}$$

$$\Delta trop_w = trop_u - trop_r \tag{10.11}$$

$$\Delta N_w = N_u - N_r \tag{10.12}$$

$$\Delta model_w = \Delta model_u - \Delta model_r \tag{10.13}$$

$$unmodel_w = unmodel_u - unmodel_r \tag{10.14}$$

$$\Delta \varepsilon_w = \Delta \varepsilon_u - \Delta \varepsilon_r \tag{10.15}$$

在式(10.5)和式(10.6)中,待估参数主要包括用户站的三维坐标参数、时间传递链路的钟差参数、对流层残差及单差模糊度参数。可以看出,在基于站间单差的多站解时间传递模型中,可以直接获取时间传递链路两端不同测站的接收机钟差之差。

10.3.2 基于站间非差的多站解时间传递模型

在基于站间单差的多站解时间传递模型中所涉及的单差观测方程可以写成

$$L_{u,P} - L_{r,P} = (A_u X_u + dt_u + trop_u + model_{u,P} + unmodel_{u,P} + \varepsilon_{u,P})$$
$$- (A_r X_r + dt_r + trop_r + model_{r,P} + unmodel_{r,P} + \varepsilon_{r,P}) \tag{10.16}$$

$$L_{u,\phi} - L_{r,\phi} = (A_u X_u + dt_u + \lambda N_u + trop_u + model_{u,\phi} + unmodel_{u,\phi} + \varepsilon_{u,\phi})$$
$$- (A_r X_r + dt_r + \lambda N_r + trop_r + model_{r,\phi} + unmodel_{r,\phi} + \varepsilon_{r,\phi}) \tag{10.17}$$

考虑到参考站的坐标参数已知,其他能够模型化的误差可以通过经验模型进行准确改正,上式可以进一步写成如下形式:

$$L_{u,P} - (L_{r,P} - A_r X_r - model_{r,P}) = (A_u X_u + dt_u + trop_u + model_{u,P}$$
$$+ unmodel_{u,P} + \varepsilon_{u,P}) - (dt_r + trop_r$$
$$+ unmodel_{r,P} + \varepsilon_{r,P}) \tag{10.18}$$

$$L_{u,\phi} - (L_{r,\phi} - A_r X_r - model_{r,\phi}) = (A_u X_u + dt_u + \lambda N_u + trop_u$$
$$+ model_{u,\phi} + unmodel_{u,\phi} + \varepsilon_{u,\phi})$$
$$- (dt_r + \lambda N_r + trop_r$$
$$+ unmodel_{r,\phi} + \varepsilon_{r,\phi}) \tag{10.19}$$

这里,我们定义两个可以由参考站直接计算获得增强改正项:$\delta V_{r,P}, \delta V_{r,\phi}$,其数学表达式可以分别写为

$$\delta V_{r,P} = L_{r,P} - A_r X_r - model_{r,P} = dt_r + trop_r + unmodel_{r,P} + \varepsilon_{r,P} \tag{10.20}$$

$$\delta V_{r,\phi} = L_{r,\phi} - A_r X_r - model_{r,\phi} = dt_r + \lambda N_r + trop_r + unmodel_{r,\phi} + \varepsilon_{r,\phi} \tag{10.21}$$

当用户站利用参考站所产生的改正信息时,站间单差模型可以写成如下非差模型的形式:

$$L_{u,P}(new) = L_{u,P} - \delta V_{r,P} = A_u X_u + \Delta dt_w + \Delta trop_w + model_{w,P}$$

$$+ \Delta unmodel_{w,P} + \Delta \varepsilon_{w,P} \tag{10.22}$$

$$L_{r,\phi}(new) = L_{r,\phi} - \delta V_{r,\phi} = A_u X_u + \Delta dt_w + \lambda \Delta N_w + \Delta trop_w$$
$$+ model_{w,\phi} + \Delta unmodel_{w,\phi} + \Delta \varepsilon_{w,\phi} \tag{10.23}$$

在基于站间非差的多站解时间传递模型中,待估参数主要有用户站的测站坐标参数、时间传递链路的钟差参数、对流层残差及单差相位模糊度参数。可以看出,在该模型中,时间传递链路的钟差参数也可直接获得。

10.4 基于单站、多站解的统一时间传递模型

事实上,基于上述对基于单站解和多站解的时间传递模型的分别讨论,可以利用其共同点直接给出基于单站、多站解的统一时间传递模型,其数学表达式可以写为

$$L_{u,P} = A_u X_u + dt_u + trop_u + model_{u,P} + correction_{r,P}$$
$$+ unmodel_{u,P} + \varepsilon_{u,P}, \quad \varepsilon_{u,P} \sim N(0, \sigma_P^2) \tag{10.24}$$

$$L_{u,\phi} = A_u X_u + dt_u + \lambda N_u + trop_u + model_{u,\phi} + correction_{r,\phi}$$
$$+ unmodel_{u,\phi} + \varepsilon_{u,\phi}, \quad \varepsilon_{u,\phi} \sim N(0, \sigma_\phi^2) \tag{10.25}$$

式中,$correction_{r,P}$ 和 $correction_{r,\phi}$ 分别表示伪距和载波相位改正项。需要说明的是,对于基于单站解的时间传递模型而言,改正项 $correction_{r,P}$ 和 $correction_{r,\phi}$ 均为零。在实际数据处理中,单站解和多站解可以使用相同的参数估计策略。具体流程如图 10-1 所示,主要包括原始数据获取、时间传递解确定、时间传递服务三部分。首先,需要获取 GNSS 原始观测量、GNSS 精密卫星轨道和钟差产品,基于此产生参考站非差增强改正量。其次,利用基于单站、多站解的统一时间传递模型获取时间传递量。若用到增强改正信息,该模型则为基于增强信息的 PPP 时间传递模型。若未用到增强改正信息,该模型则为非差 PPP 时间传递模型。最后,结合时间传递解及相关标定参数可以提供基本的时间传递服务。

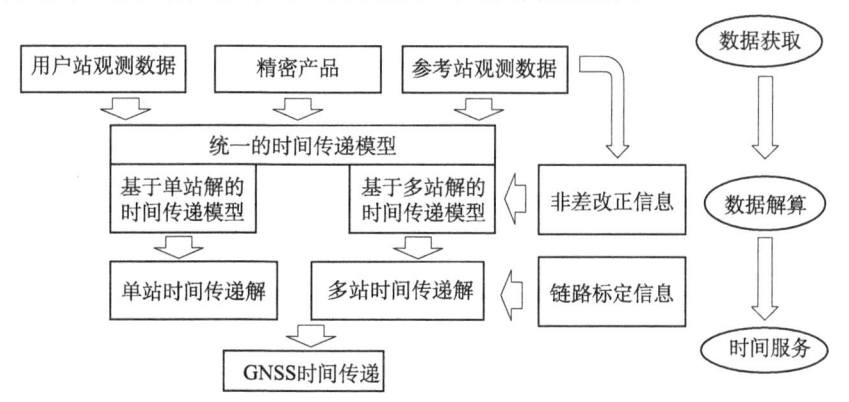

图 10-1 基于单站、多站解的统一时间传递模型数据处理流程图

10.5 基于单站、多站统一解的 GNSS 时间传递实验

为了验证本章所提出的基于单站、多站统一解的 GNSS 时间传递方法的有效性,本节利用 2017 年年积日 160 中国科学院国家授时中心的短基线 GNSS 观测站(NTP3 和 NPT4)的观测数据进行实验分析,该时间传递链路的长度约为 46 m,均接入高精度的国家标准时间频率源 UTC(NTSC),两站均使用比利时 Septentrio 公司的 POLARX4TR GNSS 接收机和 SEPCHOKE_MC 天线。在数据处理过程中,参考站的先验坐标信息采用精密单点定位(PPP)的周解值,其精度优于 1 cm,可以用于增强改正信息的生成。

(1)基于单伪距和联合伪距与载波相位观测值的 BDS 时间传递对比。

图 10-2 给出了基于伪距和载波相位方法进行时间传递的结果序列。考虑到实验采用的是短基线共钟时间传递链路,其时间传递结果中主要蕴含的是硬件延迟信息,可以通过评估硬件延迟的稳定性进一步检验时间传递方法的有效性。从图 10-2 中可以看出,联合利用伪距和载波相位观测值的载波相位方法较单独利用伪距观测量的伪距时间传递方法的结果噪声更小。通过对两个结果序列进行统计分析,其方法方差分别为 0.10 ns 和 0.49 ns。

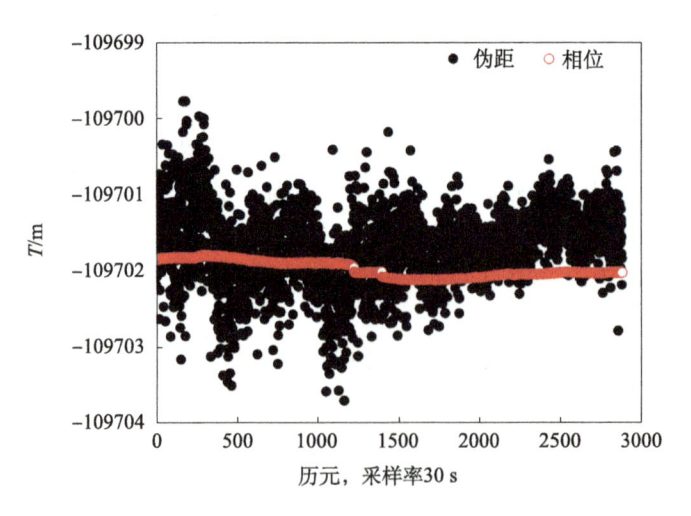

图 10-2 基于伪距和载波相位方法进行时间传递的结果对比图

图 10-3 和表 10-1 分别为基于两种方法进行时间传递的频率稳定度趋势和数值。从图表中也看出载波相位方法所获得的频率稳定度更优,其在不同时间间隔处均有大幅改善。

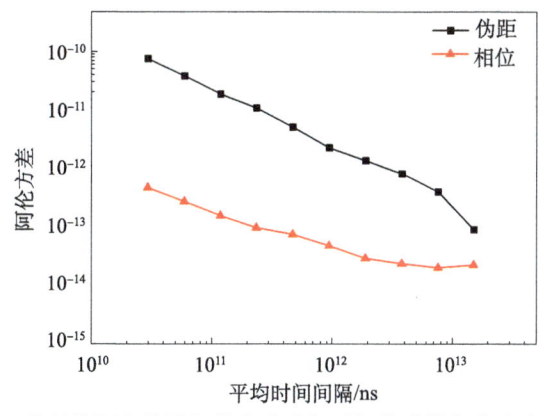

图 10-3 基于伪距和载波相位方法进行时间传递的频率稳定度对比图

表 10-1 基于伪距和载波相位方法进行时间传递的频率稳定度数值对比

平均时间间隔/s	伪距	相位	平均时间间隔/s	伪距	相位
30	7.47E−11	4.32E−13	960	2.16E−12	4.26E−14
60	3.78E−11	2.47E−13	1920	1.29E−12	2.58E−14
120	1.82E−11	1.41E−13	3840	7.62E−12	2.09E−14
240	1.05E−11	8.76E−14	7680	3.67E−13	1.77E−14
480	4.89E−12	6.68E−14	15360	8.12E−14	1.98E−14

(2) 基于单差解和非差解的多站 BDS 时间传递模型对比。

图 10-4 给出了单差解和非差解的多站时间传递模型在两种不同观测量情况下的时间传递对比结果。基于上节的理论描述，单差解和非差解的多站时间传递模型在理论上是等价的，因此，在时间传递结果中，不论是在利用伪距观测量还是联合伪距和载波相位两种观测量的情况下均呈现出这一特征。

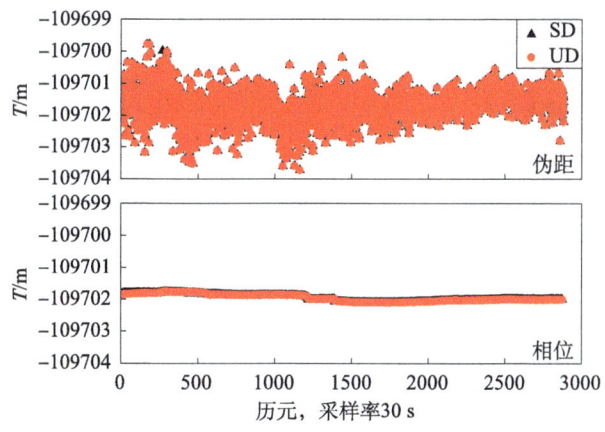

图 10-4 基于单差解和非差解的多站时间传递结果对比图

图 10-5 为基于单差解和非差解的多站时间传递结果的频率稳定度对比情况。从图 10-5 中也可以看出基于单差解和非差解的多站时间传递模型在频率稳定度上也呈现出较好的一致性。表 10-2 列出了两种时间传递模型的阿伦方差数值，通过对比可以看出，两种模型没有显著的差异。

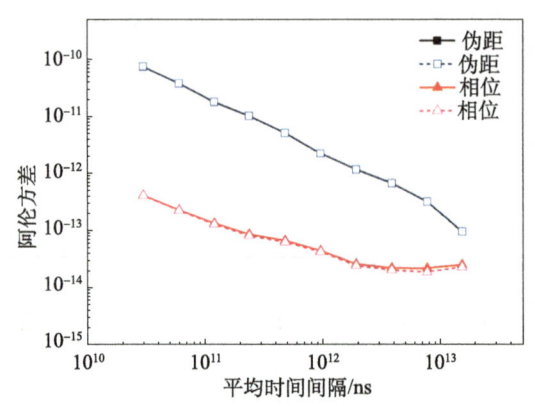

图 10-5 基于单差解和非差解的多站时间传递结果频率稳定度对比图

表 10-2 基于单差解和非差解的多站时间传递频率稳定度数值对比表

平均时间间隔/s	多站非差 伪距	多站非差 相位	多站单差 伪距	多站单差 相位
30	7.51E−11	4.16E−13	7.51E−11	4.12E−13
60	3.82E−11	2.29E−13	3.83E−11	2.24E−13
120	1.81E−11	1.35E−13	1.82E−11	1.29E−13
240	1.04E−11	8.68E−14	1.04E−11	8.17E−14
480	5.21E−12	6.70E−14	5.21E−12	6.28E−14
960	2.25E−12	4.45E−14	2.25E−12	4.25E−14
1920	1.17E−12	2.60E−14	1.17E−12	2.45E−14
3840	6.75E−13	2.22E−14	6.75E−13	2.04E−14
7680	3.20E−13	2.20E−14	3.20E−13	1.88E−14
15360	9.49E−14	2.52E−14	9.49E−14	2.29E−14

(3)基于单站解和多站解的 BDS 时间传递模型对比。

图 10-6 给出了基于单站非差解和多站非差解的时间传递结果。从图 10-6 中可以看出，两者获得的时间传递结果的时间序列是一致的。事实上，在前面的理论推导中已经证明两者的等价性，从时间传递的结果上看也验证了这一点。图 10-7 和表 10-3 为基于单站非差解和多站非差解的时间传递频率稳定度对比

结果,其频率稳定度也呈现出较好的一致性。

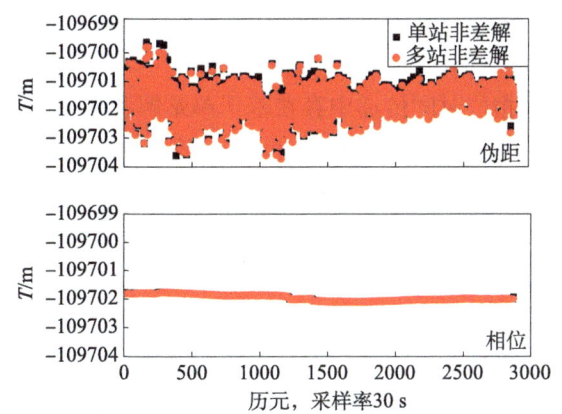

图10-6 基于单站非差解和多站非差解的时间传递结果对比(T 为时间传递链路结果)

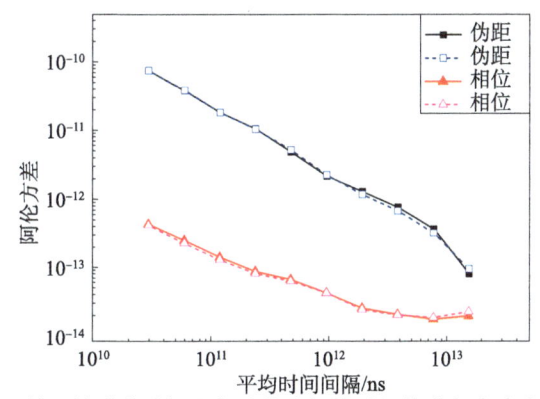

图10-7 基于单站非差解和多站非差解的时间传递频率稳定度对比图

表10-3 基于单站解和多站解的时间传递频率稳定度数值对比表

平均时间间隔/s	单站非差解 伪距	单站非差解 相位	多站非差解 伪距	多站非差解 相位
30	7.34E−11	4.32E−13	7.51E−11	4.12E−13
60	3.69E−11	2.47E−13	3.83E−11	2.24E−13
120	1.76E−11	1.41E−13	1.82E−11	1.29E−14
240	1.00E−11	8.76E−14	1.04E−11	8.17E−14
480	4.56E−12	6.68E−14	5.21E−12	6.28E−14
960	1.97E−12	4.26E−14	2.25E−12	4.25E−14
1920	1.13E−12	2.58E−14	1.17E−12	2.45E−14
3840	6.43E−13	2.09E−14	6.78E−13	2.04E−14
7680	2.93E−13	1.77E−14	3.20E−13	1.88E−14
15360	6.59E−14	1.98E−14	9.49E−14	2.29E−14

10.6　本章小结

针对GNSS载波相位时间传递中存在基于单站解和多站解不同时间传递模型的现状,本章提出了基于单站、多站统一的时间传递方法,通过模型的构建和推导,实现了单站解和多站解时间传递模型的统一,并从理论上证明了两者的等价性。最后,利用短基线共钟时间传递链路对不同方法进行实验验证,结果显示两种模型在时间传递结果的时间序列和频率稳定度方面均呈现出良好的一致性,进一步证明了该统一模型的有效性。

第 11 章

GNSS 系统间时差监测技术

11.1 引　　言

随着全球各大卫星导航系统的不断发展和完善，四大系统(GPS、GLONASS、Galileo、BDS)并存与发展的局面已初步形成，为卫星导航用户提供了丰富的 GNSS 信号资源，推动了多源融合 GNSS 在导航、定位、授时方面的广泛应用。多源融合 GNSS 较传统单模 GNSS 在可靠性、连续性方面更具有优势，但是各个 GNSS 均是基于其独立的时间系统运行的，不同时间系统的物理架构、溯源方式及时间尺度建立等也不尽相同，最终导致在利用多源 GNSS 进行导航、定位、授时中均存在 GNSS 系统间时差，对其进行有效的监测是实现多源 GNSS 之间兼容的重要前提。

事实上，GNSS 系统间时差监测方法可分为两类：建立时间比对链路法和空间信号法。对于前者而言，在具体实施过程中主要采用双向时间传递技术和 GNSS 共视技术。在卫星双向时间传递技术中，主要以地球同步卫星为基础，在地面双向站之间建立时间比对链路，以确定 GNSS 系统间时差。该技术的时差监测精度能够达到亚纳秒量级，但是其实施和运行成本较高。GNSS 共视技术主要是利用两个地面站观测同一 GNSS 卫星，并利用两站之间的相关性结合其伪距观测量进行时间差解算。但是，该方法的时差监测精度与两站间的距离密切相关，当距离逐渐增大时，其时差监测精度就会显著降低。空间信号法主要包括 SPP 法和 PPP 法。虽然 PPP 法可以获取亚纳秒量级的时差监测精度，但考虑到其依赖于精密卫星轨道和钟差产品，且存在明显的收敛时间，因此，SPP 法呈现出较好的应用优势。在传统的时差监测数据处理过程中，不论是 SPP 法还是 PPP 法，在函数模型中均需要利用白噪声随机模型进行接收机钟差参数的额外获取。考虑到不同 GNSS 的接收机钟差均表示接收机端相同的时间频率源相对于不同 GNSS 系统时间之间的钟差量，因此可以通过在不同 GNSS 系统间作单差的形式直接消除接收机端时间频率源对于 GNSS 时差监测的影响，有效削弱不同系统间的部分共同的观测误差，提高和简化了函数模型。本章称该时差监测方法为单差单点定位法(Single Difference Point Positioning，SDPP)，接下来将对其进行详细介绍。

11.2 GNSS 系统间时差监测方法

11.2.1 伪距单点定位法 SPP

一般地，对于双频 GNSS 观测值而言，其无电离层组合可以消除一阶电离层的影响。因此，在多模 GNSS 时差监测中，也是基于无电离层组合构建其函数模型的，其数学表达式可写为

$$P^{A,i} = \rho^{A,i} + c \cdot \overline{dt_r^A} + M^{A,i} \cdot T + \varepsilon_{P^{A,i}} \tag{11.1}$$

$$P^{B,j} = \rho^{B,j} + c \cdot \overline{dt_r^A} + \Delta t_{sys}^{AB} + M^{B,j} \cdot T + \varepsilon_{P^{B,j}} \tag{11.2}$$

其中，角标 A 和 B 分别表示不同的 GNSS；角标 i 和 j 分别表示不同的卫星；P 为无电离层组合的伪距观测量；ρ 为卫星和接收机间的几何距离；c 为光速；$\overline{dt_r^A}$ 为共同的接收机钟差；Δt_{sys}^{AB} 为 A 和 B GNSS 系统间的时差参数；T 为对流层参数；ε_P 为伪距观测噪声。当然，在式(11.1)和式(11.2)中，虽然没有明确表示出诸如天线相位中心偏差与变化、相对论效应、固体潮汐、海洋潮汐及地球自转等误差项，但是在数据处理过程中需要按照相应的误差改正模型进行处理。

基于伪距单点定位法 SPP 的 GNSS 时差监测的随机模型是根据测量噪声(a_A,a_B)和卫星高度角(E_A,E_B)确定的，其数学表达式为

$$\sum SPP = \begin{bmatrix} \left(\dfrac{a_A}{\sin E_A}\right)^2 & 0 \\ 0 & \left(\dfrac{a_B}{\sin E_B}\right)^2 \end{bmatrix} \tag{11.3}$$

基于该函数和随机模型，利用最小二乘法即可实现对 A 系统和 B 系统时差参数的确定。若 A 系统有 M 颗可用卫星，B 系统有 N 颗可用卫星，根据函数模型则可形成($M+N$)个独立观测方程。而其待估参数主要有测站三维坐标(x,y,z)、接收机钟差参数 $\overline{dt_r^A}$、系统间时差参数 Δt_{sys}^{AB} 以及对流层残差参数 T。

11.2.2 伪距单差单点定位法 SDPP

基于伪距单差单点定位法 SDPP 的时差监测的函数模型可以基于伪距单点定位法 SPP 的表达式进一步推导获得，其数学表达式可以写为

$$P^{A,i} - P^{B,j} = (\rho^{A,i} - \rho^{B,j}) - \Delta t_{sys}^{AB} + (M^{A,i} - M^{B,j}) \cdot T + (\varepsilon_{P^{A,i}} - \varepsilon_{P^{B,j}}) \tag{11.4}$$

根据误差传播定律，其随机模型的表达式可写为

$$\sum SDPP = \left[\left(\frac{a_A}{\sin E_A}\right)^2 + \left(\frac{a_B}{\sin E_B}\right)^2\right] \tag{11.5}$$

在基于伪距单差单点定位法 SDPP 的时差监测中，若 A 系统有 M 颗可用卫星，B 系统有 N 颗可用卫星，根据函数模型则可形成 $(M+N-1)$ 个独立观测方程。而其待估参数主要有测站三维坐标 (x,y,z)，系统间时差参数 Δt_{sys}^{AB} 以及对流层残差参数 T。

11.3 GNSS 系统间时差特征

为了验证本章所提出的基于伪距单差单点定位法 SDPP 的时差监测方法的有效性，本节利用中国科学院国家授时中心 NTP3 多频多模 GNSS 监测站 2017 年年积日 238 当天的观测数据进行实验分析。该站所配备的接收机能够保证其跟踪到来自四大系统 GPS(G)、GLONASS(R)、BDS(C)、Galileo(E) 的卫星信号。在数据处理过程中，利用德国地学中心提供的多模 GNSS 卫星轨道和钟差产品，对流层残差参数利用分段常数随机过程每两小时估计一次。实验分别利用传统的伪距单点定位法 SPP 和伪距单差单点定位法 SDPP 进行时差参数的获取，并予以对比分析。

图 11-1 给出基于 SPP 和 SDPP 获取的不同 GNSS 系统间时差对比结果。图 11-1 中左边图示为不同方法获取的时差序列，右边图示为两者之间的较差。从图 11-1 中可以看出，两种方法所获取的时差序列在 GR、GC、GE 上均呈现出一致的效果，未呈现出显著的差异，这就进一步证明了本章所提方法的有效性。与此同时，从定量角度上看，两种方法的差异的平均值分别为 -0.023 m、-0.008 m、-0.008 m，方差为 0.32 m、0.14 m、0.15 m。

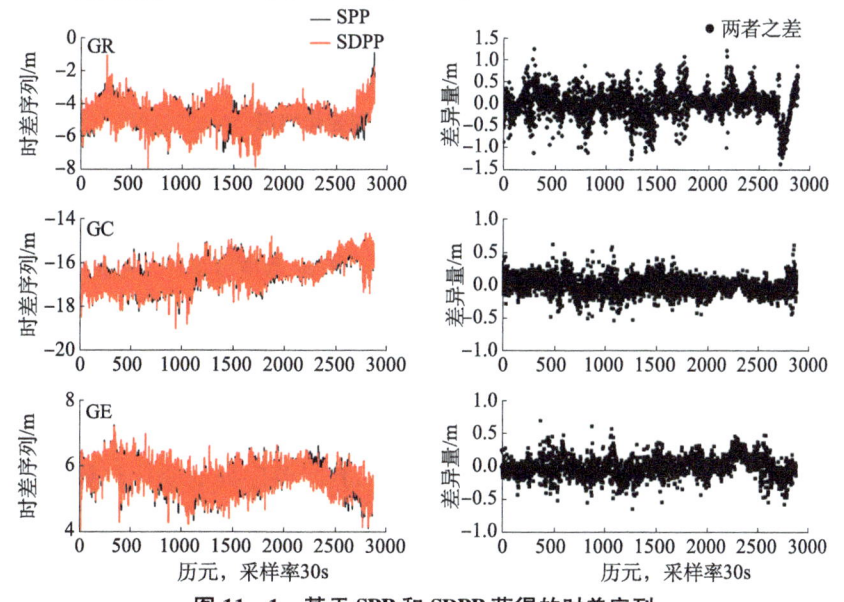

图 11-1　基于 SPP 和 SDPP 获得的时差序列

为了分析系统间时差的变化,各自对 2017 年年积日 232 至 238 共计一周的数据按照 SDPP 进行了处理,其结果如图 11 - 2 所示。从图 11 - 2 中可以看出,GNSS 系统间的时差保持在一定的范围内,由于 SDPP 仍然采用的伪距观测量,导致其时差序列的噪声较大,但是其具有一定的规律性,可以较好地对其进行建模和预报。与此同时,时差序列存在一定的周期性变化。通过分析,对于 GR 而言,其主要周期为 11.999 h、23.999 h,GC 时差的主要周期为 11.999 h、27.999 h,GE 时差的主要周期则为 7.999 h、11.999 h、15.271 h。这些周期性波动与卫星轨道的运行周期和接收机硬件偏差密切相关,当然与各个 GNSS 系统时间上的小频率调整也有一定的关系,需要进一步的研究分析。

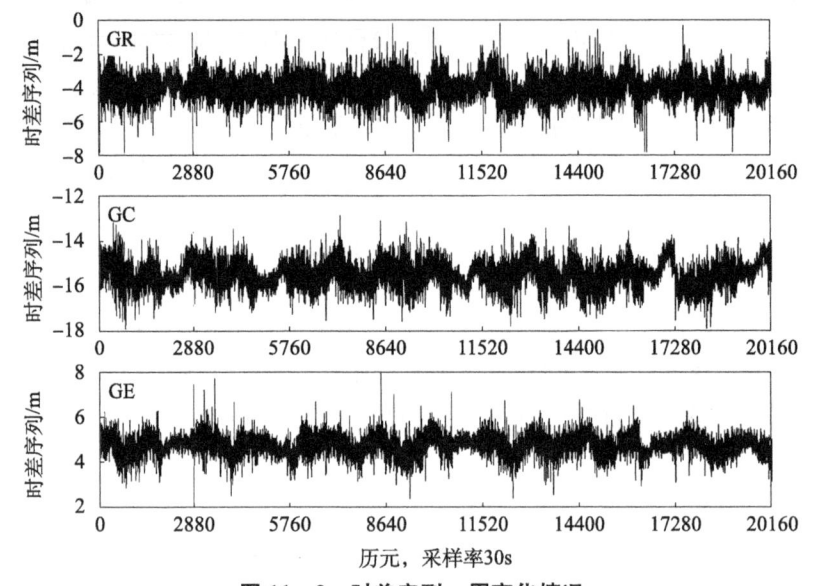

图 11 - 2 时差序列一周变化情况

上述结果均是利用中国科学院国家授时中心的 NTP3 站观测数据获得的短期和长期的时差监测结果。为了充分分析 GNSS 系统间的时差特征,本章对不同测站的观测数据利用 SDPP 获取了其时差序列。实验选取了四个多模 GNSS 监测站,其中,NTP4 站的接收机和天线型号分别为 Trimble Net R9 和 RNG80971.00,JFNG 站和 MRO1 站均为 Trimble Net R9 和 TRM59800.00,XMIS 站的接收机和天线型号则为 Trimble Net R9 和 JAVRINGANT_DM。

图 11 - 3 给出了四个测站的 GNSS 时差序列对比结果。从图 11 - 3 中可以看出,除不同测站之间存在明显的系统间偏差外,其时差序列的变化趋势较为一致。这些系统间偏差主要是由诸如 GNSS 接收机、天线及相关线缆的硬件延迟引起的。考虑到较好的稳定性,可以通过标定的形式对其进行处理。

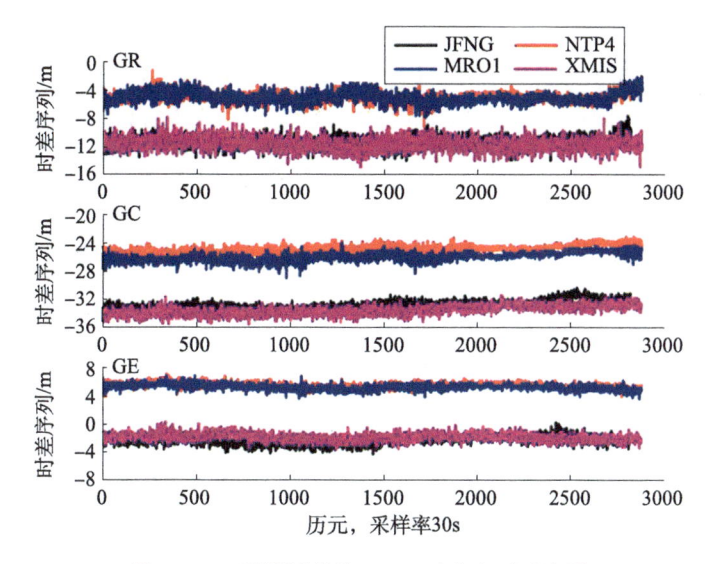

图 11-3　不同测站的 GNSS 时差序列对比图

如上节讨论，GNSS 系统间时差参数的准确处理对于多模 GNSS 精密定位也具有重要意义。考虑到时差序列较好的稳定性，实验进一步对时差参数进行约束处理，分析其对精密定位的影响。图 11-4 给出了时差参数的约束和不约束两种数据处理方案的定位结果。从图 11-4 中可以看出，整体上时差参数约束的方案较传统不约束的方案定位结果更优，通过定量统计，约束方案在 GR 解中其三维 RMS 分别由 1.148 m、1.141 m、2.333 m 提升到 0.839 m、0.830 m、1.673 m，GC 解分别由 0.837 m、1.023 m、3.995 m 提升到 0.607 m、0.732 m、2.718 m，GE 解分别由 1.211 m、1.129 m、2.304 m 提升到 0.929 m、0.838 m、1.482 m。

当然，对于时差参数的约束也有不同的方法，诸如白噪声过程、随机游走过程、分段常数过程以及天常数法。在上面的实验中，对时差参数的约束是采用天常数法约束的，也就是在一天中是将时差参数作为常数项进行约束的。为了进一步分析不同时差参数的约束方法的特征，本章进一步对不同时差约束方法进行了实验分析。图 11-5 给出了不同时差参数策略获取的时差序列。从图 11-5 中可以看出，由于白噪声过程在历元间不做任何约束，其获取的时差序列的噪声水平与其伪距观测量的噪声密切相关。分段常数法获取的时差序列在每个弧段内比较稳定，但是其两个弧段衔接处变化较大。随机游走过程所获得的时差序列较为平稳，并未出现较大的变化，同时其整体的噪声水平也较低。

在 GNSS 系统间时差监测模型中，考虑到时差参数的短期稳定性特征可以对其参数本身进行约束以提高时差参数的监测精度，也可以通过约束钟差相关参数的方式提升时差参数的监测精度。这些相关参数主要包括测站的三维坐标参数及

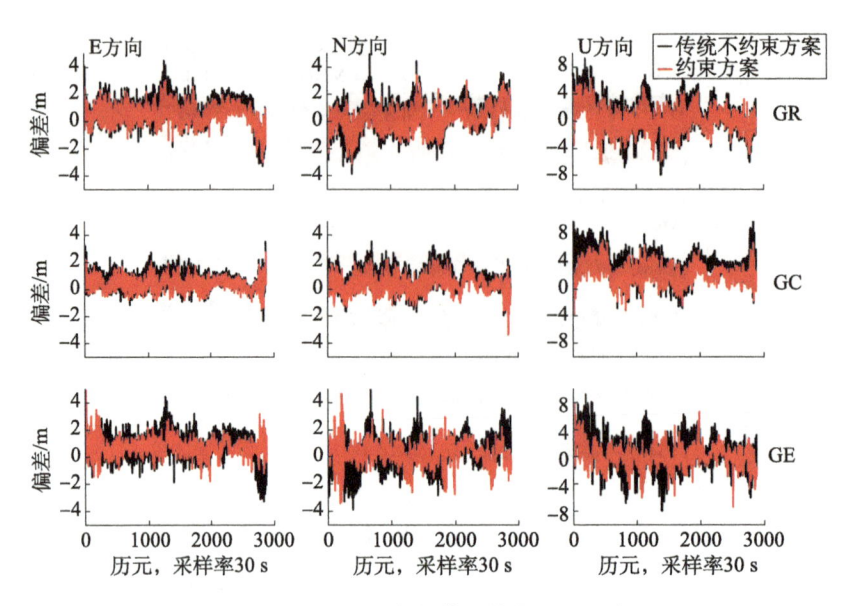

图 11-4　不同时差参数策略的定位结果对比图

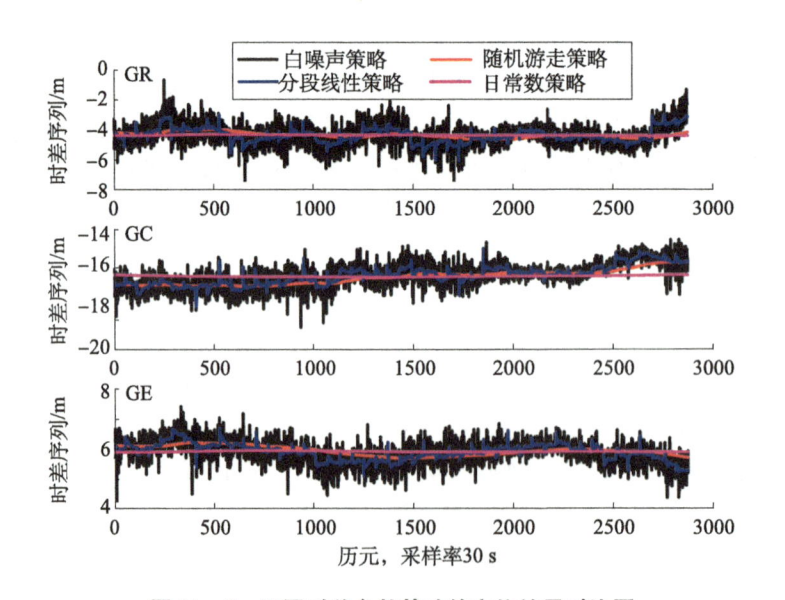

图 11-5　不同时差参数策略的定位结果对比图

对流层参数。图 11-6 给出了基于测站坐标和对流层参数约束的时差序列。从图 11-6 中可以看出,通过对测站坐标和对流层参数进行约束,其时差序列的噪声明显减弱,但是其变化趋势较为一致。

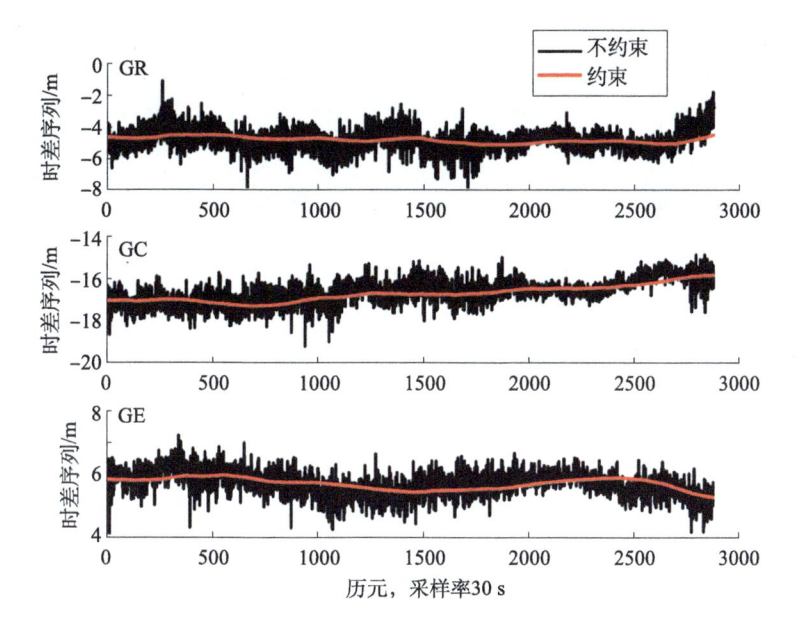

图 11-6　基于测站坐标和对流层参数约束的时差序列对比图

11.4　本章小结

本章提出了一种基于伪距单差单点定位法的 GNSS 系统间时差监测方法。该方法消除了接收机钟差参数中本地时间频率源的影响,提升了时差参数估计的函数模型强度,并通过一系列的实验对该方法进行验证分析,结果表明,该方法与传统方法获取的时差序列较为一致。与此同时,通过对时差参数和测站坐标及对流层等相关参数的约束,可以进一步提升时间监测的精度。

第12章 基于 GNSS 的实时 UTC(NTSC) 传递技术

12.1 引 言

经过近几十年的发展,全球导航卫星系统(GNSS)已初步成为国际时间实验室之间进行远程精密时间传递的重要手段之一,主要用于建立和维持各自实验的 UTC(k)。然而,在此类应用中,其数据处理主要采用后处理的方式进行,尤其是在基于 GNSS 载波相位的精密时间传递中,由于需要利用精密 GNSS 卫星轨道和钟差产品提供卫星端误差改正和时间尺度参考,其时效性限制更加明显。事实上,IGS 提供了三种不同时效性的 GNSS 卫星轨道和钟差产品,如表 12-1 所示。虽然最终产品拥有最好的产品精度,但是其时间时效性最低,达到了 13 天的滞后。为了提升 GNSS 时间传递的时效性,国内外时频领域众多学者开展了实时 GNSS 时间传递方面的研究。Petit 等学者利用 IGS 快速精密星历开展了 UTCr 的研究,取得了较好的效果。Defraigne 等也采用 GPS 实时轨道和钟差产品进行实时 GPS 载波相位时间传递方面的研究,获得了低滞后率和高精度的时间传递结果。这些研究成果进一步验证实时 GNSS 时间传递的可行性,推动了其在时间传递业务中的实际应用。

近年来,随着全球各大 GNSS 的不断发展,特别是我国北斗卫星导航系统的逐步完善,国内广大时间用户期望能够利用低成本、高收益的 GNSS 技术建立与我国标准时间(北京时间)之间的联系,同时满足对于高精度实时 GNSS 时间传递的需求,中国科学院国家授时中心开展了基于 GNSS 的实时 UTC(NTSC)传递方面的研究。本章将对基于 GNSS 的实时 UTC(NTSC)传递过程中的实时多模 GNSS 产品的获取和评估、实时时间传递系统的系统架构和性能分析评估做进一步的介绍。

12.2 GNSS 实时 SSR 产品

事实上,为了满足高精度实时应用的迫切需求,IGS 于 2001 年就成立了实时工作组(RTWG)。2011 年 8 月,RTWG 宣布实时服务试点项目达到初始运营能力,其不仅提供精密卫星轨道和钟差改正数,还可以提供连续的 GNSS 数据流。当前,IGS 实时产品主要包括卫星轨道、卫星钟差、码偏差、相位偏差和电离层改正等信息,通常以 RTCM-SSR(Radio Technical Commission for Maritime Services-State-Space Representation)的信息形式利用 NTRIP(Networked Transport of RTCM via Internet Protocol)数据传输协议对外播发。作为一种状态空间表示方法,SSR 信息可以分别对 GNSS 各项误差源进行描述。相对于观测空间表示法 OSR(Observation Space Representation),SSR 更适合于 GNSS 载波相位时间传递中的误差改正,其格式已于 2011 年 5 月正式成为 RTCM 推荐的开放标准,广泛应用于大地测量中的实时单点定位。目前,已有 BKG、GSOC/DLR、ESA/ESOC、GFZ 等多个 IGS 分析中心播发包含 SSR 信息格式的 NTRIP 数据流。因此,在中国科学院国家授时中心基于 GNSS 的实时 UTC(NTSC)时间传递系统设计中,也是按照类似的方法进行的,即采用 SSR 改正信息方式实时生成精密卫星星历和卫星钟差。下面将对 SSR 改正信息做简要介绍。

GNSS 实时 SSR 轨道改正数是基于星固系下卫星位置和速度在径向(radial)、切向(along-track)和法向(cross-track)相对于广播星历计算结果的改正量。实时 SSR 钟差改正数则为精确卫星钟差相对广播星历计算钟差的差异,通常以二次多项式系数的形式播发。因此,SSR 改正数的主要参数可以总结为

$$\Delta_{SSR}(t_0, IODE) = (\delta O_r, \delta O_a, \delta O_c, \delta \dot{O}_r, \delta \dot{O}_a, \delta \dot{O}_c, C_0, C_1, C_2) \quad (12.1)$$

式中,$IODE$ 为数据龄期;$(\delta O_r, \delta O_a, \delta O_c)$ 和 $(\delta \dot{O}_r, \delta \dot{O}_a, \delta \dot{O}_c)$ 分别为在参考时刻 t_0 时星固系下的卫星位置和速度在三个方向上的分量;(C_0, C_1, C_2) 为 t_0 时刻钟差多项式系数。

在实际 GNSS 实时 UTC(NTSC)传递中,需要基于 SSR 改正数和广播星历对精密卫星轨道和钟差进行分别恢复,主要步骤如下。

首先,由 SSR 轨道信息中参考时刻 t_0 对应的 SSR 轨道改正数计算当前时刻 t 对应的改正数:

$$\delta O = \begin{bmatrix} \delta O_r \\ \delta O_a \\ \delta O_c \end{bmatrix} + \begin{bmatrix} \delta \dot{O}_r \\ \delta \dot{O}_a \\ \delta \dot{O}_c \end{bmatrix}(t - t_0) \quad (12.2)$$

随后,将星固系下的轨道改正数转换到地心地固系下:

$$\delta X = \begin{bmatrix} e_r & e_a & e_c \end{bmatrix} \delta O \quad (12.3)$$

其中，$e_a = \frac{\dot{r}}{|\dot{r}|}$，$e_c = \frac{r \times \dot{r}}{|r \times \dot{r}|}$，$e_r = e_a \times e_c$，$r$ 和 $\dot{r}$ 分别为广播星历直接计算出的卫星位置和速度向量。

接着，将地心地固系下的卫星轨道改正数合并到广播星历计算的卫星位置上以恢复出精密卫星轨道产品 X：

$$X = X_b - \delta X \tag{12.4}$$

最后，恢复出当前时刻 t 的卫星钟差参数：

$$\delta k = C_0 + C_1(t - t_0) + C_2(t - t_0)^2 \tag{12.5}$$

$$t = t_b - \frac{\delta k}{c} \tag{12.6}$$

考虑到实时精密卫星轨道和钟差产品是实现实时 GNSS 载波相位时间传递的前提条件，中国科学院国家授时中心基于全球 80 余个 MGEX 站的实时 GNSS 观测数据流，实时确定了多模 GNSS 精密卫星轨道和钟差 SSR 改正数。为了评估其性能，本书选择了 2019 年第 346 天到第 349 天共 4 天的实时 SSR 改正数，结合广播星历，恢复了精密轨道和钟差产品，下面将对其进行简要介绍。

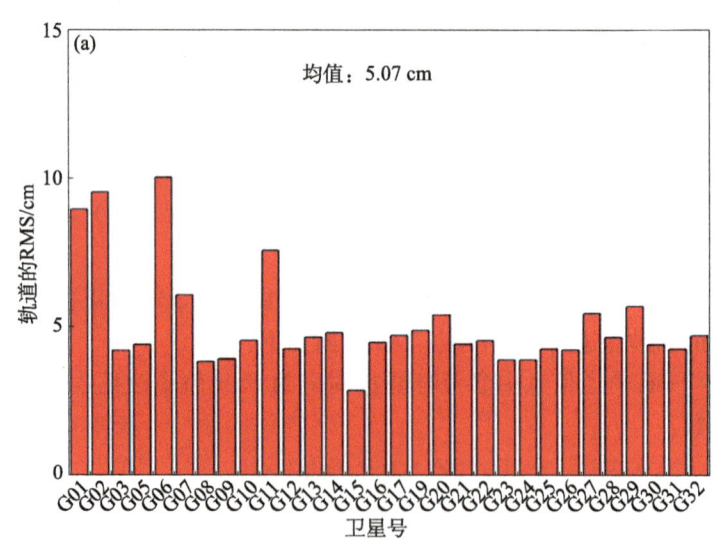

图 12-1 和表 12-1 给出了实时多模 GNSS 轨道产品相对于 GFZ 最终产品的平均 RMS。从图 12-1 中可以看出，多模 GNSS 的整体平均 RMS 能够达到厘米量级，其中 GPS 的轨道精度明显优于其他系统，这与 GPS 较多的监测站密切相关。北斗 GEO 卫星的 RMS 最大，究其原因主要是 GEO 卫星相对静止，其径向精度相对低。

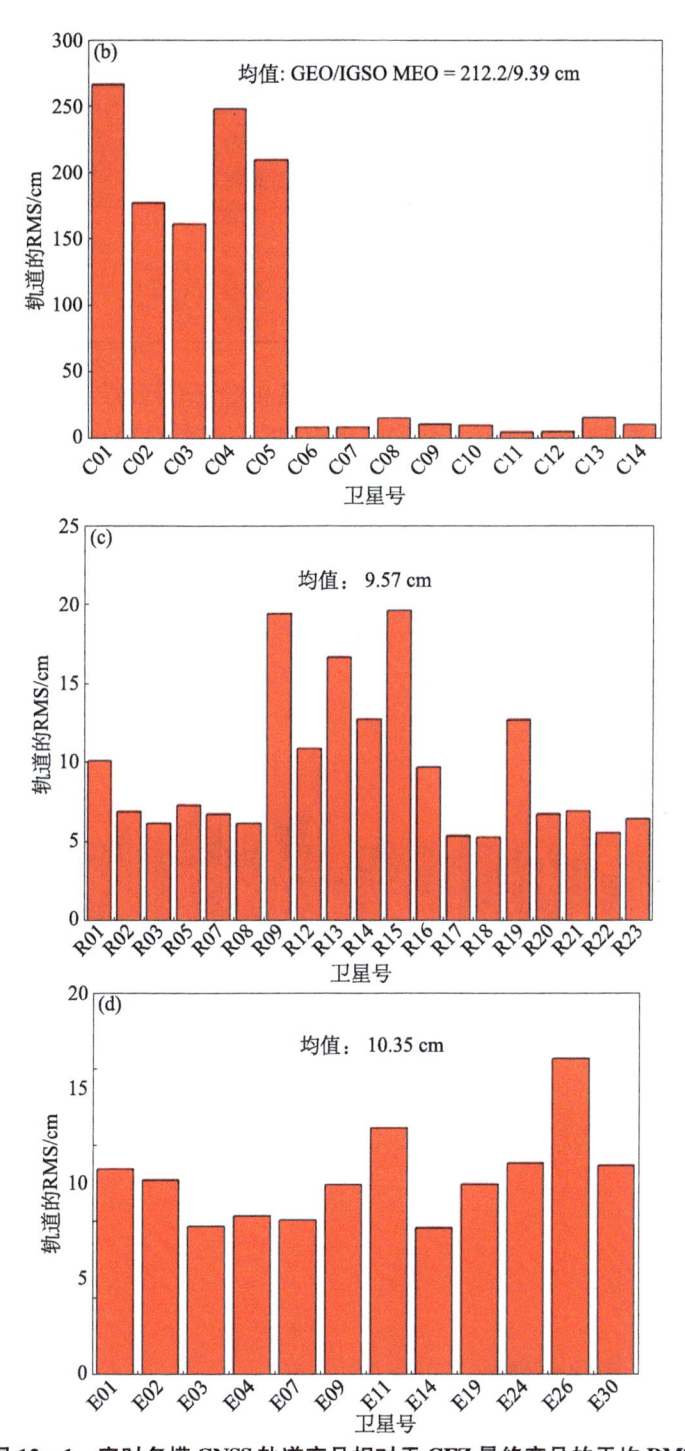

图 12-1 实时多模 GNSS 轨道产品相对于 GFZ 最终产品的平均 RMS

表 12-1 实时卫星轨道和钟差产品的平均 RMS 和 STD

GNSS	卫星轨道 RMS/cm	RMS/ns	卫星钟差 STD/ns
GPS	5.07	2.74	0.35
BDS(GEO)	212.20	6.74	0.55
BDS(IGSO)	10.27	3.24	0.31
BDS(MEO)	8.50	1.39	0.24
GLONASS	9.57	4.34	0.42
Galileo	10.35	1.32	0.30

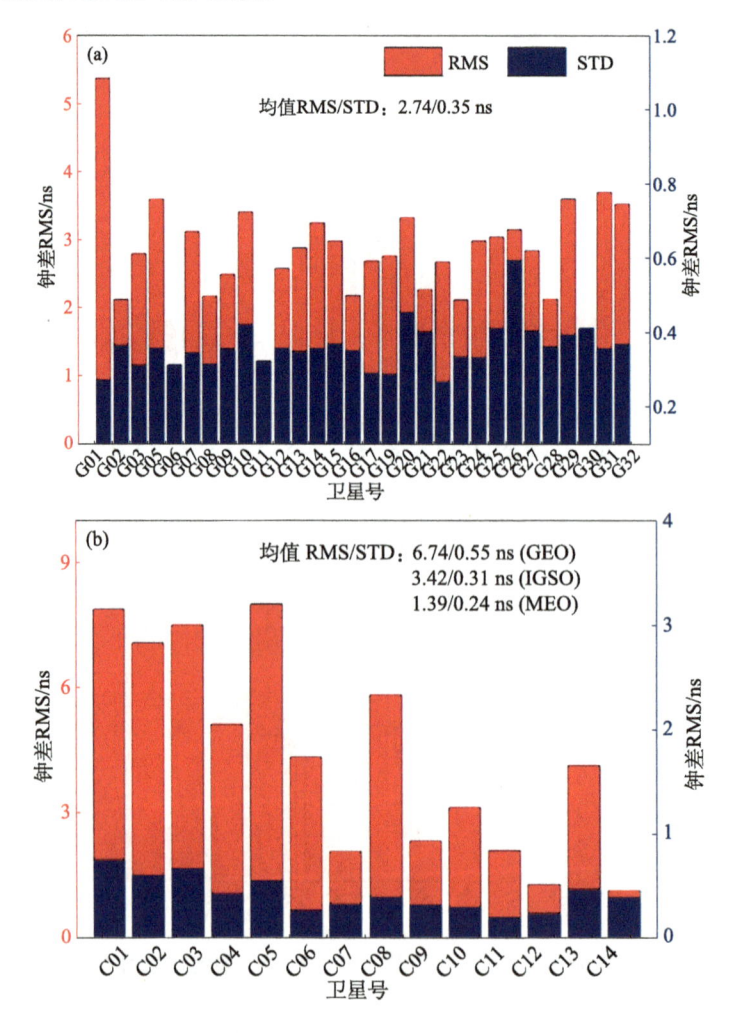

图 12-2 给出了实时多模 GNSS 钟差产品相对于 GFZ 最终产品的平均 RMS 和 STD。整体上,钟差产品相对于 GFZ 的 RMS 在四个 GNSS 上能够达到纳秒量级,STD 则能够达到亚纳秒量级。

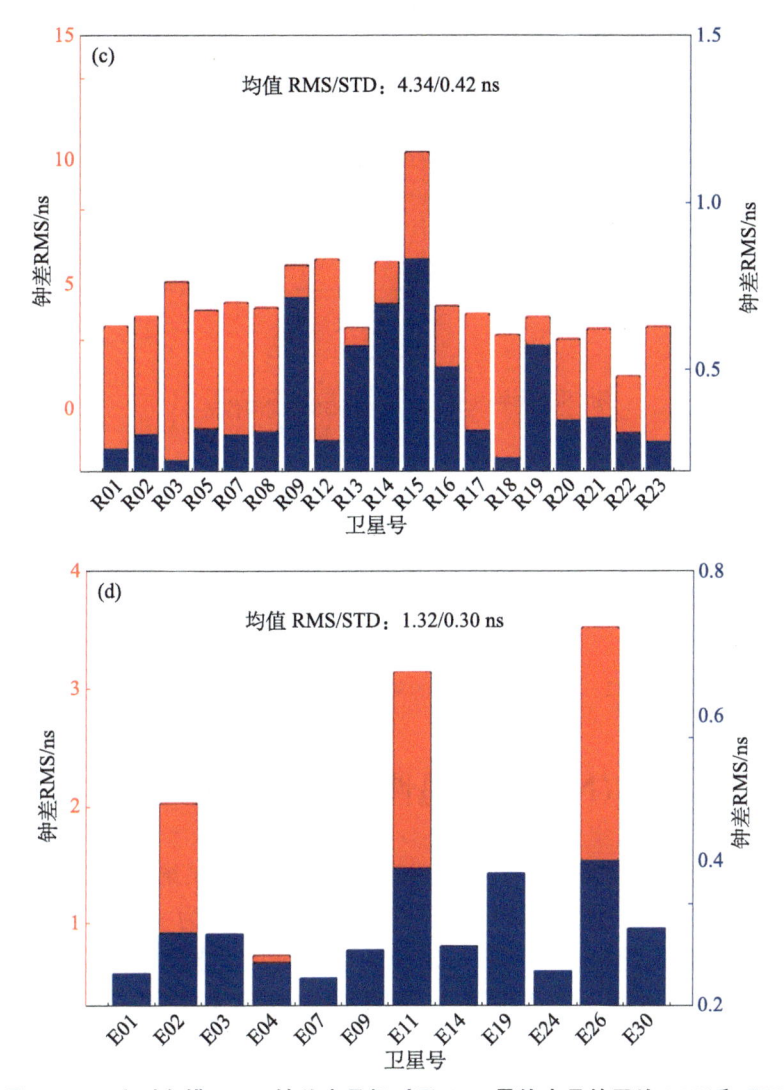

图 12-2 实时多模 GNSS 钟差产品相对于 GFZ 最终产品的平均 RMS 和 STD

12.3 基于 GNSS 的实时 UTC(NTSC)传递系统

结合产生的实时多模 GNSS 卫星轨道和钟差改正数，中国科学院国家授时中心初步搭建了基于 GNSS 的实时 UTC(NTSC)传递系统，其基本思想是利用全球分布的 MGEX 网络的实时 GNSS 观测数据流，实时确定多模 GNSS 卫星轨道和钟差产品改正数 SSR，将其钟差产品改正数播发给实时 UTC(NTSC)用户，用户利用其改正数并结合广播星历，实时恢复出精密卫星轨道和钟差产品，同时利用中国科学院国家授时中心钟房接有 UTC(NTSC)多频多模 GNSS 监测站的实时观测数据，并结合用户端的 GNSS 观测数据，利用实时多模 GNSS 实时精密时间传递软件即可获得用户端时间频率与国家标准时间 UTC(NTSC)的信息交换。该 GNSS 实时 UTC(NTSC)传递系统的架构如图 12-3 所示。

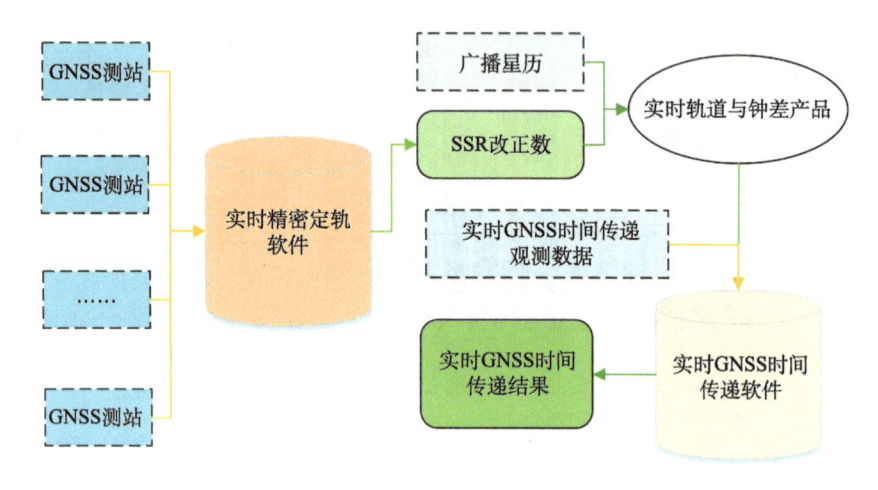

图 12-3　基于 GNSS 的实时 UTC(NTSC)传递系统

12.4　实时 UTC(NTSC)传递性能评估

为了分析验证基于 GNSS 的实时 UTC(NTSC)传递系统的性能，本节采用四个多模 GNSS 观测站的数据，以 UTC(NTSC)时间频率源为中心点，建立了四条时间传递链路，模拟进行实时 UTC(NTSC)传递，并对其性能进行评估。实验中所采用站点的详细信息如表 12-2 所示，NTP3 站接入了国家标准时间(北京时间)的时间频率源，另有两站配备工业铯钟、一站配备氢钟、一站配备晶振等测站共计四个用户站，所有测站均具备跟踪四大系统 GPS、GLONASS、Galileo、BDS 卫星的能力。为了对比分析采用实时模式下的时间传递性能，本实验设计了两套数据处理方案。

方案 1　利用中国科学院国家授时中心实时生成的 GNSS 卫星轨道和钟差 SSR 改正数，分别实时进行基于 GPS、GLONASS、Galileo 及 BDS 的 UTC(NTSC)传递，简称为 SSR 方案；

方案 2　利用德国地学中心 GFZ 所提供的 GNSS 最终卫星轨道和钟差产品，分别进行基于 GPS、GLONASS、Galileo 及 BDS 的 UTC(NTSC)传递，简称为 GFZ 方案。

表 12-2　基于 GNSS 的实时 UTC(NTSC)实验中所选站点信息

站点	接收机类型	天线类型	时间频率源	概略位置
NTP3	Sept Polarx4TR	SEPCHOKE_MC	UTC(NTSC)	34.37°N,109.22°E
GMSD	Trimble NetR9	TRM59800	Cesium	30.56°N,131.02°E
YARR	Sept Polarx5	LEIATT504	Cesium	29.05°S,115.35°E
HOB2	Sept Polarx5	AOAD	H-maser	42.80°S,147.44°E
NNOR	Sept Polarx5TR	SEPCHOKE_B3E6	Slaved Crystal	31.05°S,116.19°E

图 12-4 给出了基于 GPS 的 SSR 和 GFZ 方案时间传递结果对比,其中竖轴为时间传递链路的钟差结果。从图 12-4 中可以看出,即使四条时间传递链路所配备的原子钟类型并不完全相同,但两种方案在不同时间传递链路上的钟差序列吻合得较好,其变化趋势较为一致,这表明实时 SSR 产品可以有效地应用在精密时间服务领域。

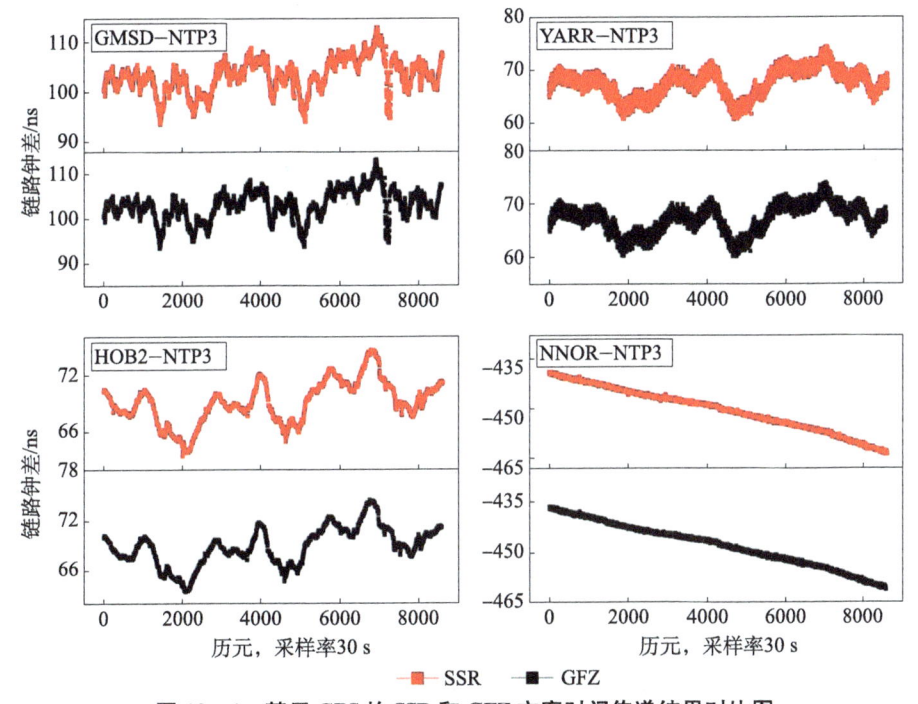

图 12-4　基于 GPS 的 SSR 和 GFZ 方案时间传递结果对比图

为了定量对比分析两种方案的时间传递性能,本节从时间传递链路的噪声水平和频率稳定度方面进行了定量分析。表 12-3 给出了基于 GPS 的两种数据处理方案钟差序列相对于平滑值的 RMS,从表 12-3 中可以看出,虽然 SSR 方案的结果在四条链路上的精度略低于 GFZ 方案,但是两种方案的载波相位时间传递结果均能够达到亚纳秒量级,其中四条链路上平均 RMS 分别为 0.500 ns(SSR) 和 0.0491 ns(GFZ)。图 12-5 为基于 GPS 的 SSR 和 GFZ 方案时间传递结果阿伦方差对比图,从图 12-5 中可以看出,两种方案在不同时间间隔的情况下,其频率稳定度也基本相当,在 10000 s 以内各时间间隔的平均阿伦方差在 GMSD-NTP3 链路上分别为 2.88×10^{-12}(SSR) 和 2.71×10^{-12}(GFZ);在 YARR-NTP3 链路上分别为 8.08×10^{-12}(SSR) 和 8.09×10^{-12}(GFZ);在 HOB2-NTP3 链路上分别为 8.32×10^{-13}(SSR) 和 7.46×10^{-13}(GFZ);在 NNOR-NTP3 链路上分别为 2.29×10^{-12}(SSR) 和 2.34×10^{-12}(GFZ)。

表 12-3 基于 GPS 的两种数据处理方案钟差序列相对于平滑值的 RMS   (单位:ns)

方案	GMSD-NTP3	YARR-NTP3	HOB2-NTP3	NNOR-NTP3
SSR	0.939	0.638	0.224	0.200
GFZ	0.908	0.634	0.221	0.200

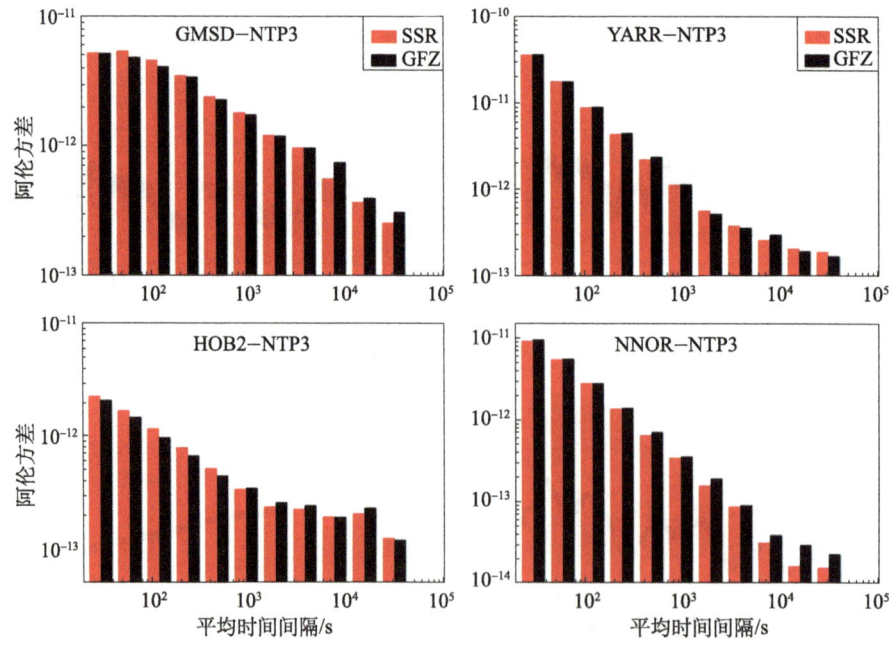

图 12-5 基于 GPS 的 SSR 和 GFZ 方案时间传递结果阿伦方差对比图

同样地,图 12-6 和图 12-7 给出了基于 BDS 的 SSR 和 GFZ 方案时间传递结果对比情况和阿伦方差对比情况。表 12-4 也列出了基于 BDS 的两种数据处理方案钟差序列相对于平滑值的 RMS。结合图表的结果可以看出,不论是时间传递结果的一致性还是链路噪声、频率稳定度等参数指标,SSR 和 GFZ 两种方案均呈现出较好的一致性。四条不同类型时间传递链路的平均噪声为 0.515 ns(SSR) 和

0.507 ns(GFZ)。在 10000 s 的时间间隔内，平均阿伦方差在 GMSD－NTP3 链路上分别为 2.95×10^{-12}（SSR）和 3.01×10^{-12}（GFZ）；在 YARR－NTP3 链路上分别为 8.09×10^{-12}（SSR）和 8.07×10^{-12}（GFZ）；在 HOB2－NTP3 链路上分别为 1.16×10^{-12}（SSR）和 7.66×10^{-13}（GFZ）；在 NNOR－NTP3 链路上分别为 2.33×10^{-12}（SSR）和 2.26×10^{-12}（NNOR－NTP3）。

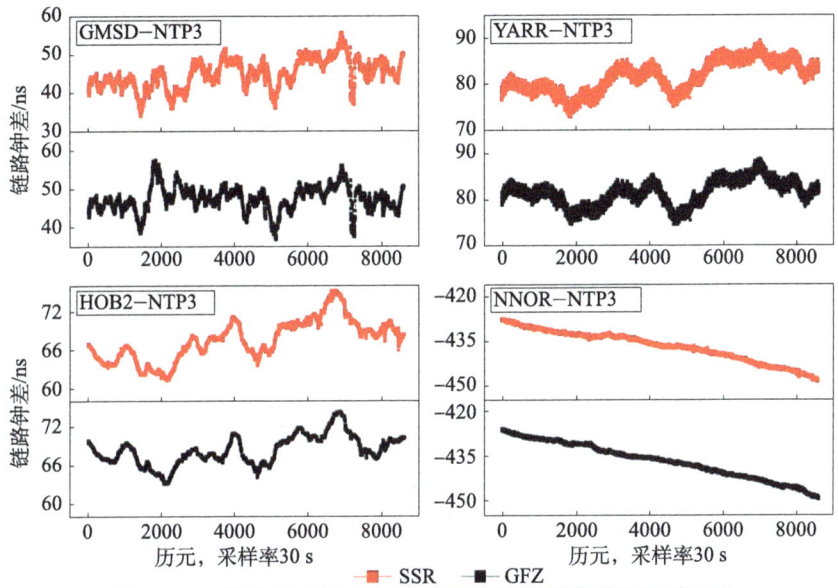

图 12-6　基于 BDS 的 SSR 和 GFZ 方案时间传递结果对比图

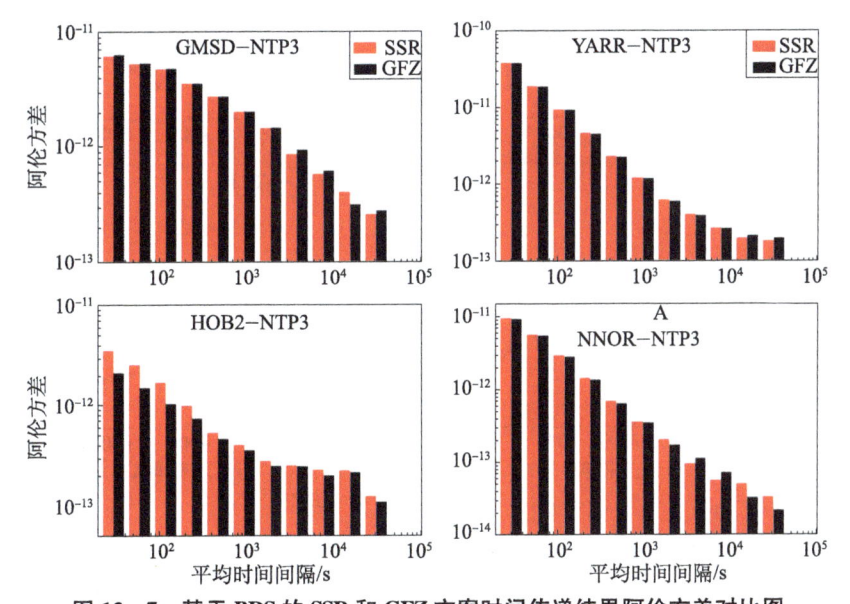

图 12-7　基于 BDS 的 SSR 和 GFZ 方案时间传递结果阿伦方差对比图

表 12-4　基于 BDS 的两种数据处理方案钟差序列相对于平滑值的 RMS　　（单位：ns）

方案	GMSD－NTP3	YARR－NTP3	HOB2－NTP3	NNOR－NTP3
SSR	0.955	0.639	0.260	0.205
GFZ	0.963	0.636	0.228	0.203

对于 GLONASS 而言，本节同样基于两种不同数据处理方案对其在四条时间传递链路上的性能进行了对比分析。图 12-8 给出了两个数据处理方案的时间传递结果对比情况，从图 12-8 中可以看出，两种方案所获得的钟差序列在不同类型的时间传递链路上吻合得较好。表 12-5 和图 12-9 分别给出了两种方案在四条链路上的时间传递噪声和频率稳定度。从图表中可以看出，SSR 方案与 GFZ 基本相当。具体地，在时间传递的链路噪声方面，四条链路上的平均噪声水平为 0.504 ns(SSR) 和 0.494 ns(GFZ)。在频率稳定度方面，10000 s 内在 GMSD－NTP3 链路上的平均阿伦方差分别为 2.86×10^{-12}(SSR) 和 2.87×10^{-12}(GFZ)；在 YARR－NTP3 链路上分别为 8.08×10^{-12}(SSR) 和 8.06×10^{-12}(GFZ)；在 HOB2－NTP3 链路上分别为 7.69×10^{-13}(SSR) 和 7.62×10^{-13}(GFZ)；在 NNOR－NTP3 链路上分别为 2.56×10^{-12}(SSR) 和 2.38×10^{-12}(GFZ)。

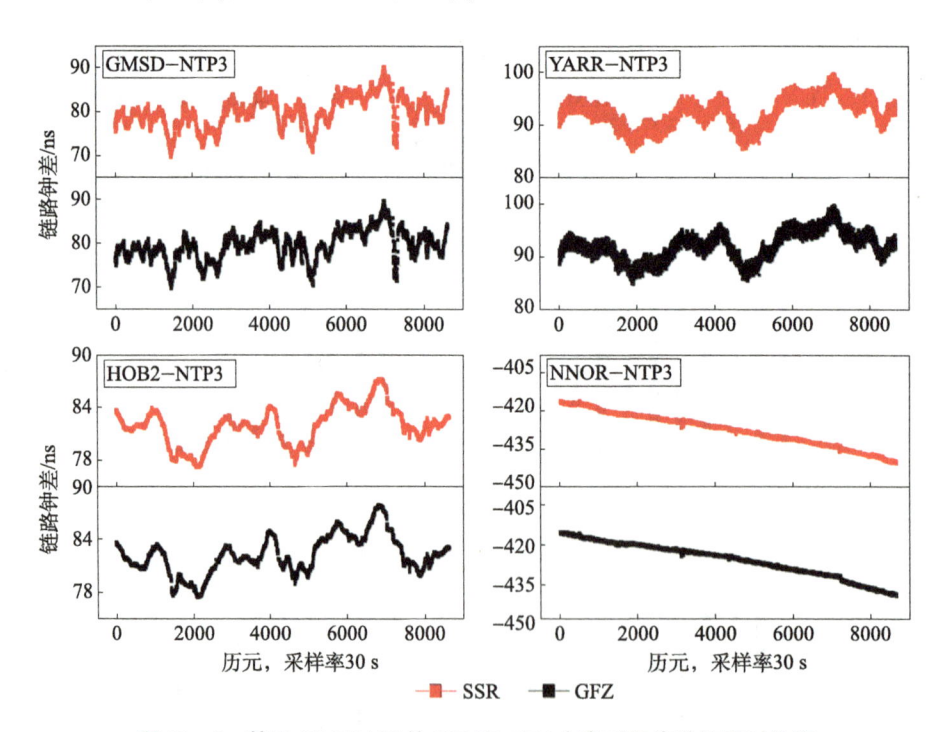

图 12-8　基于 GLONASS 的 SSR 和 GFZ 方案时间传递结果对比图

表 12-5　基于 GLONASS 的两种数据处理方案钟差序列相对于平滑值的 RMS　（单位：ns）

方案	GMSD－NTP3	YARR－NTP3	HOB2－NTP3	NNOR－NTP3
SSR	0.934	0.643	0.222	0.216
GFZ	0.913	0.633	0.226	0.204

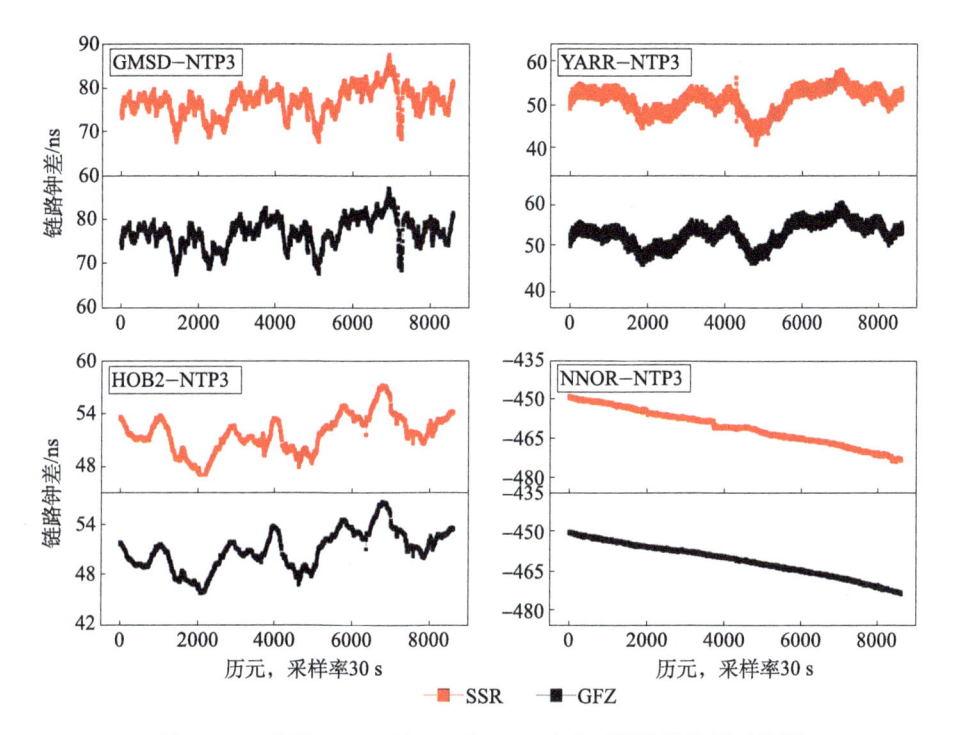

图 12-9　基于 Galileo 的 SSR 和 GFZ 方案时间传递结果对比图

虽然 Galileo 系统的可用卫星数目较其他系统较少，但是利用其进行载波相位时间传递依然是可行的。图 12-9 给出了基于 Galileo 的 SSR 和 GFZ 方案时间传递结果，从图 12-9 中可以看出，两种方案的吻合度较好。表 12-6 和图 12-10 分别从时间传递结果的噪声水平和频率稳定度定量地对其进行了对比分析。在四条不同类型的时间传递类型中，平均噪声的 RMS 分别为 0.510 ns(SSR) 和 0.497 ns(GFZ)。在频率稳定度方面，10000 s 内在 GMSD－NTP3 链路上的平均阿伦方差分别为 2.93×10^{-12}(SSR) 和 2.85×10^{-12}(GFZ)；在 YARR－NTP3 链路上分别为 8.09×10^{-12}(SSR) 和 8.07×10^{-12}(GFZ)；在 HOB2－NTP3 链路上分别为 8.15×10^{-13}(SSR) 和 7.57×10^{-13}(GFZ)；在 NNOR－NTP3 链路上分别为 2.29×10^{-12}(SSR) 和 2.25×10^{-12}(GFZ)。

表 12-6 基于 Galileo 的两种数据处理方案钟差序列相对于平滑值的 RMS （单位：ns）

方案	GMSD-NTP3	YARR-NTP3	HOB2-NTP3	NNOR-NTP3
SSR	0.945	0.648	0.231	0.217
GFZ	0.936	0.636	0.223	0.194

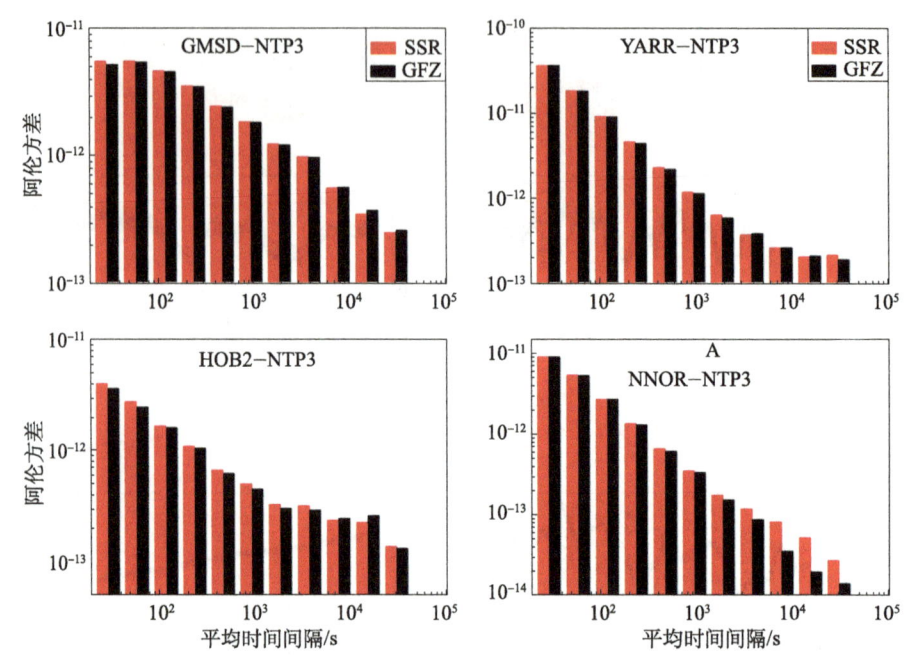

图 12-10 基于 Galileo 的 SSR 和 GFZ 方案时间传递结果阿伦方差对比图

总体而言，中国科学院国家授时中心利用全球 80 余个 MGEX 实时观测数据，实时确定多模 GNSS 轨道和钟差 SSR 改正数的精度能够满足实时精密时间传递的需求。相对于 GFZ 的最终卫星产品，利用该 SSR 改正数恢复的 GPS 轨道精度在三个方向上的平均 RMS 为 5.07 cm，BDS 的平均 RMS 为 212 cm，IGSO 和 GEO 的平均 RMS 为 9.39 cm，GLONASS 的平均 RMS 为 9.57 cm，Galileo 的平均 RMS 为 10.35 cm。对于钟差改正数，其恢复出来的钟差产品 RMS 分别为 2.74 ns(GPS)，6.74 ns(BDS GEO)，3.24 ns(BDS IGSO)，1.39 ns(BDS MEO)，4.34 ns(GLONASS)和 1.32 ns(Galileo)。相应的平均 STD 指标分别为 0.35 ns (GPS)，0.55 ns(BDS GEO)，0.31 ns(BDS IGSO)，0.39 ns(BDS MEO)，0.42 ns (GLONASS)和 0.30 ns(Galileo)。

基于实时模式产生的多模 GNSS 的 SSR 改正数，中国科学院国家授时中心初步搭建了基于 GNSS 的实时 UTC(NTSC)传递系统，该系统利用中国科学院国家授时中心建立和保持的 UTC(NTSC)时间标准，结合用户站和中心站的实时观测数据,可以实现用户的实时 UTC(NTSC)传递。在模拟基于 GNSS 的实时 UTC(NTSC)时间传递中,利用四条不同类型的时间传递链路分别进行了实时 SSR 方案和 GFZ 方案的数据处理,结果表明 SSR 方案在 GPS、BDS、GLONASS、Galileo 的实时传递的结果与 GFZ 方案的吻合度较好,在时间传递的链路噪声水平和频率稳定度方面均呈现出良好的一致性,进一步验证了该基于 GNSS 的实时 UTC(NTSC)传递系统是有效的。

12.5 本章小结

为了满足广大时间用户与我国标准时间(北京时间)建立联系的迫切需要,并对时效性提出的一定要求,本章简要介绍了中国科学院国家授时中心初步建立的基于 GNSS 的实时 UTC(NTSC)传递服务系统,该系统利用 MGEX 80 余个实时 GNSS 观测站的数据流,实时确定了多模 GNSS 精密轨道和钟差,结合中国科学院国家授时中心接入 UTC(NTSC)的实时 GNSS 的监测站,可以实现用户的实时 UTC(NTSC)传递。本章利用四条不同类型的 GNSS 时间传递链路对该系统进行了初步测试,并与采用 GFZ 最终卫星产品的结果进行了对比分析。结果表明,该系统能够达到亚纳秒量级的时间传递精度,其频率稳定度与 GFZ 方案的基本相当。

参考文献

陈金平,胡小工,唐成盼,等,2016.北斗新一代试验卫星星钟及轨道精度初步分析[J].中国科学:物理学 力学 天文学,46(11):79-89.

陈宪东,2008.基于大地型时频传递接收机的精密时间传递算法研究[J].武汉大学学报(信息科学版),33(3):245-248.

邓聚龙,1987.灰色系统基本方法[M].武汉:华中工学院出版社.

高小珣,高源,张越,等,2008.GPS共视法远距离时间频率传递技术研究[J].计量学报,29(1):80-83.

郭海荣,2006.导航卫星原子钟时频特性分析理论与方法研究[D].郑州:解放军信息工程大学.

和涛,何美玲,江南,等,2014.卫星高度角对GPS单向时间传递性能的影响研究[J].宇航计测技术,34(4):33-36.

李博峰,葛海波,沈云中,2015.无电离层组合、Uofc和非组合精密单点定位观测模型比较[J].测绘学报,44(7):734-740.

李孝辉,杨旭海,刘娅,等,2010.时间频率信号的精密测量[M].北京:科学出版社.

李昕,张小红,2018.BDS-2和BDS-3卫星伪距多路径偏差特性比较[J].大地测量与地球动力学,38(2):191-194.

李昕,张小红,曾琪,等,2017.北斗卫星伪距偏差模型估计及其对精密定位的影响[J].武汉大学学报(信息科学版),42(10):1461-1467.

李征航,黄劲松,2010.GPS测量与数据处理[M].武汉:武汉大学出版社.

李宗扬,1984.搬运钟时间同步技术[J].宇航计测技术,(5):10-18.

李宗扬,刘洪琴,1988.GPS共视法时间同步试验[J].宇航计测技术,41:8-15.

刘利,韩春好,唐波,2008.地球同步卫星双向共视时间比对及试验分析[J].计量学报,29(2):178-181.

楼益栋,龚晓鹏,辜声峰,等,2017.北斗卫星伪距码偏差特性及其影响分析[J].武汉大学学报(信息科学版),42(8):1040-1046.

聂桂根,2002.高精度GPS测时与时间传递的误差分析与应用研究[D].武汉:武汉大学.

偶晓娟,周渭,2006.基于系数相关性的多尺度Kalman滤波器组的GPS共视观测数据算法[J].吉林大学学报(工学版),36(4):599-602.

漆贯荣,2006.时间科学基础[M].北京:高等教育出版社.

谭述森,2017.北斗系统创新发展与前景预测[J].测绘学报,46(10):1284-1289.

王宇谱,吕志平,王宁,等,2016.顾及卫星钟随机特性的抗差最小二乘配置钟差预报算法[J].测绘学报,45(06):646-655.

王正明,1998.关于GPS测时精度与共视问题[J].陕西天文台台刊,21(2):17-22.

武汉大学测绘学院测量平差学科组,2014.误差理论与测量平差基础[M].武汉:武汉大学出版社.

闫伟,袁运斌,欧吉坤,等,2011.非组合精密单点定位算法精密授时的可行性研究[J].武汉大学学报(信息科学版),(6):648-651.

杨旭海,2003.GPS共视时间频率传递应用研究[D].西安:中国科学院国家授时中心.

杨元喜,李金龙,徐君毅,等,2011.中国北斗卫星导航系统对全球PNT用户的贡献[J].科学通报,56(21):1734-1740.

杨元喜,许扬胤,李金龙,等,2018.北斗三号系统进展及性能预测——试验验证数据分析[J].中国科学:地球科学,48(5):584-594.

叶世榕,2002.GPS非差相位精密单点定位理论与实现[D].武汉:武汉大学.

易文婷,2015.多系统GNSS组合精密单点定位快速收与非差模糊度固定方法研究[D].武汉:武汉大学.

于合理,郝金明,刘伟平,等,2016.附加原子钟物理模型的PPP时间传递算法[J].测绘学报,45(11):1285-1292.

张宝成,2014.GNSS非差非组合精密单点定位的理论方法与应用研究[J].测绘学报,43(10):1099.

张鹏飞,2020.GNSS载波相位时间传递关键技术与方法研究[J].测绘学报,49(05):669.

张鹏飞,涂锐,高玉平,等,2017.基于北斗的时间传递方法及其精度分析[J].仪器仪表学报,(11):2700-2706.

张小红,蔡诗响,李星星,等,2010.利用GPS精密单点定位进行时间传递精度分析[J].武汉大学学报(信息科学版),35(3):274-278.

张小红,陈兴汉,郭斐,2015.高性能原子钟钟差建模及其在精密单点定位中的应用[J].测绘学报,44(4):392-398.

张小红,李星星,郭斐,等,2010.基于服务系统的实时精密单点定位技术及应用研究[J].地球物理学报,53(6):1308-1314.

张越,高小珣,2004.GPS共视法定时参数的研究[J].计量学报,25(2):167-170.

郑艳丽,2013.GPS非差精密单点定位模糊度固定理论与方法研究[D].武汉:武汉大学.

Afifi A, El-Rabbany A, 2016. Improved between-satellite single-difference precise point positioning model using triple GNSS constellations:GPS,Galileo,and BeiDou[J]. Positioning,6(2):32-43.

Arnold D, Meindl M, Beutler G, et al, 2015. CODE's new solar radiation pressure model for GNSS orbit determination[J]. Journal of Geodesy,89(8):775-791.

Blewitt G, 1990. An automatic editing algorithm for GPS data[J]. Geophysical Research Letters, 17(3):199-202.

Brunner F K, Hartinger H, Troyer L, 1999. GPS signal diffraction modelling:the stochastic SIGMA-δ model[J]. Journal of Geodesy,73(5):259-267.

Cai C, Gao Y, 2013. Modeling and assessment of combined GPS/GLONASS precise point positioning[J]. GPS Solutions,17,223-236.

Cai C, Yang G, Lin P, et al, 2014. An analysis on combined GPS/COMPASS data quality and its effect on single point positioning accuracy under different observing conditions[J]. Advances in Space Research,54(5):818-829.

Dach R, Schildknecht T, Hugentobler U, et al, 2006. Continuous geodetic time-transfer analysis methods[J]. IEEE Transactions on Ultrasonics, Ferroelectrics, and Frequency Control, 53(7): 1250 – 1259.

Defraigne P, Bruyninx C, 2007. On the link between GPS pseudorange noise and day-boundary discontinuities in geodetic time transfer solutions[J]. GPS Solutions, 11(4): 239 – 249.

Defraigne P, Baire Q, 2011. Combining GPS and GLONASS for time and frequency transfer[J]. Advances in Space Research, 47(2): 265 – 275.

Defraigne P, Banerjee P, Lewandowski W, 2007. Time transfer through GPS[J]. Indian Jornal of Radio & Space Physics, 36(4): 303 – 312.

Delporte J, Mercier F, Laurichesse D, et al, 2015. GPS carrier-phase time transfer using single-difference integer ambiguity resolution[J]. International Journal of Navigation & Observation, 2008: 1 – 7.

Esteban H, Palacio J, Galindo F, et al, 2010. Improved GPS-based time link calibration involving ROA and PTB[J]. IEEE Transactions on Ultrasonics Ferroelectrics and Frequency Control, 57(3): 714 – 720.

Feng Y, Yi Z, 2005. Efficient interpolations to GPS orbits for precise wide area applications[J]. GPS Solutions, 9(4): 273-282.

Ge M, Gendt G, Rothacher M, et al, 2008. Resolution of GPS carrier-phase ambiguities in Precise Point Positioning (PPP) with daily observations[J]. Journal of Geodesy, 82(7): 389 – 399.

Ge M, Gendt G, Dick G, et al, 2005. Improving carrier-phase ambiguity resolution in global GPS network solutions[J]. Journal of Geodesy, 79(1): 103 – 110.

Geng J, Shi C, 2017. Rapid initialization of real-time PPP by resolving undifferenced GPS and GLONASS ambiguities simultaneously[J]. Journal of Geodesy, 91(4): 361 – 374.

Geng J, Shi C, Ge M, et al, 2012. Improving the estimation of fractional-cycle biases for ambiguity resolution in precise point positioning[J]. Journal of Geodesy, 86(8): 579 – 589.

Gioia C, Borio D, Angrisano A, et al, 2015. A Galileo IOV assessment: measurement and position domain[J]. GPS Solutions, 19(2): 187 – 199.

Gu S, Lou Y, Shi C, et al, 2015. BeiDou phase bias estimation and its application in precise point positioning with triple-frequency observable[J]. Journal of Geodesy, 89(10): 979 – 992.

Guang W, Dong S, Wu W, et al, 2018. Progress of BeiDou time transfer at NTSC[J]. Metrologia, 55(2): 175 – 187.

Guo F, Zhang X, Wang J, et al, 2016. Modeling and assessment of triple-frequency BDS precise point positioning[J]. Journal of Geodesy, 90(11): 1223 – 1235.

Guyennon N, Cerretto G, Tavella P, et al, 2009. Further characterization of the time transfer capabilities of Precise Point Positioning (PPP): the sliding batch procedure[J]. IEEE Transactions on Ultrasonics Ferroelectrics and Frequency Control, 56(8): 1634 – 1641.

Harmegnies A, Defraigne P, Petit G, 2013. Combining GPS and GLONASS in all-in-view for time transfer[J]. Metrologia, 50(3): 277 – 287.

Hauschild A, Montenbruck O, Sleewaegen J M, et al, 2012. Characterization of compass M-1 signals[J]. GPS Solutions, 16(7): 117-126.

Hong J, Tu R, Gao Y, et al, 2019. Characteristics of inter-system biases in multi-GNSS with precise point positioning[J]. Advances in Space Research, 63(12): 3777-3794.

Huang G, Zhang Q, Xu G C, 2013. Real-time clock offset prediction with an improved model[J]. GPS Solutions, 18(1): 95-104.

Wei H, Defraigne P, 2016. BeiDou time transfer with the standard CGGTTS[J]. IEEE Transactions on Ultrasonics Ferroelectrics & Frequency Control, 63(7): 1005-1012.

Huang G, Zhang Q, Fu W, et al, 2015. GPS/GLONASS time offset monitoring based on combined precise point positioning (PPP) approach[J]. Advances in Space Research, 55 (12): 2950-2960.

Huang G, Qin Z, 2012. Real-time estimation of satellite clock offset using adaptively robust Kalman filter with classified adaptive factors[J]. GPS Solutions, 16(4): 531-539.

Huang G, Zhang Q, Li H, et al, 2013. Quality variation of GPS satellite clocks on-orbit using IGS clock products[J]. Advances Space Research, 51(6): 978-987.

Jiang Z, Petit G, 2009. Combination of TWSTFT and GNSS for accurate UTC time transfer[J]. Metrologia, 46: 305-314.

Jiang Z, Czubla A, Nawrocki J, et al, 2015. Comparing a GPS time link calibration with an optical fiber self-calibration with 200 ps accuracy[J]. Metrologia, 52(2): 384-391.

Jiang Z, Lewandowski W, 2012. Accurate GLONASS time transfer for the generation of the coordinated universal time[J]. International Journal of Navigation and Observation, (2): 1-14.

Keshin M, Le A, van der Marel H, 2006. Single and Dual-frequency Precise Point Positioning: Approaches and Performance[C]. Proceedings of the 3rd ESA Workshop on Satellite Navigation User Equipment Technologies, 11-13.

Kirchner D. Two-way time transfer via communication satellites[J]. Proceedings of the IEEE, 1991, 79(7): 983-990.

Kleusberg A, Teunissen P J G, 1999. GPS for Geodesy[M]. New York: Springer Berlin Heidelberg.

Knight N L, Wang J, 2009. A comparison of outlier detection procedures and robust estimation methods in GPS positioning[J]. Journal of Navigation, 62(14): 699-709.

Kouba J, Héroux P, 2001. Precise point positioning using IGS orbit and clock product[J]. GPS Solutions, 5(2): 12-28.

Larson K M, Levine J, 1999. Carrier-phase time transfer[J]. IEEE Transaction on Ultrasonic Ferroelectrics and Frequency Control, 46(4): 1011-1012.

Li X, Zhang X, 2012. Improving the estimation of uncelebrated fractional phase offsets for PPP ambiguity resolution[J]. Journal of Navigation, 65(3): 513-529.

Li X, Yuan Y, Zhu Y, et al, 2019. Precise orbit determination for BDS3 experimental satellites using iGMAS and MGEX tracking networks[J]. Journal of Geodesy, (1): 103-117.

Li X, Ge M, Dai X, et al, 2015. Accuracy and reliability of multi-GNSS real-time precise positioning:GPS,GLONASS,BeiDou,and Galileo[J]. Journal of Geodesy,89(6):607 – 635.

Li X,Zhang X,Ren X,et al,2015. Precise positioning with current multi-constellation Global Navigation Satellite Systems:GPS,GLONASS,Galileo and BeiDou[J]. Scientific Reports,(5):1 – 14.

Liang K,Felicitas A,Gerard P,et al,2018. Evaluation of BeiDou time transfer over multiple intercontinental baselines towards UTC contribution[J]. Metrologia,55(4):513 – 525.

Liu T,Yuan Y,Zhang B,et al,2016. Multi-GNSS precise point positioning (MGPPP) using raw observations[J]. Journal of Geodesy,91(3):253 – 268.

Lou Y,Zheng F,Gu S,et al,2016. Multi-GNSS precise point positioning with raw single-frequency and dual-frequency measurement models[J]. GPS Solutions, 20(4):849 – 862.

Man J,Yan X,Xu T,et al,2015. GPS/BDS short-term ISB modeling and prediction[J]. GPS Solutions,21(1):163 – 175.

Martínez-Belda M C,Defraigne P, Bruyninx C,2013. On the potential of galileo E5 for time transfer[J]. IEEE Trans. Ultrason. Ferroelect. Freq. Control,60(1):121 – 131.

Montenbruck O,Hauschild A, Steigenberger P,et al,2013. Initial assessment of the COMPASS/BeiDou-2 regional navigation satellite system[J]. GPS Solutions,17(2):211 – 222.

Montenbruck O,Steigenberger P,Prange L,et al,2017. The multi-GNSS experiment (MGEX) of the international GNSS service (IGS)-Achievements, prospects and challenges[J]. Advances in Space Research,59(7):1671 – 1697.

Nadarajah N,Teunissen P,Raziq N,2013. BeiDou inter-satellite-type bias evaluation and calibration for mixed receiver attitude determination[J]. Sensors, 13(17):9435 – 9463.

Nakagawa F,Amagai J,Tabuchi R, et al,2013. Carrier-phase TWSTFT experiments using the ETS-VIII satellite[J]. Metrologia,50(3):200 – 207.

Odijk D,Teunissen P J G,2013. Characterization of between-receiver GPS-Galileo inter-system biases and their effect on mixed ambiguity resolution[J]. GPS Solutions,17(4):521 – 533.

Paziewski J,Wielgosz P,2015. Accounting for Galileo-GPS inter-system biases in precise satellite positioning[J]. Journal of Geodesy,89(1):81 – 93.

Petit G,Jiang Z,2007. GPS all in view time transfer for TAI computation[J]. Metrologia,45(1):35 – 45.

Petit G,Defraigne P,2016. The performance of GPS time and frequency transfer:comment on "A detailed comparison of two continuous GPS carrier-phase time transfer techniques"[J]. Metrologia,53(3):1003 – 1008.

Piriz R,Garcia A M,Tobias G, et al, 2008. GNSS interoperability:offset between reference time scales and timing biases[J]. Metrologia,45(6):87 – 102.

Ray J,Senior K,2003. IGS/BIPM pilot project:GPS carrier phase for time/frequency transfer and time scale formation[J]. Metrologia,40(3):270 – 288.

Ray J,Senior K, 2005. Geodetic techniques for time and frequency comparisons using GPS phase and code measurements[J]. Metrologia, 42(4):215 – 232.

Rovera G D,Torre J M,Sherwood R,et al,2014. Link calibration against receiver calibration:an assessment of GPS time transfer uncertainties[J]. Metrologia,51(5):476-490.

Schmid R,Dach R,Collilieux X,et al,2016. Absolute IGS antenna phase center model igs08.atx: status and potential improvements[J]. Journal of Geodesy,90(4):343-364.

Shi C,Zhao Q,Hu Z,et al,2013. Precise relative positioning using real tracking data from COMPASS GEO and IGSO satellites[J]. GPS Solutions,17(1):103-119.

Steigenberger P,Montenbruck O,2016. Galileo status: orbits, clocks, and positioning[J]. GPS Solutions,21(2):1-13.

Tu R,Zhang P,Rui Z,et al,2016. Comparison of high-rate GPS,strong-motion records and their joint use for earthquake monitoring: a case study of the 2011 Mw 9.0 Tohoku earthquake[J]. Arabian Journal of Geosciences,9(9):1-8.

Tu R,Zhang P,Zhang R,et al,2016. The study of key issues about integration of GNSS and strong-motion records for real-time earthquake monitoring[J]. Advances in Space Research: The Official Journal of the Committee on Space Research (COSPAR),58(3):304-309.

Tu R,Zhang P,Zhang R,et al,2017. The study of baseline shift error in strong-motion and ground tilting during co-seismic period with collocated GPS and strong-motion observations[J]. Advances in Space Research,59(1):24-32.

Tu R,Zhang P,Zhang R,et al,2018. Modeling and assessment of precise time transfer by using BeiDou navigation satellite system triple-frequency signals[J]. Sensors,18(4):1017-1026.

Tu R,Zhang P,Zhang R,et al,2017. The study and realization of BDS un-differenced network-RTK based on raw observations[J]. Advances in Space Research,59(11):2809-2818.

Vázquez G E,Grejner-Brzeziska D A,2012. A case of study for pseudorange multipath estimation and analysis:TAMDEF GPS network[J]. Geofísica Internacional,51(1):63-72.

Wang K,Rothacher M,2013. Stochastic modeling of high-stability ground clocks in GPS analysis[J]. Journal of Geodesy,87(5):427-437.

Wanninger L,Beer S,2015. BeiDou satellite-induced code pseudorange variations: diagnosis and therapy[J]. GPS Solutions,19(4):639-648.

Wei H,Defraigne P,2016. BeiDou time transfer with the standard CGGTTS[J]. IEEE Transactions on Ultrasonics Ferroelectvics & Frequency Control,63(7):1005-1012.

Weinbach U,Schön S,2011. GNSS receiver clock modeling when using high-precision oscillators and its impact on PPP[J]. Advances in Space Research,47(2):229-238.

Weinbach U,Schön S,2013. Improved GRACE kinematic orbit determination using GPS receiver clock modeling[J]. GPS Solutions,17(4):511-523.

Xu G,2007. GPS: Theory,Algorithms and Applications[M]. New York:Springer Berlin Heidelberg.

Xu B,Wang Y,Yang X,2013. Navigation satellite clock error prediction based on functional network[J]. Neural Processing Letters,38(2):305-320.

Yang Y,Xu Y Y,Li J L,et al,2018. Progress and performance evaluation of BeiDou global navigation satellite system:data analysis based on BDS-3 demonstration system[J]. Science China

Earth Sciences,61(5):614-624.

Yang Y X,Cheng M K,Shum C K,et al,1999. Robust estimation of systematic errors of satellite laser range[J]. Journal of Geodesy,73(7):345-349.

Yao J,Skakun I,Jiang Z H,et al,2015. A detailed comparison of two continuous GPS carrier-phase time transfer techniques[J]. Metrologia,52(5):666-676.

Yu H L,Hao J M,Liu W P,et al,2016. A time transfer algorithm of precise point positioning with additional atomic clock physical Model[J]. Acta Geodaetica et Cartographica Sinica,45(11):1285-1292.

Zair S,Hégarat-Mascle S L,Seignez E,2016. Outlier detection in GNSS pseudo-range/Doppler measurements for robust localization[J]. Sensors(Basel,Switzerland),16(4):580-592.

Zeng A M,Yang Y X,Ming F,et al,2017. BDS-GPS inter-system bias of code observation and its preliminary analysis[J]. GPS Solutions,21,(4):1573-1581.

Zhang P,Tu R,Gao Y,et al,2019. Day-boundary discontinuity in GPS carrier-phase time transfer using a geodetic data solution strategy[J]. Journal of Surveying Engineering,145(1):1-10.

Zhang P,Tu R,Gao Y,et al,2018. Study of time link calibration based on GPS carrier phase observation[J]. IET Radar, Sonar & Navigation,12(11):1330-1335.

Zhang P,Tu R,Gao Y,et al,2018. Improving Galileo's carrier-phase time transfer based on prior constraint information[J]. Journal of Navigation,72(1):121-139.

Zhang P,Tu R,Gao Y,et al,2019. Evaluation of carrier-phase precise time and frequency transfer using different analysis centre products for GNSSs[J]. Measurement Science and Technology,30(6):1-10.

Zhang P,Tu R,Gao Y,et al,2020. Atomic clock modeling augmenting time and frequency transfer using carrier phase observation[J]. IET Radar,Sonar & Navigation,14(8):1202-1210.

Zhang P,Tu R,Gao Y,et al,2018. Improving the performance of multi-GNSS time and frequency transfer using robust Helmert variance component estimation[J]. Sensors,18(9):1-13.

Zhang P,Tu R,Gao Y,et al,2019. Impact of BeiDou satellite-induced code bias variations on precise time and frequency transfer[J]. Measurement Science and Technology,30(3):1-10.

Zhang P,Tu R,Wu W,et al,2020. Initial accuracy and reliability of current BDS-3 precise positioning, velocity estimation, and time transfer (PVT)[J]. Advances in Space Research,65(4):1225-1234.

Zhang P,Tu R,Zhang R,et al,2018. Combining GPS,BeiDou,and Galileo satellite systems for time and frequency transfer based on carrier phase observations[J]. Remote Sensing,10(2):324-333.

Zhang P,Tu R,Zhang R,et al,2020. A model to obtain timing solution with un-differenced observations suitable for single-station/multi-station, a case study of BDS data[J]. Acta Geodaetica et Geophysica,55(3):515-529.

Zhang P,Tu R,Zhang R,et al,2019. Time and frequency transfer using BDS-2 and BDS-3 carrier phase observations[J]. IET Radar,Sonar & Navigation,13(8):1249-1255.

Zhang Q,Sui L,Jia X,et al, 2014. Using precise PPS measure for monitoring GNSS time offset

[J]. Geomatics and Information Science of Wuhan University,39(11):1347-1351.

Zhang X H,Chen X H,Guo F,2015. High performance atomic clock modeling and its application in precise point positioning[J]. Acta Geodaetica et Cartographica Sinica,44(4),392-398.

Zhou J W,1989. Classical theory of errors and robust estimation[J]. Acta Geodaetica et Cartographica Sinica (AGCS),18:115-120.

Zou X,Tang W M,Shi C,et al,2012. A New Ambiguity Resolution Method for PPP Using CORS Network and Its Real-time Realization[C]. New York:Springer Berlin Heidelberg.

Zumberg J F,Heftin M B,Jeffersonet D C,et al,1997. Precise point positioning for the efficient and robust analysis of GPS data from large networks[J]. Journal of Geophysical Research:Solid Earth,102:5005-5017.

附录　英文缩略词

AV, All in View, 全视
BDS, BeiDou Navigation Satellite System, 北斗导航卫星系统
BDT, BDS Time, 北斗时
BIPM, Bureau International des Poids et Mesures, 国际计量局
CCTF, Consultative Committee for Time and Frequency, 国际时间频率咨询委员会
CODE, Centre for Orbit Determination in Europe, 欧洲定轨中心
CP, Carrier Phase, 载波相位
CV, Common View, 共视
DCB, Difference Code Bias, 差分码偏差
EES, Edge Effect Strategy, 端部效应策略
E-GST, Experimental Galileo System Time, 实验 Galileo 系统时间
GEO, Geostationary Earth Orbit, 地球静止轨道
GLONASS, GLObal NAvigation Satellite System, 俄罗斯格洛纳斯导航卫星系统
GNSS, Global Navigation Satellite System, 全球导航卫星系统
GPS, Global Positioning System, 全球定位系统
GPST, GPS Time, GPS 系统时间
IEN, Istituto Elettrotecnico Nazionale, 意大利国家电子技术研究所
IF, Ionosphere-Free combination, 无电离层组合
iGMAS, The international GNSS Monitoring and Assessment System, 国际 GNSS 监测评估系统
IGS, International GNSS Service, 国际 GNSS 服务组织
IGSO, Inclined Geostationary earth Satellites Orbit, 倾斜地球同步轨道
INRiM, Istituto Nazionale di Ricerca Metrologica, 意大利国家计量研究所
IRNSS, Indian Regional Navigation Satellite System, 印度区域导航卫星系统
ISB, Inter System Bias, 系统间偏差
MEO, Medium Earth Orbit, 中圆地球轨道
MGEX, Multi-GNSS EXperiment, 多模 GNSS 实验
MJD, Modified Julian Day, 约化儒略日
NPL, National Physical Laboratory, 英国国家物理研究所
NTSC, National Time Service Center, 中国科学院国家授时中心
OP, Observatoire de Paris, 法国巴黎天文台
PNT, Positioning Navigation and Timing, 定位导航与授时
PPP, Precise Point Positioning, 精密单点定位

PTB, Physikalisch-Technische Bundesanstalt, 德国联邦物理技术研究院
QZSS, Quasi-Zenith Satellite System, 日本准天顶导航卫星系统
SDPP, Single Difference Point Positioning, 单差单点定位
SNR, Signal to Noise Ratio, 信噪比
SPP, Single Point Positioning, 单点定位
TAI, International Atomic Time, 国际原子时
TDOP, Time Dilution Of Precision, 钟差精度因子
TWSTFT, Two-Way Satellite Time and Frequency Transfer, 卫星双向时间频率传递
USNO, United States Naval Observatory, 美国海军天文台
UTC, Coordinated Universal Time, 协调世界时